Springer Wien New York

Schlick-Studien

herausgegeben von

Friedrich Stadler (Wien)
und Hans Jürgen Wendel (Rostock)

Band 3

Konsequenter Empirismus.
Die Entwicklung von Moritz Schlicks Erkenntnistheorie im Wiener Kreis

von

Johannes Friedl (Graz)

Springer Wien New York

Johannes Friedl (Karl-Franzens-Universität Graz)

Der vorliegende Band wurde mitfinanziert aus Mitteln des Projektes *Moritz Schlick Gesamtausgabe. Nachlass und Korrespondenz.* Das Projekt wird als Vorhaben der Akademie der Wissenschaften in Hamburg in Kooperation mit der Moritz-Schlick-Forschungsstelle der Universität Rostock durchgeführt und im Rahmen des Akademienprogramms von der Bundesrepublik Deutschland und dem Land Mecklenburg-Vorpommern gefördert.

Gedruckt mit Unterstützung der Universität Graz.

SpringerWienNewYork ist ein Unternehmen von
Springer Science+Business Media
springer.at

Satz und LaTeX-Programmierung: Christian Damböck, Wien
Druck und Bindung: Strauss GmbH, Mörlenbach, Deutschland
Der Schutzumschlag wurde basierend auf einem Entwurf von Rüdiger Fuchs (Rostock) vom Verlag gestaltet.
Gedruckt auf säurefreiem, chlorfrei gebleichtem Papier
SPIN 86206740

Bibliografische Information der Deutschen Nationalbibliothek
Die Deutsche Nationalbibliothek verzeichnet diese Publikation in der Deutschen Nationalbibliografie; detaillierte bibliografische Daten sind im Internet über http://dnb.d-nb.de abrufbar.

ISBN 978-3-7091-1518-3 SpringerWienNewYork

für Edith und Nikolai

Inhalt

Vorwort

Vorliegende Studie ist die überarbeitete Fassung der Dissertation gleichen Titels, die Ende 2011 an der Universität Graz eingereicht wurde.

Ich zitiere mittels Angabe des vollständigen Titels (ohne etwaige Untertitel), aber ohne weitere bibliographische Angaben, die im Literaturverzeichnis zu finden sind. Nur für zwei sehr häufig herangezogene Arbeiten Schlicks werden Siglen verwendet, nämlich für *Allgemeine Erkenntnislehre* (AE) sowie „Form and Content" (F&C). Von der *Moritz-Schlick-Gesamtausgabe* (MSGA)[1] sind bislang fünf Bände erschienen, darunter die für die vorliegende Arbeit besonders wichtigen mit den unselbstständigen Publikationen Schlicks des Zeitraums 1926-1936 (MSGA I/6) sowie die *Allgemeine Erkenntnislehre* (MSGA I/1)[2]. Die Arbeiten Schlicks werden, sofern sie in einem der bereits erschienenen Bände enthalten sind, nach dieser kritischen Gesamtausgabe zitiert, mit Ausnahme der in MSGA I/6 enthaltenen französischen Texte, die nach posthum erschienenen deutschen Fassungen zitiert werden.[3]

---

[1] Ein Verzeichnis aller verwendeten Siglen findet sich am Beginn des Literaturverzeichnisses, S. 287.

[2] Bezug genommen wird dabei – falls nicht anders angemerkt – immer auf den Text der zweiten Auflage 1925; abweichende Passagen der ersten Auflage sind in dieser Ausgabe im textkritischen Apparat berücksichtigt.

[3] In einem Fall („Introduction") ist die einzige bislang publizierte nichtfranzösische Fassung eine englische. Die Veröffentlichung von MSGA II/1.2, welcher Band neben den deutschen Urfassungen dieser Texte insbesondere auch F&C enthält, steht unmittelbar bevor.

Sofern nicht anders angemerkt, stammen alle zitierten unveröffentlichten Schriften und Briefe aus dem Nachlass Schlicks. Bezug genommen wird mittels Angabe von Inventarnummer und Signatur, bei zitierten Briefen entfallen diese Angaben. Enthalten unveröffentlichte Schriften aus anderen Quellen derartige Angaben, werden auch diese angeführt.

Ich habe, was die Realisierung dieser Studie angeht, einer Vielzahl von Personen und Institutionen zu danken:

Obwohl der *Fonds zur Förderung der wissenschaftlichen Forschung* (FWF) diese Arbeit nicht unmittelbar gefördert hat, möchte ich dieser Einrichtung danken für die Finanzierung meiner Tätigkeit als Mitarbeiter im *Moritz-Schlick-Projekt* (Leitung Friedrich Stadler) im Zeitraum 2002-2008. Die im Rahmen dieses Projekts (hoffentlich) erworbene und vertiefte Kenntnis des Werkes von Moritz Schlick bildet das Fundament für diese Arbeit. Für die finanzielle Unterstützung bei der Drucklegung danke ich der Universität Graz sowie dem Leiter (Hans Jürgen Wendel) und den Mitarbeitern des Projekts *Moritz Schlick Gesamtausgabe. Nachlass und Korrespondenz* in Rostock.

Dank gilt meinen Kollegen vom Institut *Forschungsstelle und Dokumentationszentrum für Österreichische Philosophie* – mittlerweile integriert in das *Meinong-Institut* der Universität Graz –, Harald Berger, Thomas Binder, Reinhard Fabian, Ulf Höfer, Jutta Valent. Neben der vielfältigen Unterstützung (bei Recherchen bis hin zur Hilfestellung bei EDV-Problemen) möchte ich mich insbesondere für das von ihnen geschaffene Arbeitsklima bedanken. Zu einem großen Teil verantwortlich für die günstigen Arbeitsbedingungen ist natürlich auch Alfred Schramm, letzter Leiter dieser Einrichtung als unabhängiges Institut. Trotz der stürmischen Zeiten, durch die er dieses Schiff mit sicherer Hand steuerte, fand er noch Muße, einen Teil dieser Arbeit zu lesen. Mehr noch als für seine Verbesserungsvorschläge möchte ich ihm für die Geduld danken, die er der mehrfach verschobenen Fertigstellung gegenüber an den Tag legte. Dafür, dass es zu keiner weiteren Verzögerung kam, ist auch Udo Thiel zu danken, dem nunmehrigen Leiter des *Meinong-Instituts*, der mir in den kritischen Monaten der Fertigstellung der Dissertation sozusagen den Rücken freigehalten hat.

Johann Christian Marek danke ich dafür, dass er mir die Gelegenheit bot, in seinem Privatissimum erste Fassungen von Teilen dieser Arbeit vorzutragen und die von ihm sowohl dort als auch später vorgebrachten Kritikpunkte und Verbesserungsvorschläge.

Mehr, als ich hier ausdrücken kann, verdanke ich Heiner Rutte. Obwohl seine zahlreichen Anregungen, die (manchmal bohrende) Kritik und die (sowohl Detailfragen als auch Grundsätzliches betreffenden) Verbesserungsvorschläge dem Gang meiner Arbeit stets den Weg wiesen, wäre es viel zu kurz gegriffen, ihm nur für die überaus intensive Betreuung der Dissertation zu danken. Auch mit dem Hinweis auf den Profit, den ich aus der jahrelangen gemeinsamen Arbeit an der Edition zweier Bände der MSGA zog, ist das Ausmaß der Schuld nicht ausreichend gekennzeichnet. Wäre ich in der Lage gewesen, der von ihm vorgezeigten Klarheit und Selbstständigkeit im Denken näher zu kommen, so wäre das Ergebnis besser ausgefallen.

Letztendlich danke ich noch meiner Frau Edith, die diese Studie von der ersten bis zur letzten Seite durchgesehen hat. Ihr und unserem Sohn Nikolai sei diese gewidmet.

Graz, im Dezember 2012

Einleitung

Bis in die achtziger Jahre des letzten Jahrhunderts prägten durchwegs negative Sichtweisen das vorherrschende Bild des Wiener Kreises. Je nach Standpunkt wurde dieser abqualifiziert als im Wesentlichen eklektische Bewegung, die sich an Wittgensteins *Tractatus logico-philosophicus*[1] anschloss (und dabei die „Tiefe" dieses Werkes nicht verstand); als rein naturwissenschaftlich orientierte und in ihrem Szientismus philosophisch naive Richtung; als bloße Fortsetzung des älteren Empirismus, wobei die Neuerung nur in der Verwendung des logischen Apparats besteht; als längst überwundene Phase, wobei als „Überwinder" (wieder je nach Standpunkt) Popper, Quine, die Philosophie der Alltagssprache oder die historisch-soziologisch relativierende neue (mittlerweile auch schon wieder ältere) Wissenschaftstheorie zu gelten habe.[2]

Gemeinsam ist diesen Verdikten, dass der Wiener Kreis dabei (in der Regel) als philosophisch einheitliche Schule genommen wird,

not as a tradition or movement within which development and change would be natural and welcome, but rather as a fixed set of doctrines (called the ‚Received View') to be accepted or rejected.[3]

Dieses Bild ist mittlerweile wohl endgültig als Klischee erwiesen. Das vor etwa drei Dezennien einsetzende neuerliche Interesse hat

---

[1] Im Weiteren kurz zitiert als *Tractatus*.

[2] Vgl. dazu auch Creath, „Are Dinosaurs Extinct?", der in der Untersuchung der Beziehungen von Carnap zu Quine und Kuhn viel mehr Gemeinsamkeiten herausstreicht, als gemeinhin angenommen werden.

[3] Ebd., S. 287

nicht nur die historische Aufarbeitung des Wiener Kreises ganz beträchtlich vorangebracht, auch das systematische Interesse an Positionen und Fragestellungen, die in dieser (nicht nur in philosophischer Hinsicht) so bewegten Zeit ihren Ursprung haben, scheint wiedererweckt. Kurz gesagt, es bedarf heute wohl keiner besonderen Rechtfertigung für das Interesse am Wiener Kreis. Die bereits geleistete Forschung enthebt mich der Verpflichtung, Allgemeines über seine Vorgeschichte, Entstehung, Dauer, Mitglieder usw. zu sagen.[4]

Höchst uneinheitlich ist jedoch nach wie vor das Maß der Aufmerksamkeit, das den einzelnen Mitgliedern entgegengebracht wird. Zumal Carnap und Neurath wird nach wie vor eindeutig mehr Beachtung zuteil als Schlick. Dieses Ungleichgewicht beginnt sich erst in den letzten Jahren auszugleichen, vor allem durch die seit 2006 erscheinende kritische Gesamtausgabe der Schriften Schlicks (MSGA) samt den Aktivitäten und Publikationen, die im Windschatten dieses groß angelegten Editionsprojekts stattfinden;[5] und wie schon im Vorwort erwähnt, wurzelt auch die vorliegende Arbeit in der editorischen Tätigkeit.

Diese Arbeit versteht sich als ein weiterer Beitrag zur Beseitigung dieses Ungleichgewichtes; die Schlick'sche Spätphilosophie (damit ist seine Wiener Zeit gemeint) soll in ihrer Entwicklung und sowohl in ihren werkinternen als auch externen Beziehungen dargestellt werden. Neben den Versuch einer Rekonstruktion der Entwicklung von Schlicks Denken soll fallweise das Bemühen um einen (zumindest an-

---

[4] Die umfangreichste historische Arbeit ist sicherlich Stadler, *Studien zum Wiener Kreis*.

[5] Der Schwerpunkt dieses deutsch-österreichischen Projekts (nun vor allem gefördert durch die Hamburger Akademie der Wissenschaften) liegt mittlerweile in Rostock. In Rostock und Wien werden drei Schriftenreihen herausgegeben, die (jedenfalls in der Hauptsache) der Schlick-Forschung gewidmet sind: Die *Moritz-Schlick-Vorlesungen* (herausgegeben von H. J. Wendel und F. O. Engler, 2002 ff.), die *Schlickiana* (herausgegeben von F. O. Engler, M. Iven und H. J. Wendel, 2008 ff.) sowie die *Schlick-Studien* (herausgegeben von F. Stadler und H. J. Wendel, 2009 ff.).

satzweise) systematischen Blickwinkel treten; dabei bin ich mir dessen bewusst, dass diese Ansätze einer systematischen Behandlung vor allem kritischen Charakter haben und weniger die (schwierigere) Aufgabe verfolgen, die frucht- und haltbaren Ideen Schlicks weiter auszubauen.

Ausgangspunkt in vorliegender Arbeit ist die *Allgemeine Erkenntnislehre* (AE)[6], die die Summe von Schlicks theoretischer Vor-Wiener Philosophie darstellt. Fraglos beginnt mit Schlicks 1922 erfolgter Berufung nach Wien eine neue Phase in dessen Denken,[7] die mit dem 1926 erschienenen Aufsatz „Erleben, Erkennen, Metaphysik" erstmals publizierten Niederschlag findet; die beginnende Neuorientierung konnte Schlick nicht mehr in der 1925 erschienenen zweiten Auflage der AE berücksichtigen. Nach der „Wende zur Sprache" sah Schlick selbst die wesentliche Schwachstelle in seinem Hauptwerk in der mangelnden logisch-semantischen Fundierung. Trotz dieses Eingeständnisses wäre es verfehlt zu sagen, dass Schlick die AE in seiner weiteren Entwicklung völlig hinter sich ließe: Erstens sind dort Thesen detailliert ausgeführt, die er zeitlebens nicht aufgibt; zweitens ist in einigen Fällen die weitere Entwicklung als Radikalisierung des dort eingenommenen Standpunktes zu sehen; und drittens (und besonders interessant) ist zu bemerken, dass Schlick in einigen seiner letzten Arbeiten[8] wieder auf in der AE entwickelte

---

[6] Zitation nach MSGA I/1; siehe Vorwort.

[7] Zu dieser Berufung siehe die Einleitung der Herausgeber in MSGA I/6 sowie Ferrari, „1922: Moritz Schlick in Wien". Übrigens war es nicht der ehemalige Lehrstuhl Ernst Machs, den Schlick nun bekleidete. In einem vom Bundesministerium für Inneres und Unterricht ausgefertigten Dokument (im Konvolut Inv.-Nr. 85, C. 29-4) wird Schlick ausdrücklich als Nachfolger von Friedrich Jodl bezeichnet; vgl. dazu auch die Übersicht über die philosophischen Lehrkanzeln an der Universität Wien in Benetka, *Psychologie in Wien*, S. 338 f. Ungeachtet dieser institutionsgeschichtlichen Feinheiten ließ Schlick keinen Zweifel daran, dass er sich als Nachfolger Machs (und Boltzmanns) sah; vgl. dazu die unter Inv.-Nr. 8, A. 14a, überlieferte Antrittsvorlesung Schlicks.

[8] Insbesondere in „Über die Beziehung zwischen den psychologischen und den physikalischen Begriffen"

Thesen zurückgreift (freilich in etwas anderem Gewand), die er in der Zwischenzeit nicht mehr erwähnte.

Was die werkexternen Beziehungen betrifft, so sind in erster Linie natürlich die Diskussionen innerhalb des Zirkels hervorzuheben. Der Wiener Kreis ist sozusagen der Hintergrund, vor dem sich Schlicks Denken entwickelt; ohne Berücksichtigung der Diskussionen und Auseinandersetzungen, die innerhalb des Zirkels geführt wurden, ist Schlicks denkerische Entwicklung nicht adäquat nachvollziehbar. Bei allen Gemeinsamkeiten – wie etwa antimetaphysische Haltung, Ablehnung eines synthetischen Apriori, Anerkennung der Dichotomie von Erkenntnis und (werthafter) Entscheidung – sind von Anfang an Divergenzen innerhalb des Kreises erkennbar. Diese bestehen nicht nur in verschiedenen politischen Ausrichtungen,[9] sondern betreffen auf philosophischer Ebene sowohl Grundsätzliches wie die „philosophische Mentalität" (deutlich etwa anhand Neuraths Skepsis gegenüber Schlicks Bewunderung für Wittgensteins *Tractatus*), als auch Detailfragen (z. B. Carnaps Kritik an Schlicks Verwendung des Konzepts der impliziten Definition).[10] Bekanntlich verschärften sich diese philosophischen Gegensätze im weiteren Verlauf; in der schließlich öffentlich ausgetragenen sogenannten Protokollsatzdebatte geht es um den Wahrheitsbegriff, das psychophysische Problem und die Frage nach der Basis der Wirklichkeitserkenntnis – viel fundamentaler kann eine Auseinandersetzung kaum noch werden. Überhaupt lässt sich rückblickend sagen, dass externe Kritiken des Kreises sich

[9] Gegenüber den starken Linkstendenzen im Kreis ist Schlick wohl als Liberaler im klassischen Sinn zu kennzeichnen. Diese politischen Gegensätze waren – jedenfalls in der Beziehung Schlick-Neurath – mit persönlichen Animositäten durchtränkt: Für Schlick war Neurath ein „synthetischer Proletarier", umgekehrt hielt Neurath Schlick für einen Snob; vgl. Haller/Rutte, „Gespräch mit Heinrich Neider", S. 25.

[10] Ein Zeugnis für die bereits sehr früh einsetzenden Kontroversen ist auch die „Warnung", die Feigl 1929 dem gerade in Amerika befindlichen Schlick zukommen lässt: „[...] leider beurteilt man ihre Haltung in Wien bereits als dogmatisch (Hahn, Neurath, Menger) ebenso Reichenbach-Berlin". (Herbert Feigl an Moritz Schlick, 21. Juli 1929)

als relativ überflüssig erwiesen, besorgte man dieses Geschäft doch gleich im Haus. Die permanente wechselseitige Kritik und die (jedenfalls prinzipielle) Bereitschaft, sich jederzeit den Einwänden auszusetzen, erreichte im Wiener Kreis ein vorher wohl nie gekanntes Ausmaß; auch in dieser Hinsicht handelt es sich eben nicht um eine philosophische Schule im traditionellen Sinn, in der sich eine Handvoll Schüler um einen Lehrer schart. Abseits des Zirkels und dessen „Peripherie" (etwa die Mitglieder der Berliner Gruppe um Reichenbach, oder Popper, der ganz einfach nie zu den Zirkelsitzungen eingeladen wurde) sind als Bezugspunkte für Schlicks Denken vor allem Einstein, Russell und Wittgenstein zu nennen, die drei „führende[n] Vertreter der wissenschaftlichen Weltauffassung", wie es in der Schlick gewidmeten Programmschrift des Kreises, dem Manifest *Wissenschaftliche Weltauffassung*, heißt.[11] Das Verhältnis zu Russell ist vielschichtig; im Verlauf dieser Arbeit wird von Schlicks Kritik an erkenntnistheoretischen Thesen Russells genauso die Rede sein wie vom Einfluss des Logikers Russell auf Schlick. Die Beziehung zu Einstein wird hier nur sehr wenig behandelt, ist dieser Kontakt doch am wichtigsten in der Vor-Wiener Zeit und da natürlich für die Texte, in denen Schlick sich mit den philosophischen Implikationen und Interpretationen der Relativitätstheorie beschäftigte. In der hier behandelten neopositivistischen Phase kommt es zu einer deutlichen Abkühlung der Beziehung zu Einstein; in der Hauptsache beruht diese Entfremdung auf Schlicks (gegenüber der AE neue) Auffassung des Realismus-Streits als bloßem Scheinproblem, während Einstein an einem „metaphysischen" Realismus festhielt. Überhaupt ist die Übertragung der früher Einstein geltenden Verehrung auf Wittgenstein ein äußerliches Merkmal, das den Übergang von der AE zur neo-

---

[11] Ebd., S. 54; Schlick hatte mit dieser vom Verein Ernst Mach herausgegebenen Schrift (Verfasser waren im Wesentlichen Carnap und Neurath) übrigens wenig Freude, „denn ich gestehe, daß ich mich weder mit dem etwas reklamehaften Stil noch mit einigen etwas dogmatisch anmutenden Formulierungen der Broschüre, die im übrigen herzlich gut gemeint ist, ganz einverstanden erklären kann" (Moritz Schlick an Siegfried Weinberg, 15. Juni 1930).

positivistischen Spätphilosophie kennzeichnet. Wittgensteins Denken stellt fraglos den wichtigsten Einfluss auf Schlick in der Wiener Zeit dar, ein Einfluss, der sich an einer Vielzahl von Punkten bemerkbar macht. Von Schlick als einem Sprachrohr Wittgensteins zu sprechen, wie es manche Autoren tun, [12] ist m. E. allerdings weit verfehlt; zum einen sind mehrere dieser Punkte in zumindest rudimentärer Weise in der AE zu finden, [13] zum anderen geht Schlick in zentralen Fragen letztlich in eine ganz andere Richtung als Wittgenstein. [14]

Bei fast jedem Denker, in dessen Entwicklung markante Brüche zu erkennen sind, pflegt die Philosophiegeschichtsschreibung nach der Beziehung zwischen den einzelnen Phasen zu fragen; eine radikale Antwort besteht dann darin, das Gesamtwerk überhaupt in zwei voneinander gänzlich unabhängige Teile zu zerlegen und deren Zusammenhang nur noch durch eine Personalunion gegeben zu sehen. Auch in Bezug auf Schlick ist Derartiges behauptet worden, wobei der Bruch in Schlicks Bekanntschaft mit Wittgensteins Werk und Person zu sehen sei. [15]

Eine solche Sichtweise ist m. E. irreführend und verstellt den Weg zu einer angemessenen Würdigung von Schlicks Denken. Neben den bereits angeführten oder wenigstens kurz angesprochenen Gründen (die AE als Ausgangspunkt, den Schlick nicht völlig hin-

---

[12] So heißt es etwa bei Quinton, dass Schlick „fast spurlos in Wittgensteins geistigem Dunstkreis aufging und allmählich in den in gewissem Maße zutreffenden Ruf kam, nicht mehr zu sein als ein Sprachrohr, durch das die Wittgenstein'schen Ideen einem größerem Publikum mitgeteilt wurden" („Vor Wittgenstein: Der frühe Schlick", S. 114). Und Cirera meint: "It can be truthfully said that his relationship with Wittgenstein marks the end of his career as an independent thinker. He passed from being an original creator to acting as a commentator and exponent of ideas." (*Carnap and the Vienna Circle*, S. 48 f.)

[13] Vgl. dazu auch die unten, S. 26 f., angeführten Äußerungen von Carnap, Feigl und K. Menger.

[14] Etwa mit seiner Konzeption der Konstatierungen oder seiner Akzeptanz der Möglichkeit einer monologischen Sprache.

[15] Siehe etwa oben, Anm. 12.

ter sich zurücklässt bzw. die Differenzen zu Wittgenstein) ist die These von den zwei gänzlich verschiedenen Philosophien Schlicks schon allein deshalb abzulehnen, weil es keine geschlossene, systematische Darstellung Schlicks seiner Spätphilosophie gibt; entsprechende Pläne zur Veröffentlichung eines Buches, das an die Stelle der AE treten könnte, brachte Schlick nicht zur Ausführung. Und es kann auch keine solche Darstellung geben, einfach weil es nicht *die* Schlick'sche Spätphilosophie gibt. Der AE gegenüber steht nicht ein in sich geschlossenes (und von der AE eben auch klar abgegrenztes) „System", die von Schlick in seinem letzten Lebensjahrzehnt publizierten Arbeiten summieren sich nicht zu einem Werk. Wie hier im Detail nachzuweisen sein wird, war Schlicks Denken ständig im Fluss, [16] insbesondere in den publikationsreichen allerletzten Jahren revidierte Schlick (wenn auch so gut wie nie in expliziter Form) auch kurz zuvor eingenommene Standpunkte. Um bereits an dieser Stelle ein Beispiel anzuführen: Versucht man die innerhalb weniger Jahre von Schlick vertretenen Thesen zu integrieren, dass a) Hypothesen (und das sind alle synthetischen Sätze außer den Konstatierungen) keine Sätze im eigentlichen Sinne sind; b) Konstatierungen nicht „aufschreibbar" und somit in keinerlei Weise fixierbar sind; c) die Sätze der Logik und Mathematik, die den Bereich des Analytischen erschöpfen, keine eigentlichen Sätze, sondern Regeln zur Umformung von solchen sind; so ergibt sich das paradoxe Resultat einer Wende zur Sprache ohne Sätze. Auch die Spannung zwischen einer (längere Zeit hindurch vertretenen) Unsagbarkeit der Erlebnisse und der gleichzeitigen Betonung der tragenden Rolle der hinweisenden Definition auf solche ist in diesem Zusammenhang zu erwähnen; es geht Schlick letztlich um eine einheitliche empiristi-

---

[16] Vgl. dazu auch Geymonat, „Entwicklung und Kontinuität im Denken Schlicks", wo ebenfalls gegen eine strikte Trennung von Früh- und Spätphilosophie Schlicks argumentiert wird. Der ehemalige Schlick-Schüler sieht gerade in der Aufgeschlossenheit gegenüber neuen sowohl philosophischen als auch wissenschaftlichen Entwicklungen einen konstanten Grundzug in Schlicks Denken.

sche Konzeption, um „den Aufbau eines konsequenten und völlig reinen Empirismus"[17]. Ein rein sprachimmanenter Standpunkt, wie ihn Neurath und Carnap (Letzterer zeitweilig) vertraten, kam für ihn nicht in Frage. Im Hinblick auf die vor dem Hintergrund dieses empiristischen Grundanliegens zu verstehenden Wendungen und Wandlungen (und seinen plötzlichen Tod) wird leicht verständlich, warum es Schlick trotz mehrfacher Versuche nie gelungen war, eine umfassende Darstellung seiner neopositivistischen Erkenntnistheorie zu veröffentlichen und die AE ohne Nachfolger blieb. Schlicks Spätphilosophie blieb ein unvollendeter Torso, „work in progress".

Einzelne Aspekte und Thesen dieser Spätphilosophie sind mehr oder weniger gut bekannt und in der Literatur diskutiert. Zu den wohlbekannten Thesen gehören etwa der Verifikationismus oder die Theorie der Konstatierungen; weniger Widerhall gefunden hat dagegen z. B. Schlicks Version des Strukturalismus in F&C. Was aber bislang so gut wie gar nicht geschehen ist, ist der Versuch, diese und andere Aspekte in ihrer jeweiligen Entwicklung, wechselseitigen Beziehung und zeitlichen Abfolge darzustellen – ein Unternehmen, das ein genaues Eingehen auf die Texte erfordert. Zweckmäßigerweise sind dabei nicht nur die veröffentlichten Arbeiten Schlicks zu berücksichtigen, auch auf nachgelassene Schriften wird zurückgegriffen. Besondere Beachtung wird dabei dem Briefwechsel geschenkt, welcher eine unschätzbare Quelle darstellt – nicht nur, was die Beziehungen zu anderen Denkern angeht. Auf diesen Grundlagen den Kontinuitäten, Bruchstellen und Verzweigungen von Schlicks Spätphilosophie nachzugehen, die durch seine Ermordung unabgeschlossen blieb, ist das Ziel vorliegender Arbeit.

[17] „[Selbstdarstellung]", S. 462 (der Titel der vorliegenden Arbeit stellt eine Anleihe an diese Passage dar); diese kurze und nicht genau datierbare Darstellung (frühest möglicher Entstehungszeitpunkt ist 1931) schrieb Schlick für das aufgrund politischer Intervention erst 1949/50 erschienene, von Ziegenfuß/Jung verfasste und herausgegebene *Philosophen-Lexikon*. Unter Inv.-Nr. 430, A. 274, ist diese Selbstdarstellung auch im Nachlass erhalten.

Neben einer zeitlichen Beschränkung auf den Zeitraum von der zweiten Auflage der AE 1925 (nur gelegentlich werden auch frühere Arbeiten herangezogen) bis zu Schlicks Tod 1936 ist natürlich auch eine inhaltliche erforderlich; ich konzentriere mich auf die Schlick'sche Erkenntnistheorie, notwendigerweise unter Einbeziehung sprachphilosophischer Probleme. Damit bleiben eine ganze Reihe von Themen, mit denen sich der (wie immer wieder gerne übersehen wird) sehr vielseitig interessierte Schlick beschäftigte, hier außer Betracht bzw. werden nur gestreift:

- An erster Stelle zu erwähnen ist Schlicks lebenslanges Interesse an ethischen und lebensphilosophischen Fragen. Diesem Gebiet sind – neben mehreren, teils umfangreichen unveröffentlichten (und erst in Abteilung II der MSGA herauszugebenden) Arbeiten – vor allem die bereits 1908 erschienene *Lebensweisheit* und dann in seiner Wiener Zeit „Vom Sinn des Lebens" (1927) sowie die 1930 als vierter Band der *Schriften zur Wissenschaftlichen Weltauffassung*[18] publizierten *Fragen der Ethik* gewidmet.[19] Diese Seite von Schlicks Denken fand bis heute eher wenig Resonanz und wird auch hier vollständig übergangen. An dieser Stelle sei nur angemerkt, dass sich im Vergleich von praktischer und theoretischer Philosophie eine gewisse Janusköpfigkeit Schlicks zeigt, nicht nur wegen des gelegentlich schwärmerischen Tons in Ersterer, der wohl auch auf dichterischen Ambitionen zurückzuführen ist.[20]

- Nur am Rande gestreift werden Schlicks Beiträge zur Interpretation der Relativitätstheorie,[21] die aber ohnehin im Wesentlichen

---

[18] Diese ab 1928 erschienene Reihe wurde von Schlick und Frank herausgegeben.

[19] Die beiden Monographien sind nun in MSGA I/3 enthalten, „Vom Sinn des Lebens" in MSGA I/6.

[20] In den *Fragen der Ethik* allerdings überwiegt eine nüchterne, streng sachliche Einstellung.

[21] Besonders erwähnt seien die 1915 erschienene Abhandlung „Die philosophische Bedeutung des Relativitätsprinzips" und die zwischen 1917 und 1922 in vier Auflagen erschienene (und sehr rasch ins Englische, Spanische und bald auch ins Französische übersetzte) Schrift *Raum und Zeit in der gegenwärtigen Phy-*

in seine Vor-Wiener Zeit fallen und welchen er – neben der AE – eben die Reputation verdankte, die schließlich zu seiner Berufung nach Wien führte. [22]

- Ebenfalls weitgehend außer Betracht bleiben Untersuchungen Schlicks in seiner Wiener Zeit, die enger umrissenen Fragen gewidmet sind, egal ob es sich dabei um so zentrale Themen wie Kausalität oder Wahrscheinlichkeit handelt [23] (beides übrigens auch innerhalb des logischen Empirismus heiß umstritten), oder um speziellere Fragen, wie sie sich etwa in der damaligen Diskussion des Vitalismus oder des Ganzheitsbegriffs stellten. [24] Die entsprechenden Arbeiten (alle in den dreißiger Jahren erschienen und nun in MSGA I/6 enthalten) werden allerdings insofern berücksichtigt, als sich in ihnen immer wieder auch Ausführungen zu den grundlegenden erkenntnistheoretischen Fragen finden.

- Eine eingehendere Behandlung würden sich auch Thesen verdienen, die für Schlicks Selbstverständnis grundlegend sind, wie seine Auffassung des Wesens der Philosophie oder die Frage nach der Natur des Analytischen (der logischen und mathematischen Sätze). Kaum weniger wichtig sind Themen wie der Konventionalismus oder das

---

sik, die von Einstein hoch geschätzt wurden (Letztere nun auch in MSGA I/2). Welche Stellung Schlick in der Auseinandersetzung um die Relativitätstheorie im Pro-Einstein-Lager genoss, geht am besten aus einem Schreiben von Max Born vom 11. Juni 1919 hervor: „Wir bilden jetzt eine Gemeinde, die ihren Propheten gefunden hat, – ich hoffe, daß Sie diese ehrenvolle Stellung annehmen."

[22] Allerdings kam es gerade deswegen auch zu Widerständen gegen diese Berufung, wie sie etwa von Alois Höfler formuliert wurden: „Besteht in Wien das Bedürfnis einer Spezialvertretung der Relativitätstheorie [...] so müßte man Schlick zu einem Ordinarius der Physik, nicht aber zu einem der Philosophie ernennen." (Personalakt Moritz Schlick, Zl. 531, 1920/21; beim nicht genannten Empfänger dieses Schreibens vom 29. November 1921 handelt es sich vermutlich um den Dekan der philosophischen Fakultät.)

[23] „Die Kausalität in der gegenwärtigen Physik" und „Causality in Everyday Life and in Recent Science" bzw. „Gesetz und Wahrscheinlichkeit"

[24] „Ergänzende Bemerkungen über P. Jordans Versuch einer quantentheoretischen Deutung der Lebenserscheinungen" bzw. „Über den Begriff der Ganzheit"

psychophysische Problem; auch diese Punkte bedürften einer weiterführenden Diskussion.

I. Die *Allgemeine Erkenntnislehre* und der Weg voraus

> Wir kennen ja fast alle Schlicks Arbeiten viel zu wenig.
> Natürlich haben wir seinerzeit gierig seine Arbeit über
> Zeit und Raum gelesen, aber die Erkenntnislehre z. B.
> dürfte unter uns nur Feigl wirklich kennen [...] [1]

Die Grundgedanken der AE lassen sich bis mindestens 1911/12 zurückverfolgen,[2] das Werk vereinigt unter anderem (zumindest im Wesentlichen) den Inhalt mehrerer Aufsätze, die bereits vor oder praktisch zeitgleich mit der ersten Auflage erschienen.[3] Mit Fug und Recht lässt sich die AE also als Summe der frühen theoretischen Philosophie Schlicks sehen;[4] in Ermangelung eines (mehrfach geplanten) Nachfolgers ist sie als *das* Hauptwerk Schlicks anzusehen. Als solches wäre dieses Buch natürlich für sich allein einer eigenen Abhandlung würdig. Zwar wurde das Werk bei seinem Erscheinen 1918 weitest-

---

[1] Otto Neurath an Walter Hollitscher, 22. November 1937, Nachlass Neurath; bei der neben der AE angesprochenen Arbeit handelt es sich wohl um *Raum und Zeit in der gegenwärtigen Physik*.

[2] Vgl. Schlicks allererste, in Rostock gehaltene Vorlesung „Grundzüge der Erkenntnistheorie und Logik" (Inv.-Nr. 2, A. 3a; auszugsweise in englischer Übersetzung publiziert unter dem Titel „What is Knowing?" in Schlick, *Philosophical Papers* II).

[3] Wie etwa „Gibt es intuitive Erkenntnis?", „Idealität des Raumes, Introjektion und psychophysisches Problem" oder „Erscheinung und Wesen"

[4] Unter Absehung der naturphilosophischen Arbeiten, und dort insbesondere derjenigen, die der Relativitätstheorie gewidmet sind.

gehend positiv aufgenommen,[5] und auch unter den Wegbegleitern Schlicks (dieser Ausdruck im weiten Sinn genommen) finden sich einige, die es nicht verabsäumt haben, dieses Werk zu würdigen. Carnap und Feigl etwa betonen, dass viele später von anderen ausgearbeitete Ideen im Kern bereits in der AE zu finden seien;[6] an anderer Stelle lobt Feigl die AE in höchsten Tönen und betont deren Einfluss auf seine eigene Entwicklung,[7] und auch Popper versagt nicht seinen Respekt.[8] Trotz dieser Würdigungen gibt es bis heute keine einzige gedruckte Monographie über die AE,[9] erwähnenswert ist sicher der Überblick, den Anthony Quinton in einem Aufsatz gibt.[10] Ansonsten gibt es meines Wissens nur Publikationen, die sich mit mehr oder weniger detaillierten Punkten der AE beschäftigen.

Kurz gesagt, die AE ist ein zwar nicht gerade vergessenes, aber bis heute viel zu wenig beachtetes Werk,[11] dem auch die jüngere

---

[5] Eine Übersicht über die fast durchgehend wohlwollenden Rezensionen findet sich im editorischen Bericht in MSGA I/1, S. 85 f.; die ablehnende Stellungnahme Hermann Weyls wird unten, S. 31, noch erwähnt.

[6] Carnap, *Mein Weg in die Philosophie*, S. 34 f.; Feigl, „The Origin and Spirit of Logical Positivism", S. 21.

[7] „[...] struck me like a thunderbolt [...] beautiful lucid and magnificently penetrating [...]" („The Power of Positivistic Thinking", S. 39)

[8] „Also in der *Erkenntnislehre* ist ja viel, viel, viel drin." (Gespräch mit Hans-Joachim Dahms und Friedrich Stadler, in: Stadler, *Studien zum Wiener Kreis*, S. 533). In seinen Publikationen drückt Popper seine Wertschätzung für die AE weniger enthusiastisch aus, es reicht immerhin für ein „remarkable"; „Truth, Rationality, and the Growth of Scientific Knowledge", S. 223, Anm. 9.

[9] Erwähnt werden müssen in diesem Zusammenhang allerdings die kürzlich erschienene Arbeit von Seck, *Theorien und Tatsachen*, sowie F. Belkes Buch *Spekulative und wissenschaftliche Philosophie*, die sich beide zwar nicht ausschließlich der AE, aber doch zumindest vorwiegend der frühen theoretischen Philosophie Schlicks widmen. Einige Dissertationen, die sich mit der AE befassen (hervorheben möchte ich besonders Rutte, *Der Erkenntnisbegriff bei Moritz Schlick*), sind bei Seck, S. 22 f., angeführt.

[10] „Vor Wittgenstein: Der frühe Schlick"

[11] Nachdem schon seit längerer Zeit eine englische Übersetzung vorliegt (*General Theory of Knowledge*), wurde das Werk kürzlich auch ins Französische übersetzt

Philosophiegeschichtsschreibung nicht immer gerecht wird.[12] Freilich trifft Schlick selbst an dieser Situation zumindest eine Teilschuld; zeigte er doch im Verlauf seiner weiteren Entwicklung die (zweifellos seltene) Neigung, zugunsten der logisch-semantischen Grundlagenforschung (von Wittgenstein und anderen) die früher von ihm selbst geleistete Arbeit in ihrer Originalität nicht herauszustreichen. Besonders deutlich hervorgehoben hat dies (neben Carnap und Feigl) auch K. Menger:

[...] I was sometimes rather unhappy to see Schlick extol his idol to the point of self-effacement: he ascribed to Wittgenstein ideas that he himself had uttered before he had seen the *Tractatus*.[13]

Doch nun zum Inhalt dieses Werkes. Vorerst muss eine gedrängte Skizze des dort entwickelten Erkenntnisbegriffs genügen, im weiteren Verlauf werden wir jedoch immer wieder auf die AE zurückkommen und einzelne Punkte zumindest etwas näher behandeln. Etwas ausführlicher kommt gleich hier (im dritten Abschnitt) die in der AE entwickelte Konzeption der impliziten Definition zur Sprache, die sich – wie aus dem Nachfolgenden zu ersehen – als Ausgangspunkt des Nachvollzugs der weiteren Entwicklung anbietet.

(*Théorie générale de la connaissance*); auch dies ein Beleg dafür, dass das Interesse an Schlick in letzter Zeit wieder zunimmt; vgl. dazu die Einleitung, S. 14.

[12] Symptomatisch dafür etwa Röd, der zwar lobenswerterweise eine kurze Wiedergabe des Inhalts der AE liefert, aber schon allein durch die Wahl des Abschnittstitels („M. Schlick als Wegbereiter des Neopositivismus") die Bedeutung deutlich macht, die er diesem Werk zugesteht; *Der Weg der Philosophie*, Bd. II, Kap. V, Abschnitt 2.

[13] „Memories of Moritz Schlick", S. 84

1. Der Erkenntnisbegriff der AE

Es sind vor allem drei Merkmale, die – miteinander zusammen-hängend – den Erkenntnisbegriff der AE charakterisieren: Erkennen als Wiedererkennen, Erkennen als Bezeichnen bzw. Zuordnen (der Zeichencharakter der Erkenntnis) sowie der Gegensatz von Erkennen und Erleben.

Erkennen als Wiedererkennen

Erkennen, so beginnt Schlick die Erörterungen im ersten Teil des Buches, ist immer Erkenntnis von etwas als etwas. Auf jeder Stufe des Erkennens, vom Alltag über die mehr deskriptiven Wissenschaften bis zu den zeitgenössischen Theorien der Physik (für Schlick, den promovierten Physiker und Interpreten der Relativitätstheorie, das Paradigma der wissenschaftlichen Erkenntnis) ist es so, dass „in etwas Neuem etwas Altes wiedergefunden"[14] wird. Ein bewegliches braunes Etwas wird als ein Hund, Aristoteles als Verfasser der Schrift über den Staat der Athener oder Licht als elektromagnetischer Schwingungsvorgang erkannt: in diesem fundamentalen Aspekt gleichen sich alle Fälle.

Dieser Akt des Wiederfindens ist eine vollständige oder teilweise Identifizierung desjenigen, was erkannt wird, mit dem, als was es erkannt wird; oder, wie Schlick sich auch ausdrückt, der erkannte Gegenstand (hier und im Folgenden im weitesten Sinn als auch Vorgänge, Beziehungen etc. umfassend) wird auf etwas anderes zurückgeführt, reduziert. So wird im ersten genannten Beispiel die Wahrnehmungsvorstellung des beweglichen braunen Etwas als hinreichend ähnlich mit der Erinnerungsvorstellung eines Hundes befunden (freilich nicht mit einer „Allgemeinvorstellung"), im letzteren Beispiel Licht als unter den allgemeineren Begriff „elektromagnetische Schwingung" fallend erkannt.[15]

---

[14] AE, S. 150

[15] Lieber spricht Schlick anstatt von Begriffen von begrifflichen Funktionen; Erstere sind nichts Wirkliches, im Bewusstsein des Denkenden vollzieht sich das

Ein Missverständnis wäre es, diesen Reduktionsvorgang zwangsläufig als Rückführung des Unvertrauten, Unbekannten auf Vertrautes, Bekanntes aufzufassen. Die Einführung einer neuen wissenschaftlichen Hypothese bedeutet gerade die Rückführung von Bekanntem auf vorher Unbekanntes, geht also gerade in die entgegengesetzte Richtung. An späterer Stelle fasst Schlick die These des Erkennens als Wiedererkennen so zusammen:

You cannot tell us: "Ah, I have discovered what this thing is, but it is impossible for me to say what it is". Real knowledge is recognition, so if you tell us that you really know a thing, you must be able to answer the question, "Well, as what have you recognized it?" [16]

Erkennen als Zuordnen, Bezeichnen

Die Rede von einer Rückführung, Reduktion, Gleichsetzung oder Identifizierung bedarf freilich der näheren Präzisierung. Das zu Erkennende wird mit Begriffen verglichen bzw. unter solche gebracht, das Wesen der Begriffe ist „darin erschöpft, daß sie Zeichen sind, die wir im Denken den Gegenständen zuordnen, über die wir denken"[17]. Während also Begriffe nichts anderes sind als Zeichen für Gegenstände, sind Urteile Zeichen für das Bestehen von Beziehungen zwischen Gegenständen (und nicht bloß für Beziehungen allein, da zur Bezeichnung jeder noch so komplexen Beziehung auch ein Begriff ausreicht, wie Schlick am Beispiel des Urteils „der Schnee ist kalt" im Gegensatz zum Begriff der Kälte des Schnees klarmacht); ein Urteil ist ein Zeichen für eine Tatsache, die im einfachsten Fall aus zwei Gegenständen und einer zwischen ihnen bestehenden Beziehung

Denken in intentionalen Erlebnissen bzw. Vorstellungen. Das Problem, wie solche vagen psychischen Vorkommnisse Begriffe im Denken vertreten können, behandelt Schlick in § 18, unter anderem durch Verweis auf eine Rechenmaschine, die trotz aller physischen Ungenauigkeit eindeutige diskrete Zustände repräsentiert.

[16] F&C, zweite Vorlesung, S. 187

[17] AE, S. 220

besteht.[18] Begriff und Urteil stehen in einem Wechselverhältnis: Nicht nur besteht ein Urteil in der Verknüpfung von Begriffen, sondern Urteile sind untereinander verbunden durch das Vorkommen von ein und demselben Begriff in einer Mehrzahl von Urteilen.

So bildet denn jeder Begriff gleichsam einen Punkt, in welchem eine Reihe von Urteilen zusammenstoßen (nämlich alle die, in denen er vorkommt); er ist wie ein Gelenk, das sie alle zusammenhält. Die Systeme unserer Wissenschaften bilden ein Netz, in welchem die Begriffe die Knoten und die Urteile die sie verbindenden Fäden darstellen. Tatsächlich geht im wirklichen Denken der Sinn der Begriffe ganz darin auf, Beziehungszentren von Urteilen zu sein. Nur als Verknüpfungspunkte von Urteilen und *in* den Urteilen führen sie ein Leben im lebendigen Denken.[19]

Wahrheit definiert Schlick durch die Eindeutigkeit der Zuordnung eines Urteils zu einer Tatsache;[20] ein Erkenntnisurteil ist zusätzlich dadurch gekennzeichnet, dass es bereits in anderen Urteilen verwendete Begriffe enthält. Einen Gegenstand erkennen ist demnach nichts anderes als die Entdeckung, dass zwei Begriffe denselben Gegenstand bezeichnen, und so ist der Zusammenhang mit der These des Erkennens als Wiedererkennen gegeben:

Denn einen Gegenstand durch Begriffe zu bezeichnen, welche bereits anderen Gegenständen zugeordnet sind, geht nur dann an, wenn vorher diese in jenem wiedergefunden wurden, und gerade dies machte ja das Wesen des Erkennens aus.[21]

In dieser Rückführung liegt das Wesen der wissenschaftlichen Erkenntnis begründet. Je fortgeschrittener eine Wissenschaft, desto weniger Grundbegriffe benötigt sie zur Erklärung der Phänomene.[22]

---

[18] AE, § 8

[19] AE, S. 230

[20] Falschheit wird a fortiori als mehrdeutige Zuordnung bestimmt; vgl. AE, § 10. Diese Wahrheitstheorie, die Schlick bereits in „Das Wesen der Wahrheit nach der modernen Logik" entworfen hatte, vertrat Schlick in der Folge nicht mehr.

[21] AE, S. 252

[22] Die Termini Erkennen, Erklären und Begreifen fasst Schlick als synonym auf; AE, S. 154.

Das Ziel der wissenschaftlichen Forschung besteht in der Minimierung der zur Erklärung notwendigen Anzahl von Begriffen bzw. Prinzipien. Dieses Prinzip des „Minimum[s] der Begriffe"[23] ist das Leitmotiv der wissenschaftlichen Tätigkeit; insbesondere die Geschichte der Physik ist das glänzendste Beispiel dafür, wie weit eine solche Reduktion von früher unverbunden nebeneinander stehenden Gebieten wie Mechanik, Optik etc. auf gemeinsame, übergeordnete Gesetzmäßigkeiten vorangetrieben werden kann.

Erkennen und Erleben

Schlick ist sich dessen bewusst, dass diese nüchterne Explikation des Erkenntnisbegriffs als Vergleichen, Wiederfinden und Zuordnen für so manchen enttäuschend wirken mag:

Wer die Bestimmungen überblickt, die wir bis jetzt über das Wesen der Erkenntnis machen konnten, wird vielleicht von einem Gefühl der Enttäuschung beschlichen. Erkenntnis nichts weiter als ein bloßes Bezeichnen? Bleibt damit der menschliche Geist den Dingen und Vorgängen und Beziehungen, die er erkennen will, nicht ewig fremd und fern? Kann er sich den Gegenständen dieser Welt, der er doch selbst als ein Glied angehört, nicht inniger vermählen?[24]

In der Tat gibt es die Möglichkeit, den Gegenständen näher zu kommen. Tritt in einer Wahrnehmungssituation die Qualität „rot" auf, so ist diese ein Inhalt des Bewusstseins. In der Anschauung (Intuition) kommt es also zu einer partiellen Identität von Erkenntnissubjekt und -objekt. Doch der Fehler besteht nach Schlick in dem nun von den Intuitions-Theoretikern[25] gemachten Schritt, diese unmittelbare

---

[23] AE, S. 320

[24] AE, S. 287 f.; einer dieser Unbefriedigten war Hermann Weyl, dem es „unverständlich [ist], wie einer, der je um Einsicht gerungen hat, sich je damit zufrieden geben kann" (Weyl, „[Rezension von:] Moritz Schlick, *Allgemeine Erkenntnislehre*"; diese Stelle aus Weyls Rezension der ersten Auflage der AE wird von Schlick – ohne Namensnennung – selbst in der zweiten Auflage zitiert; AE, S. 288, Anm. 22).

[25] Im entsprechenden Paragraphen 12 der AE werden vor allem Bergson und Husserl kritisiert; später bezieht Schlick seine Kritik auch auf Schopenhauer.

Gegebenheit als Erkenntnis aufzufassen, ja als eine der mit Begriffen arbeitenden wissenschaftlichen Methode prinzipiell überlegene Erkenntnisweise. Tatsächlich handelt es sich hier um keine Erkenntnis, sondern um ein Erleben.[26] Nach der im Vorhergehenden dargestellten Analyse gehören zum Erkenntnisprozess immer zwei Glieder, nämlich „etwas, *das* erkannt wird, und dasjenige, *als was* es erkannt wird"[27]. In der Anschauung dagegen werden nicht mehrere Gegenstände in Beziehung gesetzt, es wird ein einzelner „betrachtet".

Solange ein Gegenstand mit nichts verglichen, in kein Begriffssystem in irgendeiner Weise eingefügt ist, solange ist er *nicht* erkannt. Durch die Anschauung werden uns Gegenstände nur *gegeben*, nicht *begriffen*. Intuition ist bloßes Erleben, Erkennen aber ist etwas ganz anderes, ist mehr. Intuitive Erkenntnis ist eine contradictio in adiecto.[28]

Es ist also strikt zu unterscheiden zwischen dem Rot-Erlebnis, dem bloßen Auftreten einer Rot-Empfindung, die eine gegebene Tatsache ist, und Erkenntnis, die in primitivster Form in einem Urteil wie z. B. „Dies ist rot" ausgedrückt wird.[29] Letzteres geht über das bloße Erleben hinaus und spricht die Erkenntnis aus, dass die erlebte Farbe als der Klasse der roten Gegenstände zugehörig wiedererkannt wird. Die Bewusstseinsinhalte sind das einzige Bekannte, unmittelbar Gegebene; daraus ist jedoch nicht zu folgern, dass sie auch das am besten Erkannte seien. Im Gegenteil, eine introspektive Psycho-

---

[26] Statt „Erleben" spricht Schlick auch oft von „Kennen", „Bekanntschaft" oder eben „Intuition".

[27] AE, S. 292

[28] AE, S. 293

[29] Vgl. etwa AE, § 12; besonders klar und zusammenfassend auch ebd., S. 754, und später in F&C, zweite Vorlesung, S. 195. Aufgrund der Vielzahl und Eindeutigkeit solcher Belegstellen ist mir unverständlich, wie Kuno Lorenz („Erleben und Erkennen", S. 276 f.) dazu kommt, die Grenze zwischen Erleben und Erkennen an anderer Stelle zu ziehen und zu behaupten, Ausdrücke wie „Dies ist rot" drücken nach Schlick keine Erkenntnisse aus (sind also nur der sprachlichen Form nach Urteile), sondern das durch sie zum Ausdruck Gebrachte sei noch ganz der Erlebnisseite zuzuzählen.

logie ist der mathematisch verfahrenden Naturforschung prinzipiell
unterlegen.

Die Unterscheidung Erkennen/Erleben spielt auch eine wichtige
Rolle in der im dritten Teil der AE vorgenommenen detaillierten
Kritik an Immanenzpositivismus (Mach, Avenarius, Russell[30]) und
Kantianismus. Die Forderung des Ersteren, nur Kennbares (Erleb-
bares) als wirklich zuzulassen, beruht ebenso auf der Nicht-Berück-
sichtigung dieser fundamentalen Differenz wie die Kant'sche These
der Unerkennbarkeit eines Dings an sich.

So weit in knappest möglicher Form die Grundzüge des Erkenntnisbegriffs, wie Schlick ihn im ersten Teil der AE entwickelt; das ebenfalls dort entwickelte Konzept der impliziten Definition wird in einem
eigenen Abschnitt später behandelt. Wie schon durch die gelegentli-
che Zitation aus F&C ersichtlich gemacht werden sollte, bilden diese
drei Charakteristika den Grundstock der Schlick'schen Erkenntnistheorie, auf dem er auch in der positivistischen Phase aufbaut. Der
Begriff der Zuordnung erfährt in der Folge eine genauere semantische
Ausdifferenzierung (dazu noch später). Die Unterscheidung Erken-
nen/Erleben – die in vorliegender Arbeit am eingehendsten behandelt werden wird – radikalisiert Schlick in der Folge: In F&C ist diese
Spannung aufs Äußerste strapaziert, mit der darauffolgenden Theorie der Konstatierungen unternimmt Schlick schließlich einen neuen
Anlauf zur Klärung dieser für jeden Empirismus fundamentalen Beziehung zwischen Erlebnisbasis und Erkenntnisgebäude.

---

[30] Die kritische Diskussion von Russells *Our Knowlegde of the External World*
ist eine der umfangreicheren Erweiterungen gegenüber der ersten Auflage der AE.

Erkennen als Wiedererkennen: Probleme

An der These des Erkennens als Wiedererkennen hält Schlick praktisch unverändert zeitlebens fest. [31] Auf diesen Punkt werden wir zwar auch bei der Diskussion der Konstatierungen noch einmal zurückkommen, [32] aber auch auf grundsätzlicher allgemeiner Ebene stellen sich hier Probleme ein:

Zum Ersten scheint die These nur plausibel, wenn man wie Schlick nur Beispiele in der einfachen Subjekt/Prädikat-Form heranzieht. [33] Auf andere Urteilsformen dagegen scheint diese Charakterisierung nicht zu passen, so z. B. Existenzurteile. Bei „Es gibt Hunde" oder „Es gibt keine Einhörner" wird offensichtlich nicht etwas-als-etwas wiedererkannt. [34] Dies gilt unabhängig davon, ob es sich bei „wirklich" um ein Prädikat handelt, über dessen Zukommen genau nach denselben Methoden entschieden werden muss wie bei gewöhnlichen Prädikaten (wie Schlick in der AE behauptet) [35], oder ob man sich an seine spätere, Russells Analyse folgende Darstellung von Existenzurteilen hält, wonach ein Existenzurteil die Form hat: „$(\exists x)\,fx$, in Worten: ‚es gibt ein x, das die Eigenschaft f hat'." [36] Man kann Schlick zustimmen, dass ein Existenzurteil nur Sinn hat, wenn eine Eigenschaft zugeschrieben wird, deren Exemplifizierung (im Fall von empirischen Sachverhalten) letztlich anhand von Erfahrung feststellbar ist, aber das trifft nicht den Punkt; die begriffliche Analyse von

---

[31] Vgl. dazu insbesondere F&C, zweite Vorlesung, sowie die Vorlesung „Logik und Erkenntnistheorie" des Wintersemesters 1934/35, Inv.-Nr. 38, B. 18a, Bl. 20 ff.

[32] Siehe unten, S. 187.

[33] Überhaupt hielt Schlick in der AE an einer syllogistischen Logikauffassung fest und betrachtete die moderne symbolische Logik allenfalls als brauchbares Hilfsmittel; siehe dazu auch unten, S. 69.

[34] A fortiori trifft das auch auf alle Gesetzesaussagen zu, da bekanntlich All-Sätze als negative Existenzsätze charakterisiert werden können.

[35] AE, S. 443

[36] „Positivismus und Realismus", S. 348

Existenzurteilen offenbart kein Wiedererkennen, es wird hier nicht etwas-als-etwas erkannt.

Der obige Einwand zielte darauf ab, dass das zweigliedrige logische Schema der Erkenntnis (etwas-als-etwas) nicht auf alle Urteilsformen passt. Die These des Wiedererkennens geht über diese rein formale Kennzeichnung der Zweigliedrigkeit hinaus: Etwas wird als etwas wiedererkannt, sodass Erkenntnis in jedem Fall das Ergebnis einer Vergleichsoperation ist. Diese These läuft, wie nun zu zeigen ist, auf einen infiniten Regress hinaus. Betrachten wir zu diesem Zweck das bereits erwähnte Beispiel von Schlick: Eine Wahrnehmungsvorstellung („ein bewegliches braunes Etwas") wird mit einer Erinnerungsvorstellung verglichen (der Erinnerung an irgendwelche früher gesehene Hunde); durch Vergleich der beiden Vorstellungen stelle ich eine hinreichende Ähnlichkeit fest, und so ist auch die Wahrnehmungsvorstellung als unter den Begriff Hund fallend erkannt und ich gelange zum Urteil „Dies bewegliche braune Etwas ist ein Hund". Aber die Wahrnehmungsvorstellung muss ja als solche erst einmal für sich erkannt werden, um überhaupt ein Glied dieser Vergleichsbeziehung werden zu können, dieses erste Relationsglied „muß numerisch und qualitativ identifiziert werden, um es überhaupt als Etwas wiedererkennen zu können"[37]. Jeder Versuch, das Erkennen dieses ersten Glieds wiederum als Wiedererkennen zu explizieren, mündet offensichtlich in einen infiniten Regress.

Noch einsichtiger wird die Lage, wenn wir Urteile der Form „Dies ist rot" betrachten. Hier soll ja nur ausgedrückt werden, dass ein Gegebenes in die Klasse der Rot-Empfindungen fällt, es scheint hier nur ein einziger Begriff, eine einzige Bezeichnung vorzuliegen. Nun kann bei geeigneter Interpretation durchaus an der Zweigliedrigkeit eines solchen Urteils festgehalten werden (wenn nämlich „dies" in geeigneter Weise analysiert wird, z. B. als „dasjenige, was mir jetzt empfindungsmäßig erscheint" oder „die Empfindung, die ich jetzt

---

[37] Lütterfelds, „Schlicks Theorie des Wieder-Erkennens und Wittgensteins Kritik", S. 406

habe" oder „mein momentaner psychischer Zustand" etc.). Aber hier von einem Wiedererkennen zu sprechen, wie Schlick das tut, wenn er meint, dass in einem solchen Fall eine Empfindung als Rot-Empfindung (als in die Klasse der Rot-Empfindungen fallend) wiedererkannt wird, ist irreführend. Der Vergleich soll stattfinden zwischen der gegenwärtigen Rot-Empfindung und einer (oder mehrerer) erinnerten. Aber ein solcher Vergleich setzt schon voraus, dass die gegenwärtige Empfindung erkannt, bemerkt ist. Und dieses ursprüngliche Bemerken oder Erkennen kann natürlich nicht wieder als ein Wiedererkennen expliziert werden, da sich hier sofort ein infiniter Regress auftut. Die Schlick'sche Darstellung taugt höchstens dazu, klar zu machen, wie eine Empfindung korrekt benannt wird, erkannt muss die Empfindung in gewissem Sinn schon vor dem Vergleich mit erinnerten Empfindungen sein.

Weiters muss es für jedes Auftreten einer bestimmten Empfindung ein erstes Mal geben (und es könnte bei diesem einen Mal bleiben). Wenn ein Blindgeborener nach einer Operation das erste Mal eine Rot-Empfindung hat und nun ein entsprechendes Urteil fällt, in dem sich sein Bemerken dieser Empfindung ausdrückt, wie kann nach der Schlick'schen Vergleichsthese ein solches Urteil analysiert werden? Laut Voraussetzung gab es in der Vergangenheit ja keine ähnliche Empfindung, sodass in diesem Fall kein Vergleich möglich ist. Nichtsdestotrotz hat dieser Mensch ja echte Erkenntnis erworben in dem Sinn, dass er das Vorliegen einer bestimmten Erlebnisqualität bemerkt (auch wenn er die übliche Verwendung der Farbausdrücke natürlich erst erlernen muss). [38]

Analoge Probleme stellen sich auch beim zweiten Glied der „etwas als etwas"-Formel. Dieses zweite Glied ist nach Schlick eine Erinnerungsvorstellung, nämlich die Erinnerung an in der Vergangenheit gesehene Hunde. Wieder muss eine Vorstellung (diesmal eine Erin-

---

[38] In der zeitgenössischen Diskussion werden derartige und weiterführende Probleme zumeist im Anschluss an das Beispiel der ehemals farbenblinden Farbwissenschaftlerin Mary diskutiert; vgl. Jackson, „What Mary didn't know".

nerungsvorstellung) als eine Vorstellung bestimmten Inhalts erkannt werden. Ich muss ja wissen, dass dieses gegenwärtige Erinnerungsbild eines aus der Klasse der „Hund-Erinnerungen" ist. Es reicht also nicht aus, dieses zweite Glied als bloße Vorstellung zu charakterisieren, es ist hier ein Urteil impliziert, die Erinnerungsvorstellung muss als Hund-Erinnerungsvorstellung erkannt sein. Dass es sich dabei um ein Urteil handelt, ergibt sich schon daraus, dass es ja sowohl wahr als auch falsch sein kann, dass das Erinnerte ein Element der Klasse dieser Vorstellungen ist. Da hier nun wieder ein Erkennen vorliegt, müsste dieses nach Schlicks These wiederum als ein Wiedererkennen charakterisiert werden. Wenn hier überhaupt noch etwas in Frage kommt, mit dem die Erinnerungsvorstellung verglichen werden soll, können dies nur weitere Erinnerungsvorstellungen sein; wieder ist man offensichtlich in einem infiniten Regress gefangen.

Zu guter Letzt sei noch darauf hingewiesen, dass auch bei wissenschaftlicher Erkenntnis die Problemlage prinzipiell dieselbe bleibt. Knüpfen wir wieder an Schlicks Beispiel an, die Erkenntnis des Lichtes als eines elektromagnetischen Schwingungsvorgangs. Genauer heißt das, dass in den Verhältnissen der Lichterscheinungen genau dieselben Verhältnisse wiedererkannt werden, die bei elektrischen Wellen bestehen.[39] Nun kann und muss man aber wohl weiter fragen, wie denn die Erkenntnis der Gesetze der Elektromagnetik zu erklären ist. Da alle Erkenntnis eine Wiedererkenntnis sein soll, müssen auch diese Gesetzmäßigkeiten das Ergebnis eines Wiederfindens sein, usw. Nicht nur ist es wiederum das Problem des infiniten Regresses, dass sich hier auftut, es wird überhaupt unverständlich, wie bislang unbekannte Gesetzmäßigkeiten erkannt werden können bzw. wie es Erklärung mittels neu entdeckter Gesetzmäßigkeiten geben kann.[40]

---

[39] AE, S. 154 f.

[40] Bei Juhos heißt es dazu: "Schlick did not consider the possibility that the study of empirical relationships might lead to the construction of new, hitherto unknown mathematical orders and that in such a case one might arrive at knowledge descriptive of reality that is not knowledge of sameness." („Schlick, Moritz", S. 321)

Festzuhalten ist: Nicht jedes Erkennen ist als Wiedererkennen aufzufassen. Diese Charakterisierung passt von vornherein nicht auf Urteilsformen wie Existenzurteile; grundlegender noch ist die Notwendigkeit, dass sowohl Vorder- als auch Hinterglied der „etwas-als-etwas"-Formel in gewissem Sinn erkannt sein müssen, um überhaupt miteinander verglichen werden zu können, was in beiden Fällen zu einem infiniten Regress führt, wenn diese Erkenntnis wiederum als Wiedererkennen charakterisiert wird. Auch von einem logischen Blickwinkel aus stellen sich sofort ernste Bedenken ein: Ein Wiedererkennen wird in einem komplizierten Relationsurteil ausgedrückt; dieses Relationsurteil enhält die fragliche Prädikation (im oben angeführten Beispiel Schlicks „ein bewegliches braunes Etwas") als Bestandteil. Da dieser Bestandteil notwendigerweise einfacher ist als das ganze Relationsurteil, scheint es von vornherein aussichtslos, die fragliche Prädikation wiederum als kompliziertes Relationsurteil rekonstruieren zu wollen. [41] Besonders deutlich wird die Unzulänglichkeit der Schlick'schen Charakterisierung (als allgemein gültiges Merkmal aller Erkenntnis) an einfachsten Urteilen der Form „Dies ist rot"; ein derartiges bloßes Bemerken des Vorliegens einfacher Qualitäten kann nicht als Ergebnis einer Vergleichsoperation analysiert werden, solche Urteile sind als eine Art von „unmittelbarer" Erkenntnis zu analysieren. Dieser Punkt verweist natürlich bereits auf eine andere Schlick'sche Unterscheidung, nämlich das Verhältnis Erkennen/Erleben.

Die AE und die klassische Definition des Wissens

Im Allgemeinen lässt sich sagen, dass der Erkenntnisbegriff der AE vor allem die Zielsetzung der Erkenntnis und ein Prinzip ihres Fortschreitens herauszuarbeiten versucht. Dabei steht die Erklärungsleistung im Fokus, welche darin besteht, Einzelnes unter erklärende Begriffe bzw. Gesetzmäßigkeiten zu bringen. In den Tatsachen werden bestimmte Gesetze wiedergefunden, und in den Gesetzen wer-

---

[41] Dieser Punkt stammt von H. Rutte, in mündlichem Austausch mit dem Autor.

den Gesetze höherer Ordnung wiedergefunden (allerdings bleibt, wie ausgeführt, die Einführung neuer, bislang unbekannter Gesetze bei Schlick ungeklärt, da es sich hier ja nicht um ein Wiederfinden handelt). Die Minimierung dieser erklärenden Begriffe und Gesetzmäßigkeiten gibt die Richtung der einzelwissenschaftlichen Forschung vor. [42] Die im Vorhergehenden vorgebrachte skeptische Kritik geht hingegen aus von der „etwas-als-etwas-(wieder)erkennen"-Formulierung und zerlegt die so bestimmten Erkenntnisurteile in Teilurteile, für die wiederum ein Erkenntnisanspruch besteht, womit sich das Problem des infiniten Regresses auftut. Freilich sind solche skeptischen Einwände nicht einfach vom Tisch zu wischen, allerdings ist zu fragen, ob man mit solcher Kritik dem Ansatz der AE gerecht wird, denn Ausgangspunkt für Schlick ist dort nicht die Auseinandersetzung mit dem Skeptizismus – was nicht ausschließt, dass sich an verschiedenen Stellen des Werkes antiskeptische Argumente finden [43] – sondern das Faktum der Erkenntnis:

Denn unzweifelhaft besitzen wir Wissenschaften, und Wissenschaften sind Gefüge von Erkenntnissen; wie also kann man sie hinwegleugnen? [44]

Insofern startet Schlick also eher von einem wissenschaftstheoretischen als einem erkenntnistheoretischen Standpunkt, wenn man mit Stegmüller deren Verhältnis eben so charakterisiert, dass Wissenschaftstheorie von dieser Faktizität ausgeht, die in der Erkenntnistheorie hinterfragt wird. [45] Ausgehend von einzelnen Erkenntnis-

---

[42] Insofern – nämlich als Zielsetzung – ist hier die vom gesamten Wiener Kreis verfochtene These der Einheit der Wissenschaft bereits ausgesprochen; eine zweite typisch positivistische These, die bereits in der AE vertreten wird, ist die strikte Ablehnung der Unterscheidung von Erscheinung und Wesen; siehe ebd., § 27.

[43] Vgl. z. B. § 17, wo Schlick auf den skeptischen Einwand eingeht, wonach im Vollzug auch einfacher deduktiver Urteile Erinnerung vorausgesetzt werden muss und daher auch hier keine Sicherheit vorliegt.

[44] AE, S. 134

[45] Stegmüller, *Probleme und Resultate der Wissenschaftstheorie und Analytischen Philosophie*, Bd. IV, Studienausgabe Teil A, S. 23 f.

Instanzen in Alltag und Wissenschaft versucht Schlick, die in allen Fällen zugrundeliegenden Grundcharakteristika herauszufiltern. Gerechtfertigt wird diese Methode durch Berufung auf den Erfolg unserer Erkenntnisbemühungen, insbesondere den der Wissenschaft. [46]

Schlick geht also nicht von einer Definition der Erkenntnis aus. Das wirft die Frage auf, wie das Verhältnis des in der AE entwickelten Erkenntnisbegriffs zur klassischen Definition von Wissen (bzw. Erkenntnis) als wahrer, gerechtfertigter Glauben zu verstehen ist. [47] Ich beschränke die Diskussion dabei auf die einzelnen Merkmale als notwendige Kriterien für Erkenntnis; die Frage, ob sie zusammengenommen auch hinreichend sind, um von Wissen sprechen zu können, wurde bekanntlich später von Gettier verneint und in der Folge intensiv diskutiert.

Am klarsten ist die Entsprechung bei der Wahrheits-Bedingung, die allerdings ohnehin kaum zu bezweifeln ist. Jede Erkenntnis bringt eine Wahrheit zum Ausdruck, aber nicht jedes wahre Urteil enthält

---

[46] Bei Shelton heißt es dazu zusammenfassend („Schlick's Theory of Knowledge", S. 305): "[...] Schlick was proposing what is now called a 'naturalized' or 'internalist' epistemology in which the norms of inquiry arise from reflection of the successful procedures of actual science and not from some external source, e.g., from metaphysical first principles." Abgesehen davon, dass mir die Charakterisierung von Schlicks (früherer wie späterer) Erkenntnistheorie als naturalistisch irreführend erscheint, würde ich auch nicht so weit wie dieser Autor gehen, der – zumindest andeutungsweise – die Suche nach gemeinsamen Charakteristika von einzelnen Erkenntnis-Instanzen als „empirical and even inductive project" bezeichnet; ebd., S. 307. Sheltons Arbeit ist übrigens zum Teil eine Antwort auf den bereits herangezogenen Aufsatz Quintons, der das Fehlen einer Definition des Erkennens bei Schlick bemängelt; „Vor Wittgenstein: Der frühe Schlick", S. 119.

[47] Wiewohl diese Definition auf Platon zurückgeht (vgl. *Theaitetos*, 201c-202d; *Menon*, 97e-98a), wurde sie eigentlich erst in der auf Schlick nachfolgenden analytischen Philosophie zur klassischen. In der zeitgenössischen, zumal deutschsprachigen Erkenntnistheorie war es keineswegs üblich, diese Definition und insbesondere die darin enthaltene Rechtfertigungsbedingung gesondert zu explizieren. Dafür kamen dort Themen zur Sprache, die heute der Metaphysik oder der Philosophie des Geistes zugerechnet werden wie z. B. das psychophysische Problem oder Intentionalität etc.

eine Erkenntnis, da es (siehe oben, S. 30) dazu der Bezeichnung durch Symbole bedarf, die bereits anderwärtig verwendet wurden, was bei Tautologien und Definitionen (oder wie wir abkürzend sagen können: bei analytischen Urteilen) nicht der Fall ist. Die Formulierung „Wahrheit ist der weitere, Erkenntnis der engere Begriff"[48] ist nur eine andere Variante für die Formulierung der Wahrheits-Bedingung in der klassischen Fassung.

Die ebenfalls ziemlich einleuchtende Glaubens-Bedingung ist implizit enthalten in Schlicks Lehre vom Begriff als Zeichen: Dieser ist nichts Reales, sein Wesen erschöpft sich in seiner Funktion als Zeichen. Als Zeichen müssen Begriffe im aktuellen Denken stets vertreten werden durch anschauliche Vorstellungen, Worte etc.; ein aus Begriffen zusammengesetztes Urteil, das nicht durch solche Repräsentationen im Bewusstsein verankert ist, ist mithin ein Unding. So scheint jedenfalls die Bedingung erfüllt zu sein, dass Erkenntnis die Repräsentation des Gewussten verlangt; eigentlich ist freilich die stärkere Bedingung gefordert, dass das Gewusste nicht nur repräsentiert (im Sinne von vorgestellt oder ausgedrückt), sondern auch geglaubt (im Sinne von akzeptiert) wird.[49]

Zur dritten, der Rechtfertigungs-Bedingung. Erkenntnis erfordert nach Schlick mindestens zwei Begriffe, die „kraft heterogener Beziehungen" dasselbe bezeichnen.[50] Damit ist der gesamte Bereich des Analytischen ausgeklammert. Heterogene Zusammenhänge sind kontingente Beziehungen und können nur durch die Erfahrung festgestellt werden; die Entdeckung, dass zwei verschieden definierte Begriffe sich auf dasselbe beziehen, kann nur durch Erfahrung erfol-

---

[48] AE, S. 296

[49] Da man von jemandem, der einen wahren Sachverhalt nur erwägt und nicht glaubt (obwohl ein solcher Glaube gerechtfertigt wäre), genau genommen nicht sagen kann, er wisse um diesen Sachverhalt.

[50] „Eine wirkliche Erkenntnis liegt dagegen überall dort vor, wo zwei Begriffe nicht bloß vermöge ihrer Definition denselben Gegenstand bezeichnen, sondern kraft heterogener Zusammenhänge." (AE, S. 234)

gen.[51] Ein echtes Erkenntnisurteil impliziert also, dass sich solche Zusammenhänge empirisch aufweisen lassen, anschaulich feststellbar sind.

Shelton zufolge reicht dies schon aus, die Rechtfertigungs-Bedingung zu erfüllen:

These "cross-correlations" can only refer in this context to instances in which the characteristics covered by the concepts are observed to be present in the one entity or set of facts. This is the "justifying" condition.[52]

In dem Sinn, dass ein synthetisches Urteil den Glauben impliziert, dass sich in der Erfahrung aufweisen lässt, dass die involvierten Begriffe dasselbe bezeichnen, scheint die Rechtfertigungs-Bedingung tatsächlich in der AE angelegt. Freilich verbergen sich hier grundsätzliche erkenntnistheoretische Probleme, die der näheren Erläuterung bedürfen. So müsste etwa gezeigt werden, dass Wahrnehmungsurteile (oder wie man in konsequenter Weiterführung sagen muss: Urteile, die gegenwärtig Erlebtes betreffen) einen höheren epistemischen Status haben als das zu rechtfertigende Urteil, dass überhaupt eine eindeutige Beziehung – etwa der Ableitbarkeit – zwischen diesen Urteilen besteht, etc. Manche dieser Probleme werden im weiteren Verlauf dieser Arbeit bei der Diskussion von Schlicks späterer Konzeption der Konstatierungen noch näher zur Sprache kommen; hier war es die Absicht zu zeigen, dass die klassische Definition der Erkenntnis zumindest in rudimentärer Weise auch in der AE angelegt ist.

---

[51] AE, S. 234; hier und im Folgenden ist die Ablehnung eines synthetischen Apriori vorausgesetzt (die Schlick in den Paragraphen 38-40 in detaillierter Kritik an Kant begründet).

[52] „Schlick's Theory of Knowledge", S. 313; der Ausdruck „cross-correlations" ist die m. E. nicht unbedingt einleuchtende Entsprechung von „heterogene Zusammenhänge" in Blumbergs Übersetzung der AE (*General Theory of Knowledge*).

2. Neue Einflüsse

Nicht erst zum Zeitpunkt des Erscheinens der zweiten Auflage der AE
1925 war Schlick nicht mehr völlig mit diesem Werk zufrieden.[53] Bereits Anfang 1922 zeichnete sich die baldige Erschöpfung der Lager-
bestände der ersten Auflage des Buches ab und Springer bat Schlick,
sich bald an die Bearbeitung der zweiten Auflage zu machen; Schlick
stellte die Ablieferung für den Sommer dieses Jahres in Aussicht.[54]
Es bedurfte schließlich zweieinhalb Jahre und mehrerer Mahnungen
des Verlags, bis Schlick sich im Sommer 1924 endlich an die so lange
hinausgezögerte Arbeit machte, die er „auch jetzt nur kompromiss-
haft aus[zu]führen" sich imstande sah.[55] Dementsprechend ist dem
Ergebnis dieses Kompromisses ein neues Vorwort beigefügt, in dem
Schlick vom „Bewußtsein gewisser Unvollkommenheiten" spricht:

Um diese radikal zu beseitigen, wäre ein Ausbau nach der erkenntnislogischen Seite hin nötig gewesen, der nicht ohne einen Neuaufbau des Ganzen hätte bewerk-
stelligt werden können. [...] die wichtige Aufgabe der logischen Ergänzung der in
dem Buche entwickelten erkenntnistheoretischen Gedanken bis zu ihren letzten
Grundlagen muß einer späteren zusammenhängenden Darstellung der Prinzipien
der Logik vorbehalten bleiben.[56]

Und in einem Brief an Ernst Cassirer wenige Jahre nach dem Erscheinen spricht Schlick dann auch klar über die neuen Einflüsse, die
diese Neueinschätzung bewirkten, wenn er schreibt,

[53] Interessant in diesem Zusammenhang sind die – allerdings erst Jahrzehnte
später festgehaltenen – Erinnerungen von Viktor Kraft: „Als Schlick nach Wien
kam, 1922, war er innerlich unsicher. Gab jedermann Manuskripte zur Beurteilung. Suchte jemand der ihn anregte. Fand diese Anregung bei Wittgenstein,
dessen Gedanken er selbstständig verarbeitete und weiter entwickelte." (Proto-
koll eines Gesprächs vom 17. Dezember 1963, aufgezeichnet von Henk Mulder; im
Konvolut Inv.-Nr. 590, Z. 4)

[54] Springer an Moritz Schlick, 27. Januar 1922, bzw. Schlicks Antwort vom 15.
März dieses Jahres

[55] Moritz Schlick an Hans Reichenbach, 5. August 1924, ASP-HR 016-42-16

[56] AE, S. 127 f.

daß ich selbst mit der „Allgemeinen Erkenntnislehre", auch der zweiten Auflage, sehr unzufrieden bin. Sie hebt lange nicht scharf genug die unerschütterlichen Grundlagen, auf die es mir eigentlich ankommt, aus den Betrachtungen mehr sekundärer Dignität heraus, und ist mir in wesentlichen Punkten nicht bestimmt und radikal genug. Deswegen hatte ich bei der Überarbeitung auch so große Hemmungen, daß das Buch 3 Jahre im Buchhandel fehlte. Ich bin seitdem durch die Schule der Logik Russells und Wittgensteins hindurchgegangen und stelle seitdem an das philosophische Denken so verschärfte Anforderungen, daß ich die meisten philosophischen Erzeugnisse nur mit größter Selbstüberwindung lesen kann. Den Tractatus logico-philosophicus von Wittgenstein halte ich für die genialste und bedeutendste Leistung der gegenwärtigen Philosophie. [57]

Ganz ähnlich, aber im Urteil über sein eigenes Buch noch härter das Schreiben an Albert Einstein nur wenige Monate später, wo vom *Tractatus* als dem „tiefste[n] und wahrste[n] Buch der neueren Philosophie" die Rede ist. Daran anschließend heißt es: „Ich glaube viel gelernt zu haben und kann kaum sagen, wie primitiv und unreif meine Erkenntnistheorie mir jetzt erscheint." [58]

Die Erstlektüre des *Tractatus* erfolgte spätestens im Sommer 1924. [59] Wie es in Schlicks erstem Brief an Wittgenstein heißt, machte auch ein Referat des Mathematikers Kurt Reidemeister im sich formierenden Zirkel über das Buch (gehalten höchstwahrscheinlich im Herbst dieses Jahres) Eindruck auf ihn. [60] Im gesamten akademischen Jahr 1925/26 schließlich waren die Sitzungen des Zirkels der Satz-für-Satz-Lektüre dieses Werkes gewidmet. Die Rolle des „Wiener Ambientes" für Schlicks Aneignung des *Tractatus* ist so von Anfang an ersichtlich; noch deutlicher wird dieser Stellenwert in Bezug auf Russell. Hier dürfte es vor allem Hahn gewesen sein, der das In-

[57] Moritz Schlick an Ernst Cassirer, 30. März 1927

[58] Moritz Schlick an Albert Einstein, 14. Juli 1927

[59] Moritz Schlick an Hans Reichenbach, 5. August 1924, ASP-HR 016-42-16; eine erste Erwähnung Wittgensteins findet sich bereits in einem (nicht genau datierten) Schreiben Schlicks an Bertrand Russell vom August 1923.

[60] Moritz Schlick an Ludwig Wittgenstein, 25. Dezember 1924; zum persönlichen Kontakt, dessen Anbahnung der eigentliche Zweck dieses Schreibens war, kam es schließlich erst 1927; siehe dazu unten, S. 52 ff.

teresse des sich in Formierung befindlichen Wiener Kreises speziell auf diesen und auf formale Logik im Allgemeinen lenkte. Hahn referierte im Februar 1923 in der traditionsreichen *Philosophischen Gesellschaft an der Universität zu Wien*[61] über Russells *Introduction to Mathematical Philosophy*, ein Werk, auf das sich Schlick im Folgenden mehrfach bezog. Von besonderer Bedeutung ist auch Hahns im Wintersemester 1924/25 gehaltenes Seminar über die *Principia Mathematica*,[62] und 1927 referierte er wiederum in der *Philosophischen Gesellschaft* über Russell, Wittgenstein und Ramsey.[63] Russell wurde freilich von Schlick auch bereits vor seiner Wiener Zeit beachtet, allerdings in erster Linie als Erkenntnistheoretiker, der kritisch diskutiert wird. In der nun einsetzenden Neuentdeckung steht, wie gesagt, der Logiker Russell im Fokus. Keinem anderen Denker widmete Schlick in seiner Wiener Zeit so viele Lehrveranstaltungen: im Zeitraum von 1926 bis 1932 waren nicht weniger als fünf Seminare ausschließlich Russell gewidmet.[64]

---

[61] Auch Schlick hielt im Übrigen mehrfach Vorträge in dieser Gesellschaft: 1923 „Die Vitalismusfrage als erkenntnistheoretisches Problem", 1925 „Begriff und Möglichkeit der Metaphysik" (auf diesem Vortrag beruht „Erleben, Erkennen, Metaphysik"), 1930 „Gibt es ein materiales Apriori?" (publiziert 1932), 1935 „Über den Begriff der Ganzheit" (publiziert im gleichen Jahr), 1936 „Über unlösbare Probleme"; dokumentiert sind alle Vorträge in Reininger (Hrsg.), *50 Jahre Philosophische Gesellschaft an der Universität Wien 1888-1938*.

[62] „Dieses Seminar hatte sehr viele Hörer und war nicht nur für die Entwicklung vieler Wiener Mathematik- und Philosophiestudenten von großer Bedeutung, sondern auch für die Tendenz der Diskussionen innerhalb des Kreises." (Menger, „Einleitung", S. 11)

[63] Hahn, „Über neuere logische Theorien"; dieser Text, der sich übrigens in keiner mir bekannten Bibliographie der Schriften Hahns findet, ist allerdings nur eine kurze Zusammenfassung des Vortrags.

[64] Die dort behandelten Werke und die entsprechenden Seminarprotokolle sind: *Einführung in die mathematische Philosophie* (das ist die Übersetzung des bereits genannten Werkes, Sommersemester 1926 und Sommersemester 1932, Inv.-Nr. 52, B. 32-2, und Inv.-Nr. 58, B. 38-3), *Die Probleme der Philosophie* (Wintersemester 1928/29, Inv.-Nr. 55, B. 35), *Die Analyse des Geistes* (Sommersemester 1929,

Die bereits 1920 mit einem intensiven Briefwechsel (vor allem über Kantianismus und Konventionalismus) einsetzende Beziehung zu Reichenbach hinterließ bereits in der zweiten Auflage der AE ihre Spuren. [65] Reichenbach war es auch, der den Kontakt zu Carnap im Sommer 1924 herstellte; nachdem Carnap im Januar 1925 bei einem ersten Besuch in Wien im Zirkel den Entwurf des *Logischen Aufbaus der Welt* [66] erläutert hatte, reichte er zum Jahreswechsel 1925/26 die Urfassung dieses Werkes in Wien als Habilitationsschrift ein. [67] Unmittelbar nach Lektüre bezeichnete Schlick die Übereinstimmung als

[...] sehr groß, noch viel größer, als man aus der 2. Aufl. meiner Erkenntnislehre würde schließen können, denn das Buch hätte nur durch eine radikale Umarbeitung, die aus mehreren Gründen nicht tunlich schien, auf den jetzigen Stand meiner Ansichten gebracht werden können. [...] Ich habe im Juli in der Rostocker Kantgesellschaft einen Vortrag über Begriff und Möglichkeit der Metaphysik gehalten und ihn dann hier in der Philosophischen Gesellschaft wiederholt. Ich werde ihn publizieren, sobald ich Zeit habe, eine Nachschrift für den Druck in Ordnung zu bringen. Sie werden dann sehen, wie vollständig unser Einverständnis ist. [68]

Inv.-Nr. 56, B. 36-1), sowie *Philosophie der Materie* (Wintersemester 1929/30, Inv.-Nr. 56, B. 36-2).

[65] In dem einzigen neu hinzugekommenen Paragraphen 11 „Definitionen, Konventionen, Erfahrungsurteile"; zu diesem Diskussionszusammenhang siehe in MSGA I/1 den editorischen Bericht, S. 103-110, sowie die in diesem Paragraphen von den Herausgebern zitierten Briefstellen der Korrespondenz Schlick-Reichenbach.

[66] Im Weiteren kurz zitiert als *Aufbau*.

[67] Diese verlorengegangene Urfassung war um einiges umfangreicher als die spätere Publikation (Carnap gibt in einem Schreiben an Schlick vom 28. Mai 1926 den Umfang mit 566 maschinschriftlichen Seiten an) und nicht etwa kürzer, wie es bei Mormann (*Rudolf Carnap*, S. 84) heißt. Der Titel des 1928 publizierten Werkes verdankt sich übrigens einer Idee Schlicks; siehe sein Schreiben an Carnap vom 14. März 1926, ASP-RC 029-32-17.

[68] Moritz Schlick an Rudolf Carnap, 7. März 1926, ASP-RC 029-32-27

In der hier angesprochenen Arbeit – „Erleben, Erkennen, Metaphysik" –, mit der Schlick „den ersten entscheidenden Schritt über den Gedankenkreis der ‚Allgemeinen Erkenntnislehre' hinaus[tat]"[69], zeigen sich aber nicht nur die neuen Einflüsse von Carnap und Wittgenstein.[70] Schon bei dieser Arbeit Schlicks werden nicht nur Gemeinsamkeiten, sondern auch Differenzen deutlich, in diesem Fall mit Ansichten Reichenbachs. Nicht nur stimmte Schlick mit Reichenbach über die Grundcharakteristika der Metaphysik nicht überein,[71] Reichenbachs Ansichten stellten erwiesenermaßen ein Hauptmotiv für Schlick dar, den ursprünglich nicht zur Publikation vorgesehenen Vortrag für die Veröffentlichung auszuarbeiten, in der Hoffnung, „daß Sie dem Grundgedanken doch werden zustimmen können"[72].

Ich erwähne dies vor allem aus dem Grund, da schon an der ersten Publikation Schlicks in seiner neopositivistischen Phase ein Grundmuster von Beziehungen deutlich wird, das sich mehrmals wiederholt: Erstens eine Aufnahme neuer Einflüsse, die zweitens mit eigenen älteren Ideen in Synthese gebracht werden (oder teilweise sogar in zumindest rudimentärer Weise bereits in früheren Schriften

[69] Waismann, „Vorwort", S. XXVI

[70] Beide werden in dieser Arbeit auch erstmalig von Schlick erwähnt; ebd., S. 39 f., Anm. 2.

[71] In der 1925 erschienenen Arbeit „Metaphysik und Naturwissenschaft" charakterisiert Reichenbach die Metaphysik als Versuch des Hinausgehens über das in der Wissenschaft Bekannte, als Frage nach dem Verhältnis des Erkennenden zu den Dingen an sich. Die drei Kernprobleme, die sich daraus ergeben, sieht er im Existenzproblem (Realität der Außenwelt), im Problem der Willensfreiheit und im Lebensproblem (der Frage der naturwissenschaftlichen Begreifbarkeit der Lebensvorgänge); ebd., S. 160 f. Schlick dagegen sieht, wie er in einem Schreiben festhält (Moritz Schlick an Hans Reichenbach, 18. März 1926, ASP-HR 016-18-13.), die beiden Letzteren als empirisch zu entscheidende Fragen. Die Frage nach der Realität der Außenwelt analysiert er in „Erleben, Erkennen, Metaphysik" (und ausführlicher später in „Positivismus und Realismus") als Scheinproblem, überhaupt erachtet er die Definition der Metaphysik als Wissenschaft vom Transzendenten als völlig unzweckmäßig; „Erleben, Erkennen, Metaphysik", S. 45.

[72] Moritz Schlick an Hans Reichenbach, 18. März 1926, ASP-HR 016-18-13.

Schlicks vorgebildet sind), sowie drittens die von Beginn an geführte kritische Auseinandersetzung auch mit Ideen von Denkern, die Teil der sich formierenden neuen philosophischen Bewegung waren.

„Erleben, Erkennen, Metaphysik"

Zwei Thesen sind es vor allem, die in dieser Arbeit erstmals in aller Deutlichkeit ausgesprochen werden und die im weiteren Verlauf von Schlicks Entwicklung noch eingehende Behandlung erfahren: Erstens der Verifikationismus, also die Idee, dass (in vorsichtiger und vorläufiger Formulierung) die Frage nach Bedeutung und Erkennbarkeit in einem gewissen Sinn zusammenfallen. Dieser These, an der Schlick – allerdings in verschiedenen Fassungen – bis zuletzt festhielt, ist Kapitel II der vorliegenden Arbeit gewidmet. Bei der zweite These handelt es sich um den (von mir so genannten) Strukturalismus, [73] also die These, dass (wiederum in vorläufiger Charakterisierung) nur Strukturen erkennbar und ausdrückbar sind, samt deren negativer Kehrseite, der These der Unsagbarkeit der Erlebnisinhalte. Der Strukturalismus erreicht schließlich in F&C seine elaborierteste Fassung und wird in Kapitel III näher behandelt. In dieser Hinsicht ist „Erleben, Erkennen, Metaphysik" eine Zwischenstation auf Schlicks Denkweg in der neopositivistischen Phase. [74]

---

[73] Mit der Wahl dieser Bezeichnung ist natürlich keinerlei Anspielung auf die spätere philosophische und sprachwissenschaftliche Strömung französischer Provenienz intendiert. Als Alternative hätte sich der Terminus „Formalismus" angeboten, aber zumeist wird dieser Name für einen Standpunkt im Grundlagenstreit der Mathematik verwendet.

[74] Es verdient angemerkt zu werden, dass es einige Zeit dauern sollte, bis Schlick die in diesem Text erstmals angeführten Thesen weiterentwickelte; auch dieser äußerliche Umstand belegt, dass eine echte Neuorientierung stattfand, deren gedankliche Ausarbeitung eben ihre Zeit brauchte. Nach der Veröffentlichung von „Erleben, Erkennen, Metaphysik" (1926) erschienen in der zweiten Hälfte der zwanziger Jahre außer einem lebensphilosophischen Text („Vom Sinn des Lebens") nur noch Rezensionen und andere „Gelegenheitsarbeiten" (die 1929 erschienene Arbeit „Erkenntnistheorie und moderne Physik" ist insofern keine Ausnahme, als Schlick selbst ihre Entstehungszeit mit 1925 angibt).

In extrem geraffter Form knüpft Schlick in diesem Text an den Erkenntnisbegriff der AE an, zieht aber radikalere Konsequenzen. Erkenntnis besteht nach der in der AE vorgebrachten Analyse in der Feststellung einer Beziehung zwischen Gegenständen, genauer gesagt darin, dass das Erkannte mit Hilfe von Begriffen bezeichnet wird, die schon anderen Gegenständen zugeordnet wurden. Einen Gegenstand für sich, ohne Beziehung auf etwas anderes erkennen zu wollen, heißt hingegen, wieder der Verwechslung von Erkennen mit Erleben anheimzufallen. Erkennbar sind demnach nur rein formale Beziehungen, in denen Gegenstände zueinander stehen, m. a. W., Erkenntnis bezieht sich nur auf die Form, in der Gegenstände zueinander stehen. Die Radikalisierung ergibt sich aus der sich erstmals klar zeigenden „Wende zur Sprache": Die für die Erkenntnis charakteristische Beziehung des Bezeichnens ist „zugleich immer schon Ausdruck, symbolische Darstellung"[75]. Und alles, was durch symbolische Darstellung ausgedrückt werden kann, ist mitteilbar. Die Konsequenz lautet also: Erkenntnis ist notwendigerweise mitteilbar. „Form" ist nicht nur das einzige Objekt der Erkenntnis, sie ist auch allein das, was mitteilbar ist.

Nicht mitteilbar dagegen sind alle „Qualitäten, die als Inhalte des Bewußtseinsstromes auftreten"[76]. Diese Unsagbarkeitsthese – die Rede vom Unsagbaren stammt leicht erkennbar vom *Tractatus*, wo allerdings nicht dasselbe damit gemeint ist[77] – hat als Vorläufer die in der AE ausgeführte Undefinierbarkeit von einfachen Erlebnissen bzw. der solche bezeichnenden Begriffe; schon dort vertritt Schlick, dass etwa das durch Farbbegriffe Bezeichnete durch keine Beschreibung oder Definition im eigentlichen Sinn kennengelernt werden kann. Wir sind hier immer auf das eigene Erleben verwiesen, nur durch die Anschauung können wir lernen, was Worte wie „blau"

[75] „Erleben, Erkennen, Metaphysik", S. 33
[76] Ebd., S. 34
[77] Näheres dazu in Kapitel III

oder „Lust" bedeuten.[78] Nur durch hinweisende Definition sind derartige Ausdrücke in eine Sprache einzuführen. Da sich eine solche hinweisende Definition auf die gegenwärtig erlebten Qualitäten, auf Inhalte, bezieht, kommt eine solche Methode der Erklärung der Bedeutung von Ausdrücken der angeführten Art natürlich nicht mehr in Frage, aus der Undefinierbarkeit der einfachen Erlebnisinhalte in der AE wird nun eine Unsagbarkeit. Den Gegensatz von Erleben/Erkennen sieht Schlick von nun an deckungsgleich mit dem von Unsagbar/Mitteilbar und Privat/Intersubjektiv.

Ist zwar derart ein Zusammenhang mit der AE herausgestellt, so ist es doch m. E. irreführend, hier von einer „natural extension"[79] des dort vertretenen Standpunktes zu sprechen. Dort war es nicht so sehr der subjektive, private Charakter der Erlebnisse per se, der ein Problem darstellte, sondern die Vagheit der Erlebnisse und damit die nicht scharf umrissene Bedeutung der auf dieser Basis hinweisend definierten Wörter. Besser spricht man hier wohl von einer Verschiebung des Problemhorizonts, und auch ohne Schlicks explizites Eingeständnis, aus dem Aufsatz werde deutlich, wie „vollständig unser Einverständnis" sei, ist der Einfluss Carnaps hier leicht ersichtlich. So heißt es im *Aufbau*:

[...] und wir erhalten das Ergebnis, daß *jede wissenschaftliche Aussage grundsätzlich so umgeformt werden kann, daß sie nur noch eine Strukturaussage ist.* Diese Umformung ist aber nicht nur möglich, sondern gefordert. Denn die Wissenschaft will vom Objektiven sprechen; alles jedoch, was nicht zur Struktur, sondern zum Materialen gehört, alles, was konkret aufgewiesen wird, ist letzten Endes subjektiv.[80]

So weit knüpfen die Überlegungen also an den Erkenntnisbegriff der AE an und entwickeln radikalere Konsequenzen. Unvermittelt und ohne Herstellung eines Zusammenhangs tritt an die Seite dieser gedrängten Argumentation nun aber auch der gegenüber der AE neue

---

[78] Siehe dazu das Zitat unten, S. 55.

[79] Friedman, „Moritz Schlick's *Philosophical Papers*", S. 28

[80] *Aufbau*, § 16

Verifikationismus. Es ist keine Methode denkbar, mit der die Erlebnisinhalte verschiedener Individuen verglichen werden können, ja sogar die Frage, ob der Mitmensch überhaupt irgendein Erlebnis hat, ist durch Erfahrung nicht entscheidbar; damit haben derartige Fragen

keinen angebbaren Sinn, ich kann nicht erklären, was ich eigentlich meine, wenn ich behaupte, daß zwei verschiedene Individuen qualitativ gleiche Erlebnisse haben.[81]

Auch die alte Auseinandersetzung zwischen Realismus und Positivismus entpuppt sich aus dem gleichen Grund als Scheinproblem, ein Unterschied der Standpunkte ist empirisch nicht angebbar.

Wenn alles „Qualitative und Inhaltliche an unseren Erlebnissen ewig privatim bleiben muß"[82] und weder erkennbar noch mitteilbar ist, dann müssen sich alle unsere Aussagen, egal ob in Alltag, Wissenschaft oder Dichtung, auf rein formale Beziehungen beschränken. Was unter einer formalen Beziehung oder Eigenschaft zu verstehen ist, muss der Lehre von der impliziten Definition entnommen werden; diese stellt „die einzige Möglichkeit dar, zu gänzlich inhaltleeren Begriffen zu gelangen"[83]. Zur näheren Erläuterung dieses Verfahrens verweist Schlick auf die AE. Der näheren Untersuchung der impliziten Definition – zuerst innerhalb des Rahmens der AE und dann in Bezug auf das Unsagbarkeitsproblem – wende ich mich im nächsten Abschnitt zu; zuvor noch (sozusagen in Parenthese und als Hintergrund für das weitere) einige Bemerkungen zur wichtigsten neuen Inspirationsquelle Schlicks.

[81] „Erleben, Erkennen, Metaphysik", S. 34

[82] Ebd., S. 38

[83] Ebd., S. 38

Exkurs: Zur Beziehung Schlick-Wittgenstein

Von Schlicks Bekanntschaft mit dem *Tractatus* war bereits die Rede, zum persönlichen Kontakt mit Wittgenstein kam es schließlich im Februar 1927.[84] Nachdem anfangs teilweise auch Waismann, Carnap, Feigl und Maria Kasper (die spätere Frau Feigls) an Treffen teilgenommen hatten, bei denen allerdings nicht nur über Philosophie gesprochen wurde,[85] änderte sich der Charakter der Zusammenkünfte bald. Ab 1929, also dem Zeitpunkt von Wittgensteins endgültiger Rückkehr zur Philosophie und seiner Übersiedlung nach Cambridge (von wo er freilich regelmäßig zu Besuchen nach Wien kam), scheint es nur noch zu Treffen zwischen Schlick, Wittgenstein und Waismann gekommen zu sein; Letzterer verfertigte die posthum als *Wittgenstein und der Wiener Kreis* veröffentlichten stenographischen Mitschriften. Während schließlich auch Waismann nach langer und letztlich erfolgloser Zusammenarbeit mit Wittgenstein den Kontakt verlor,[86] blieb die Verbindung zu Schlick bis zu dessen Tod aufrecht. Neben kontinuierlicher Korrespondenz fanden auch weiterhin Treffen statt, regelmäßig war Wittgenstein Gast im Hause Schlick,[87] besondere Erwähnung verdient ein gemeinsamer Arbeitsurlaub in Istrien im Spätsommer 1933.

Nach dem *Tractatus* übte auch die Persönlichkeit Wittgensteins sofort große Wirkung auf Schlick aus; Feigl etwa spricht davon, dass

---

[84] Zu diesem ersten Treffen siehe das Vorwort des Herausgebers in *Wittgenstein und der Wiener Kreis*, S. 14 f.

[85] Vgl. dazu die Schilderung von Carnap, *Mein Weg in die Philosophie*, S. 40 ff.

[86] Eine von Waismann zu verfassende Arbeit sollte eine leicht verständliche Wiedergabe und Erläuterung der Gedanken des *Tractatus* sein. Mehrfach als Band I der *Schriften zur wissenschaftlichen Weltauffassung* angekündigt, erschien *Logik, Sprache, Philosophie* erst posthum und hat mit dieser ursprünglichen Anlage auch kaum noch etwas zu tun; letztlich rekonstruiert Waismann dort in eigenständiger Weise die Entwicklung Wittgensteins bis etwa Mitte der dreißiger Jahre.

[87] Vgl. die Erinnerungen von Barbara van de Velde-Schlick: "After family dinner, Wittgenstein and my father always retreated to my father's study to discuss for hours and hours." („Moritz Schlick, my father", S. 28)

Schlick „succumbed to Wittgensteins almost hypnotic spell"[88], aber auch Schlick selbst drückt sich hier eindeutig aus:

Der Verfasser [des *Tractatus*], der nicht die Absicht hat, je wieder etwas zu schreiben, ist eine Künstlernatur von hinreissender Genialität, und die Diskussion mit ihm gehört zu den gewaltigsten geistigen Erfahrungen meines Lebens.[89]

Die Hochschätzung von Wittgensteins Persönlichkeit (wobei umgekehrt auch die Wertschätzung Wittgensteins bezeugt ist) kam so zur Bewunderung für das Werk hinzu; das mag zur Erklärung des manchmal schon ins Schwärmerische abgleitenden Tones beitragen, mit dem Schlick die Leistung des *Tractatus* preist:

Aber die Tragweite jener Gedanken ist in Wahrheit unermeßlich: wer sie wirklich verstehend in sich aufnimmt, muß in philosophischer Hinsicht hinfort verwandelt sein. Die neuen Einsichten sind für das Schicksal der Philosophie schlechthin entscheidend.[90]

Wichtig festzuhalten ist auf jeden Fall, dass Schlicks Kontakt mit Wittgenstein begann, als dieser sich der Philosophie neuerlich zuwandte und damit auch in zunehmendem Maße vom *Tractatus* abwandte. Zweifellos nimmt Schlick auch schon vom *Tractatus* Gedanken auf, aber es ist vor allem der „mittlere" Wittgenstein, der im Folgenden für Schlick von Bedeutung wurde.[91] Wichtig für die genauere

---

[88] Feigl, „The Origin and Spirit of Logical Positivism", S. 21

[89] Moritz Schlick an Albert Einstein, 14. Juli 1927; ähnlich auch im Schreiben an Ernst Cassirer, 30. März 1927

[90] „Vorrede [zu Waismann]", S. 21; Schlick schrieb diesen Text 1928 für das geplante Buch Waismanns (siehe oben, Anm. 86; die Herausgeber von *Logik, Sprache, Philosophie* datieren diese Vorrede fälschlich mit 1930).

[91] Wie auch Cirera zu Recht betont (*Carnap and the Vienna Circle*, S. 57): "To be able to properly understand Wittgenstein's influence on Schlick, we must clearly see that it is this [der mittlere] Wittgenstein, not the Wittgenstein of the *Tractatus*, who must be studied." Wobei natürlich zu beachten ist, dass Wittgenstein in dieser Phase – also ungefähr von den *Philosophischen Bemerkungen* bis zum *Blauen Buch* – eine rasante Entwicklung durchmachte.

Bestimmung des Einflusses Wittgensteins ist damit auch die Beantwortung der Frage, welche Schriften Wittgensteins aus dieser Zeit Schlick zugänglich waren. Höchstwahrscheinlich hatte Schlick zumindest eine Zeitlang Zugang zu einem Großteil des posthum als *Philosophische Bemerkungen* bzw. *Philosophische Grammatik* publizierten Materials, ganz sicher war dies beim sogenannten *Blauen Buch*, der Mitschrift von Wittgensteins Vorlesung 1933/34, der Fall.[92] Von Bedeutung sind weiters von Wittgenstein stammende Typoskripte in Schlicks Nachlass; einige von diesen wurden extra von Wittgenstein für Schlick angefertigt, andere sind direkt von Schlick stenographisch aufgezeichnete, später transkribierte Diktate.[93] Mit diesen bereits vorgreifenden Bemerkungen soll illustriert werden, dass Schlick so gut wie wenig andere Zeitgenossen über Wittgensteins Entwicklung informiert war. Dabei darf aber nicht übersehen werden, dass Schlick in keiner einzigen seiner Arbeiten auch nur den Anspruch erhob, Wittgenstein'sche Ideen zu erklären; und vom *Tractatus* wird nur eine einzige Stelle (die dafür einige Male) zitiert.[94] Auch im Zirkel wurde Schlick nicht als Kommentator oder Verbreiter Wittgenstein'scher Ideen gesehen, eine Rolle, die im Wesentlichen von Waismann ausgefüllt wurde.[95]

---

[92] Schlicks Exemplar liegt nicht beim übrigen Nachlass, sondern befindet sich nun im Besitz des Instituts *Forschungsstelle und Dokumentationszentrum für Österreichische Philosophie* in Graz.

[93] Alle unter Inv.-Nr. 183-184; im Wittgenstein-Nachlass sind diese Typoskripte in von Wrights Verzeichnis unter den Nummern 302-308 vermerkt (von Wright, „The Wittgenstein Papers"; Nummer 306 und 307 sind nur dort vorhanden). Die von Schlick selbst stenographisch festgehaltenen Diktate – Inv.-Nr. 183, D. 1 (Transkription D. 3), und Inv.-Nr. 183, D. 2 (Transkription D. 4) – werden im Folgenden noch herangezogen. Die detaillierte Rekonstruktion von Mathias Iven legt m. E. überzeugend dar, dass D. 1 (und wahrscheinlich auch D. 2) während des oben bereits angesprochenen Arbeitsurlaubs im Spätsommer 1933 entstanden ist; siehe Iven, „Wittgenstein und Schlick. Zur Geschichte eines Diktats".

[94] Das ist *Tractatus* 4.113, wo von Philosophie als einer Tätigkeit die Rede ist.

[95] Vgl. dazu die Erinnerungen von Neider in Haller/Rutte, „Gespräch mit Heinrich Neider", S. 29. Waismanns „Thesen", eine Arbeit, die den Versuch darstellt,

3. Die implizite Definition

Nicht auf der gleichen, ganz grundsätzlichen (nämlich jede Art von Erkenntnis, sowohl des Alltags wie auch der Wissenschaft betreffenden) Ebene der bereits vorgestellten Grundcharakteristika des Erkenntnisbegriffs bewegt sich Schlicks Erörterung der impliziten Definition in seinem Hauptwerk. Grund für die Einführung dieses Begriffs ist das Problem der Exaktheit. Eine genaue wissenschaftliche Definition eines Gegenstandes (wie etwa die Definition von „Silber" durch Angabe der Molekularstruktur etc.), erhebt sich, was die Exaktheit dieser Bestimmung angeht, weit über solche des täglichen Lebens. Will ich aber im konkreten Fall wissen, ob ein Stück Metall Silber ist oder nicht, bin ich darauf angewiesen, das Vorliegen dieser Merkmale durch Wahrnehmung festzustellen. Die Feststellung von Merkmalen eines noch so genau bestimmten Begriffs ist nicht anders als durch immer mehr oder weniger vage Wahrnehmung möglich. Die Definition eines Begriffes durch seine Merkmale führt (in der Regel über eine längere Kette von Subdefinitionen) zur Anschauung:

In der Tat kommt man aber sehr bald auf Merkmale, die sich schlechterdings nicht mehr definieren lassen; die Bedeutung der diese letzten Merkmale bezeichnenden Worte kann nur demonstriert werden durch die Anschauung, durch unmittelbares Erleben. Was „blau" ist oder was „Lust" ist, kann man nicht durch Definition kennenlernen, sondern nur bei Gelegenheit des Anschauens von etwas Blauem oder des Erlebens von Lust. [96]

zentrale Punkte des *Tractatus* in Verbindung mit neueren Ideen Wittgensteins (vor allem dem Verifikationsprinzip darzustellen, wurde intensiv in den Zirkelsitzungen im Frühling 1931 diskutiert; vgl. die Zirkelprotokolle in Stadler, *Studien zum Wiener Kreis*, Abschnitt 7.1.1.3.

[96] AE, S. 199 f.; auf diesen Punkt werden wir noch mehrfach zu sprechen kommen, vgl. insbesondere unten, S. 271 ff.

So scheint jede explizite Definition letztlich zu Worten zu führen, die selbst nur mehr einer hinweisenden Definition fähig sind.[97] Auf diesem Weg ist es also unmöglich, zu völlig exakten Begriffen zu gelangen; dieses Ziel ist nur erreichbar, wenn sich Begriffe ohne jeden Bezug zur Anschauung definieren lassen. Die einzige Möglichkeit, Begriffe ohne Bezug zur Anschauung zu bestimmen, sieht Schlick in der wechselseitigen Bestimmung von Begriffen zueinander. Dies ist das Verfahren der impliziten Definition: Von jedem vorgängigen Verständnis der Begriffe wird bewusst abgesehen, diese werden nicht anders definiert, als dass bestimmte Aussagen von ihnen gelten sollen. Diese Methode übernimmt Schlick von Hilbert,[98] der sie für den Aufbau der Geometrie verwendete: Was etwa ein Punkt ist, wird erst bestimmt durch eine Reihe von Postulaten (ein Axiomensystem), in denen dieser Begriff auftritt. Dieser Begriff sowie die anderen in diesen Axiomen[99] vorkommenden (Gerade, Ebene usw.) definieren sich also gegenseitig. Im Gegensatz zur expliziten Definition, wo die Definitionskette letztlich in einer hinweisenden Definition endet, also Begriffe durch ihren Zusammenhang mit der Wirklichkeit bestimmt werden – um den Preis des Verzichts auf Exaktheit –, steht ein System implizit definierter Begriffe

nirgends auf dem Grunde der Wirklichkeit, sondern schwebt gleichsam frei, wie das Sonnensystem die Gewähr seiner Stabilität in sich selber tragend. Keiner der

---

[97] Der Terminus „hinweisende Definition" (bzw. „ostensive definition") findet sich noch nicht in der AE, sondern erst in späteren Schriften; in der AE spricht Schlick von „konkreter" oder „psychologischer" Definition.

[98] Jedenfalls verweist Schlick in diesem Zusammenhang auf Hilberts *Grundlagen der Geometrie*; vgl. ebd., erstes Kapitel, insbesondere § 1. Der Terminus „implizite Definition" findet sich dort allerdings nicht, im hier verwendeten Sinn ist der Terminus eingeführt etwa bei Enriques, *Probleme der Wissenschaft*, Bd. 1, Kap. III, § 7, ein Werk, das Schlick rezensierte („[Rezension von]: Federigo Enriques, *Probleme der Wissenschaft*"); zur Geschichte dieses Ausdrucks und unterschiedlichen damit verbundenen Konzeptionen siehe G. Gabriel, „Implizite Definitionen – Eine Verwechslungsgeschichte".

[99] Im Gegensatz zur früheren Verwendung des Begriffs Axiom ist hier natürlich nicht mehr gemeint, dass ein Axiom etwas unmittelbar Evidentes sei.

darin auftretenden Begriffe bezeichnet in der Theorie ein Wirkliches, sondern sie bezeichnen sich gegenseitig in der Weise, dass die Bedeutung des einen Begriffes in einer bestimmten Konstellation einer Anzahl der übrigen besteht. [100]

Für das Folgende mag es günstig sein, ein konkretes Beispiel eines Axiomensystems zu betrachten; hier bietet sich das von Peano eingeführte Axiomensystem an, mit dem der Begriff der Zahlenfolge definiert werden soll: [101]

(1) 0 ist eine Zahl.
(2) Der Nachfolger irgendeiner Zahl ist eine Zahl.
(3) Es gibt nicht zwei Zahlen mit demselben Nachfolger.
(4) 0 ist nicht der Nachfolger irgendeiner Zahl.
(5) Jede Eigenschaft der 0, die auch der Nachfolger jeder Zahl mit dieser Eigenschaft besitzt, kommt allen Zahlen zu.

Axiomensysteme und ihre Interpretationen

Um das Spezifische der impliziten Definition klar herauszustellen, müssen zwei Arten unterschieden werden, wie ein derartiges Axiomensystem verstanden werden kann. Der ersten Interpretation (ich werde sie im Folgenden als traditionelle bezeichnen) zufolge ist dieses Axiomensystem eine ausreichende Zahl von Aussagen über drei undefinierte Grundbegriffe (0, Zahl, Nachfolger), aus denen sich alle übrigen Aussagen der Arithmetik ableiten lassen; dies war auch die Auffassung Peanos. Die Bedeutung der Grundbegriffe ist nicht durch diese Axiome festgelegt, ihr Verständnis muss vorausgesetzt

---

[100] AE, S. 214; Bertram/Lauer/Liptow/Seel konstatieren anhand dieser Stelle das Problem, wie das Konzept der impliziten Definition mit Schlicks allgemeiner Zeichentheorie des Begriffs (vgl. oben, S. 29) zu vereinbaren ist. Eine bezeichnende Funktion, die ja das „Wesen" eines Begriffs ausmachen soll, ist bei implizit definierten Begriffen nicht zu erkennen; vgl. *In der Welt der Sprache*, S. 58 f.

[101] In der vereinfachten Darstellung von Russell, *Introduction to Mathematical Philosophy*, Kap. 1

werden.[102] Die zweite Interpretation ist, die Grundbegriffe überhaupt erst durch dieses System einzuführen. Nur in dieser Auffassung ist ein Axiomensystem als implizite Definition der darin auftretenden Begriffe aufzufassen. Am kürzesten lässt sich die Unterscheidung dieser Interpretationen so ausdrücken, dass nach der traditionellen Auffassung ein prinzipieller Unterschied besteht zwischen Definition und Axiom (Lehrsatz), nach der zweiten nicht.[103]

Nun scheint Schlick diese Unterscheidung zwischen beiden Interpretationen nicht immer klar zu beachten, obwohl er sich im Hinblick auf die gemachte Unterscheidung festzulegen scheint, wenn er ausdrücklich betont, dass in deduktiv zusammenhängenden Wissenschaften wie eben z. B. der Mathematik der Unterschied zwischen Lehrsatz und Definition nur ein relativer sei, eine Unterscheidung nur unter praktischen und psychologischen Gesichtspunkten möglich sei.[104] Was Schlick nämlich dort meint, ist, dass es Sache der Zweckmäßigkeit ist, welche Sätze als Axiome genommen werden, also ob beim axiomatischen Aufbau etwa der Arithmetik die Peano'schen Sätze oder eine andere Gruppe von Aussagen gewählt wird, aus denen sich dann ebenfalls alle übrigen arithmetischen Aussagen ab-

---

[102] Der Logizismus versucht, diese Begriffe weiter auf logische Begriffe zurückzuführen. An irgendeiner Stelle freilich muss man die Rückführung auf andere, einfachere Begriffe beenden, wie Russell sagt, "at *some* point we all must; but it is the object of mathematical philosophy to put off saying it as long as possible. By the logical theory of arithmetic we are able to put it off for a very long time." (*Introduction to Mathematical Philosophy*, S. 9)

[103] Bedenken gegen die Nivellierung dieses Unterschieds äußert Frege bereits 1899 in einem Brief an Hilbert (zitiert nach Kambartel, *Erfahrung und Struktur*, S. 161 f.): „Damit wird etwas den Axiomen aufgebürdet, was Sache der Definitionen ist. Dadurch scheinen mir die Grenzen zwischen Axiomen und Definitionen in bedenklicher Weise verwischt zu werden." Die im Folgenden zu besprechende Einwände Carnaps (der bekanntlich Freges Vorlesungen besuchte) sind bereits in Freges – vor allem brieflich geäußerter und bei Kambartel ausgebreiteter – Kritik an Hilbert (von dem Schlick, wie gesagt, das Konzept der impliziten Definition übernimmt) in weiten Teilen mehr als nur vorgezeichnet.

[104] AE, S. 231

leiten lassen. Es ist Schlick wohl zuzustimmen, dass man bei der Aufstellung eines Axiomensystems gewisse Freiheiten genießt; aber das betrifft nicht die Frage, ob *nach* Aufstellung des Systems die Axiome als Definitionen anzusehen sind oder nicht. M. a. W., wenn Schlick von nur relativem Unterschied zwischen Definition und Axiom spricht, bezieht er sich auf die Konstruktion eines Axiomensystems und nicht auf dessen Interpretation, die eben auf zwei verschiedene Weisen erfolgen kann.

Die Freiheit in der Konstruktion drückt Schlick an einer späteren Stelle der AE mittels eines physikalischen Beispiels so aus:

Nachdem übrigens einmal die gegenseitige Abhängigkeit der einzelnen Größen endgültig aufgedeckt ist, besteht eine gewisse Willkür, welche Intensitäten man als die fundamentalen bezeichnen, d. h. als diejenigen benutzen will, auf welche alle anderen reduziert werden. [...] So brauche ich – um ein Beispiel herauszugreifen – im Aufbau der gewöhnlichen Newtonschen Mechanik als Grundbegriffe nicht die üblichen der Masse, der Zeit und der Strecke anzunehmen, sondern ich kann statt ihrer ebensogut etwa das Volumen, die Geschwindigkeit und die Energie zugrunde legen und alle übrigen in der Mechanik auftretenden Größen auf sie reduzieren. [105]

Ich zitiere diese Stelle vor allem deswegen, weil Schlick unmittelbar im Anschluss die traditionelle Interpretation vertritt, wenn er von solchen (innerhalb gewisser Grenzen willkürlich gewählten) Grundbegriffen spricht als den „letzten ‚Intensitäten‘, deren quantitative Abwandlungen die Bausteine des Universums der Physik bilden", und die selbst nicht mehr weiter reduzierbar sind. Doch damit wären wir wieder bei undefinierten Grundbegriffen angelangt, die, falls weiter definiert, doch wieder letztlich nur einer hinweisenden Definition fähig sind, wodurch die Vagheit von vornherein in den ganzen Bau einfließt.

Insofern Schlick also die beiden Auffassungen von Axiomensystemen nicht klar auseinanderhält, ist die Diskussion der impliziten Definition und die Rolle, die Schlick ihr letztlich zubilligt, von vornherein nicht ganz klar; auf ein damit zusammenhängendes Problem

---

[105] AE, S. 627

komme ich unten, S. 66, zurück. Nachdem nun also versucht wurde, die Eigentümlichkeit der impliziten Definition herauszustellen als eine Möglichkeit, ein Axiomensystem zu interpretieren, kommen wir zurück zur näheren Untersuchung implizit definierter Begriffe.

Carnaps Einwände

Als implizite Definition verstanden, definiert das Peano'sche Axiomensystem nicht eindeutig die Zahlenfolge – um derentwillen es überhaupt aufgestellt wurde –, sondern jede Folge, die die in den Axiomen ausgedrückten formalen Bedingungen erfüllt (z. B. die Folge der Zahlen beginnend mit 100, eine Folge von Zeit- oder Raumpunkten, oder auch eine Folge von physischen Gegenständen).[106] Dieser Punkt ist nun Schlick freilich nicht entgangen, spricht er doch selbst davon, dass gänzlich verschiedene, ja auch unräumliche Dinge wie Gefühle oder Töne die Rolle von illustrierenden Beispielen für die in den geometrischen Axiomen ausgesprochenen Beziehungen übernehmen können, die die Bedeutung der Ausdrücke „Punkt", „Gerade" etc. festlegen[107] (Geometrie ist hier natürlich verstanden als rein mathematische Disziplin und nicht als Wirklichkeitswissenschaft). Die inhaltliche Unbestimmtheit ist eben der Preis, der für exakte Begriffsbildung zu zahlen ist; und das probate Mittel dafür ist die implizite Definition.

Die Unbestimmtheit implizit definierter Begriffe reicht allerdings viel weiter, als von Schlick intendiert. Dies zu zeigen ist das Hauptziel von Carnaps 1927 publizierter Arbeit „Eigentliche und uneigentliche Begriffe", die übrigens – wie Schlicks „Erleben, Erkennen, Metaphysik" – auf einem Vortrag in der *Philosophischen Gesellschaft* in Wien beruht.[108] Möglicherweise war Schlick Mitursache für diesen Vortrag,

---

[106] Vgl. dazu Russell, *Introduction to Mathematical Philosophy*, Kap. 1, sowie Carnap, „Eigentliche und uneigentliche Begriffe", S. 361 f.

[107] AE, S. 213

[108] Gehalten am 11. Februar 1927 unter dem Titel „Das Wesen des Begriffes"; siehe die kurze Bemerkung in *Wissenschaftlicher Jahresbericht der Philosophischen Gesellschaft an der Universität zu Wien für das Vereinsjahr 1926/27*, S. 6.

hatte er doch in einer eher beiläufigen Erwähnung die durch implizite Definition festgelegten „formalen Beziehungen" mit Carnaps „reinen Strukturaussagen" gleichgesetzt.[109] Die ebenfalls nur sehr beiläufige Erwähnung Schlicks in Carnaps Text mag dazu beigetragen haben, dass der Diskussionszusammenhang in der Sekundärliteratur lange Zeit gänzlich unbemerkt blieb.[110]

Ein erster Punkt betrifft nur solche implizit definierten Begriffe, die durch Axiomensysteme definiert sind, die Carnap „polymorph" nennt. Ein polymorphes Axiomensystem ist eines, dessen Anwendungsfälle (formale Modelle oder Realisationen, in Schlicks Sprechweise „illustrierende Beispiele") *formale* Unterschiede aufweisen. Carnaps Beispiel:[111] Ein Axiomensystem, das drei Aussagen über die Relation R enthält, nämlich: das Feld von R hat drei Glieder, R ist irreflexiv, R ist intransitiv. Zwei gleichberechtigte Realisationen dieses Systems, die beide R als „Vater von" interpretieren, wären 1. Ein Mann mit Sohn und Enkel; 2. Ein Mann mit zwei Kindern. In der ersten, nicht aber in der zweiten Realisation handelt es sich bei R um eine eineindeutige Relation.

Die Unbestimmtheit bezieht sich in diesen Fällen eben nicht nur auf Inhaltliches. Für einen in solch einem System definierten Begriff gilt weder, dass er die entsprechende formale Eigenschaft (Eineindeutigkeit) aufweist, noch, dass er sie nicht aufweist; damit „gilt für diesen Begriff der Satz vom ausgeschlossenen Dritten nicht"[112].

---

[109] „Erleben, Erkennen, Metaphysik", S. 39 f., Anm. 2; da wie gesagt die Urfassung des *Aufbaus* verlorengegangen ist, sollte allerdings beachtet werden, dass man diesen Zusammenhang auch so sehen kann, dass die Schlick'sche Gleichsetzung erst nachträglich zu einer Ausdifferenzierung in Carnaps Konzeption geführt haben könnte.

[110] Meines Wissens ist dies erstmals 1996 klar herausgestellt bei Goldfarb, „The Philosophy of Mathematics in Early Positivism".

[111] „Eigentliche und uneigentliche Begriffe", S. 363 f.

[112] Ebd., S. 364; im Original hervorgehoben

Ein weiterer Unterschied zwischen uneigentlichen (d. h. implizit definierten) und eigentlichen Begriffen trifft ohne Einschränkung auf alle der Ersteren zu. Für jeden Realbegriff und ein beliebiges Ding ist es immer jedenfalls prinzipiell entscheidbar, ob ein Gegenstand unter den Begriff fällt oder nicht (für die faktische Entscheidbarkeit ist erforderlich, dass der Begriff scharf genug bestimmt ist und der Gegenstand hinreichend bekannt ist). Dagegen ist die Frage, ob ein bestimmter Gegenstand unter einen implizit definierten Begriff fällt oder nicht, „trotz aller Kenntnisse über den Gegenstand nicht entscheidbar und hat daher keinen Sinn."[113] Dieser Punkt ergibt sich unmittelbar aus der oben, am Beispiel von Peanos Axiomensystem gemachten Feststellung, dass jede beliebige Folge, sofern sie die formalen Bedingungen erfüllt, ein Anwendungsfall dieses Systems ist. Die Frage, ob ein einzelner Gegenstand (eine Zahl, ein Raum- oder Zeitpunkt, oder ein physischer Gegenstand) ein Element einer solchen Folge ist, kann nicht beantwortet werden; dies ist allein davon abhängig, ob er mit anderen gleichartigen Gegenständen in den entsprechenden Beziehungen steht. Werden, wie etwa bei dem für Schlick als Vorbild dienenden Hilbert'schen Axiomensystem, mehrere Begriffe gleichzeitig implizit definiert, so geht die Unbestimmtheit sogar noch weiter: Nun ist nicht einmal für eine Klasse (z. B. die Menge aller physischen Geraden) bestimmbar, ob sie die festgelegten Bedingungen erfüllt, die der implizit definierte Begriff einer Geraden festlegt, da dies von der Interpretation der übrigen Begriffsklassen abhängt.

Beide genannten Unterschiede sind nach Carnap nur Symptome; Kern der Angelegenheit und wesentlicher Unterschied zwischen implizit definierten und eigentlichen Begriffen ist, dass Erstere Variablen sind, Letztere Konstanten. Sätze mit implizit definierten Begriffen sind demnach keine wahrheitswertfähigen Aussagen, da sie von nichts Bestimmtem handeln, sondern Aussagefunktionen. Was

---

[113] Ebd., S. 367

tatsächlich durch ein Axiomensystem – und zwar explizit – definiert wird, ist kein im System vorkommender Begriff, sondern ein höherstufiger. Schon Frege äußerte die Vermutung, dass Hilbert „die Idee vorschwebt, Begriffe zweiter Stufe zu definieren; aber er unterscheidet sie nicht von denen erster Stufe"[114]. Was die implizite Definition also tatsächlich leistet, ist die Bestimmung von formalen Merkmalen von Begriffen erster Stufe, indem ein Begriff zweiter Stufe definiert wird. Dieser Begriff zweiter Stufe ist – wieder nach Carnap – als Klasse aufzufassen (bei der Einführung mehrerer Begriffe als Relation), die, vereinfacht gesprochen, alle Elemente enthält, die die im Axiomensystem festgelegten Bedingungen erfüllen (in Peanos System der Begriff der Progression).[115]

Weitere Probleme

Carnaps Einwände bezogen sich einerseits auf die Natur der Definition durch Axiomensysteme – vorderhand ein „bloßes Spiel mit Symbolen"[116] –, andererseits auf die Beziehung solcher Begriffe zur Erfahrung, denn „[i]m allgemeinen beschäftigen wir uns mit dem Abstrakten nur, um es auf das Anschauliche anzuwenden."[117] Zu beiden Ebenen ist hier noch Folgendes zu sagen:

Der Ausgangspunkt für die Diskussion liegt natürlich in der Grundlagendiskussion der Mathematik, und Mathematik, im besonderen reine Geometrie, ist auch das Feld, aus dem Schlick in erster Linie seine Beispiele bezieht. Schlick geht in der AE davon aus, dass Hilberts Verfahren eine befriedigende Lösung darstellt. Diverse

---

[114] Zitiert nach Kambartel, *Erfahrung und Struktur*, S. 163. Wie Carnap kommt auch bereits Frege zu dem Schluss, dass es sich bei Sätzen mit implizit definierten Begriffen tatsächlich nicht um Aussagen, sondern um Aussagefunktionen handelt, die er (wiederum ein Anzeichen für einen Einfluss auf Carnap) „uneigentliche Sätze" nennt.

[115] Vgl. dazu auch Russell, *Introduction to Mathematical Philosophy*, S. 18.

[116] AE, S. 215

[117] Ebd.

„Restprobleme" wie den Beweis der Widerspruchsfreiheit eines Axiomensystems, durch das die Begriffe der Arithmetik implizit definiert sind, sieht er dort bereits als im Wesentlichen gelöst.[118] Bekanntermaßen führten Ergebnisse Gödels zur Einsicht, dass Hilberts Versuch eines solchen Beweises notwendigerweise erfolglos bleiben musste,[119] aber auch schon vorher hatte sich Schlicks Einstellung zur Philosophie der Mathematik unter dem Einfluss Wittgensteins grundlegend geändert:

> Wir haben uns besonders mit der Philosophie der Mathematik beschäftigt, und Wittgenstein, Waismann und ich glauben in den Fragen jetzt vollkommen klar zu sehen, der Streit zwischen Intuitionismus, Formalismus und Logizismus in der Mathematik scheint uns gegenstandslos geworden zu sein.[120]

Überhaupt ist nicht ganz klar, wie weit Schlick in der AE das Konzept der impliziten Definition fasst. Seine Beispiele bezieht Schlick vorrangig aus dem Feld der reinen Geometrie, aber an verschiedenen Stellen scheint einerseits eine Ausweitung zumindest auf fortgeschrittene Wirklichkeitswissenschaften (d. h. die theoretische Physik; siehe die Diskussion des Beispiels unten, S. 66 f.), andererseits eine Ausweitung auf jede Formalwissenschaft intendiert zu sein, d. h. überhaupt eine Gleichsetzung des Analytisch-Deduktiven mit der Ableitbarkeit aus impliziten Definitionen.[121] Das ist schon insofern verwirrend, als schon für die Aufstellung eines Axiomensystems natürlich logische Prinzipien in Anspruch genommen werden müssen, die ihrerseits nicht (oder nur in zirkulärer Weise) implizit definiert werden können.[122] Durch Wittgenstein änderte sich nicht nur Schlicks

---

[118] AE, S. 740

[119] Jedenfalls in der ursprünglich von Hilbert intendierten Form; vgl. dazu Stegmüller, *Hauptströmungen der Gegenwartsphilosophie*, S. 444 f.

[120] Moritz Schlick an Siegfried Weinberg, 15. Juni 1930

[121] Klar ausgedrückt z. B. in AE, S. 740.

[122] "In a word, the difficulty is that if logic is to proceed *mediately* from conventions, logic is needed for inferring logic from the conventions." (Quine, „Truth by Convention", S. 104)

Einstellung zum Grundlagenstreit in der Mathematik. Als wichtigstes Resultat des *Tractatus* sieht Schlick, dass in diesem Werk das „Wesen des Logischen vollkommen aufgehellt und für alle Zukunft festgestellt ist"[123]. Dass die Geltung von Sätzen der Logik gänzlich unabhängig von der Bedeutung der auftretenden Symbole besteht, drückt Schlick unabhängig vom *Tractatus* bereits in der AE klar aus: Die Gültigkeit der Konklusion eines Syllogismus, so sein Beispiel, ist vollkommen unabhängig von der Bedeutung der in den Prämissen auftretenden Symbole. Dass aber – wie Schlick unmittelbar an dieses Beispiel anknüpfend ausführt – die konsequente Verfolgung solcher Beispiele „schließlich zur Begriffsbestimmung durch implizite Definitionen führt"[124], bzw. dass für den Aufbau einer streng deduktiven Wissenschaft wie etwa der Mathematik nur das Verfahren der impliziten Definition in Frage kommt (ebd.), ist nicht einsichtig und wird von Schlick im Folgenden auch nicht mehr vertreten.

Was die Anbindung implizit definierter Begriffe an die Erfahrung betrifft, so zeigt Carnaps Kritik, dass dies keineswegs so zwanglos möglich ist, wie dies in der AE erscheint, wenn Schlick davon spricht, dass diese Anbindung an „einzelnen Punkten" hergestellt wird.[125] Überhaupt zeigt sich, was die Art dieser Anbindung betrifft, eine gewisse Unentschiedenheit. Die von Schlick Fundamentalurteile genannten „Berührungspunkte" können nach ihm nämlich sowohl Definitionen als auch sogenannte historische Urteile sein.[126] In konsequenter Gegnerschaft zu jedem rationalistischen Standpunkt betont Schlick immer wieder, dass im Moment des Übergangs von einem Axiomensystem zur Wirklichkeitswissenschaft (d. h. bei anschaulicher Interpretation) die Exaktheit und Sicherheit verlorengeht, die

---

[123] „Vorrede [zu Waismann]", S. 21

[124] AE, S. 212

[125] AE, S. 285

[126] Ebd.; als historische Urteile bezeichnet Schlick in der AE Wahrnehmungsurteile (ebd., S. 278). Auf diesen Begriff kommen wir bei der Diskussion der Konstatierungen, S. 180, noch zurück.

dieses auszeichnet. Es ist eben nie mit absoluter Sicherheit festzustellen, ob wirkliche Gegenstände genau in jenen Beziehungen zueinander stehen, die zuvor postuliert wurden. [127] Andererseits bietet sich nach Schlick die Möglichkeit,

> wenigstens bestimmte einzelne Begriffe so einzurichten, daß sie unter allen Umständen auf die Wirklichkeit passen, so daß die durch sie bezeichneten Gegenstände in ihr immer wieder gefunden werden können. [...] Eine Begriffsbestimmung und Zuordnung, die auf diese Weise zustande gekommen ist, nennen wir eine *Konvention* [...] [128]

Gegen die extreme Form des Konventionalismus, in der Naturgesetze als willkürliche Festsetzungen aufgefasst werden, argumentiert Schlick später in mehreren Texten. [129] Dass die „Überstrapazierung" [130] des Konzepts der impliziten Definition jedenfalls Gefahr läuft, in solche unerwünschten Bahnen zu geraten, lässt sich an einem von Schlick selbst verwendeten Beispiel verdeutlichen: Die Stellung der Planeten im Zeitablauf kann durch eine Unzahl einzelner Erfahrungsurteile beschrieben werden, die Astronomie kann aber auch

> die Planeten durch den Begriff eines Etwas bezeichnen, das sich nach gewissen Gleichungen bewegt (was einer impliziten Definition gleichkommt), und aus ih-

---

[127] Besonders deutlich in AE, S. 215 und 717

[128] AE, S. 274 f.; aufgrund dieser Einschränkung Schlicks auf „bestimmte einzelne Begriffe" kann ich Oberdan nicht zustimmen, der es für offensichtlich hält, dass „Schlick expected the notion of a convention to provide the solution to the problem of the link between concepts and intuitions." („Postscript to Protocols: Reflections on Empiricism", S. 290, Anm. 6.)

[129] Vor allem im 1936 erschienenen Aufsatz „Sind die Naturgesetze Konventionen?"; dort wie auch in der bislang unveröffentlichten Arbeit „Die Überwindung des Konventionalismus" (Inv.-Nr. 16, 57a) wendet sich Schlick gegen Eddingtons 1928 erschienenes Buch *The Nature of the Physical World*.

[130] Ohne diesen Punkt näher auszuführen, spricht auch Goldfarb von einem „overuse of implicit definitions" („The Philosophy of Mathematics in Early Positivism", S. 216); und bei Quinton heißt es: „Schlick dagegen strapaziert den Hilbertschen Begriff der impliziten Definitionen mehr, als diese Konzeption vertragen kann." („Vor Wittgenstein: Der frühe Schlick", S. 117)

ren Grundformeln ergeben sich dann auf einmal rein deduktiv alle gewünschten Aussagen über die vergangenen und zukünftigen Stellungen der Himmelskörper des Sonnensystems. [131]

Dazu ist zum Ersten einmal zu bemerken, dass Schlick hier sehr nachlässig formuliert. Für die Ableitung der Stellung eines Planeten zu einem bestimmten Zeitpunkt sind diese Gleichungen (die Gesetze der Planetenbewegung) natürlich nicht ausreichend, erforderlich sind zumindest Anfangsbedingungen, m. a. W., für die Berechnung der Position zu einem bestimmten Zeitpunkt muss irgendeine frühere Position bekannt sein. [132] Das eigentliche Problem scheint mir woanders zu liegen: Wenn der Begriff des Planeten solcherart implizit definiert ist, so ergibt sich daraus die unerwünschte Konsequenz der Immunisierung der Planetengesetze. Bewegt sich ein Planet nicht in der prognostizierten Bahn, dann folgt nämlich aus dem Gesagten, dass er kein Planet ist und nur irrtümlicherweise für einen solchen gehalten wurde. Eine noch so große Zahl von Beobachtungen von (vermeintlichen) Planeten kann keine Relevanz für die Bestätigung oder Widerlegung dieser Gesetze haben. Dagegen sollte nach unserem Verständnis eine widerlegende Instanz dazu führen, die Gesetze der Planetenbewegung zu revidieren (vorausgesetzt natürlich, die Abweichung lässt sich nicht durch störende Einflüsse etc. erklären). Eine Hypothese wird hier unter der Hand zu einer Definition und damit zu einer analytischen Aussage. [133]

An diesem Einwand zeigen sich sehr gut die Schwierigkeiten, die entstehen, wenn nicht zwischen Definition und Axiom (bzw. Hypo-

---

[131] AE, S. 273 f.

[132] Dies hält Schlick selbst anhand des gleichen Beispiels an anderen Stellen explizit fest; siehe AE, S. 287, sowie *Die Probleme der Philosophie in ihrem Zusammenhang*, Kap. 10.

[133] Die Argumentation dieses Absatzes setzt voraus, dass sozusagen stur an der (impliziten) Definition des Wortes „Planet" festgehalten wird. In der Praxis geschieht es gelegentlich, dass neue Erkenntnisse zu einer Revision der Definition führen; z. B. ist der „Planet" Pluto seit der vor einigen Jahren (per Abstimmung abgesegneten) Neudefinition nicht mehr als Planet anzusehen.

these) getrennt wird; dieses Zusammenfallen ist aber gerade ein konstituierendes Merkmal implizit definierter Begriffe. [134] In dem bereits erwähnten späteren Aufsatz, in dem Schlick sich kritisch mit dem Konventionalismus auseinandersetzt, findet sich auch ein Argument Schlicks gegen die Vertauschbarkeit von Definition und Hypothese (und damit auch gegen die implizite Definition): Nimmt man einen Satz, der ursprünglich eine Hypothese zum Ausdruck brachte, nunmehr als Definition oder grammatische Regel, dann

hat man eben die Grammatik geändert und folglich dem Satze einen ganz neuen Sinn gegeben, oder vielmehr, eigentlich hat man ihn des Sinnes beraubt. Er ist jetzt kein Naturgesetz mehr, überhaupt keine Aussage, sondern eine Zeichenregel. [135]

Zusammengenommen zeigen die Einwendungen, dass der Begriff der impliziten Definition wesentlich problematischer ist, als Schlick dies in der AE sah, bzw. dass die Anbindung von implizit definierten Begriffen an die Erfahrung eine Reihe ungeklärter Punkte enthält. [136] Diese Probleme und Unklarheiten bieten auch ein gutes Beispiel für

---

[134] Siehe oben, S. 58 f.

[135] „Sind die Naturgesetze Konventionen?", S. 770, Anm. 1; in dieser Passage kritisiert Schlick Carnaps *Logische Syntax der Sprache*.

[136] Die Diskussion bis hierher sollte Unzulänglichkeiten in Schlicks Verwendung der impliziten Definition aufzeigen; hier wird nicht der Anspruch erhoben, gezeigt zu haben, dass dieses Konzept in jedem Fall zu verwerfen sei, auch wenn das Urteil von Autoritäten wie Frege, Russell und Quine vernichtend ist. Frege bringt in der Diskussion mit Hilbert ein drastisches Beispiel („Jedes Anej bazet wenigstens zwei Ellah") und bietet an, diese implizite Definition von „Anej" im Falle einer Unklarheit durch beliebig viele weitere Sätze mit diesem Wort zu ergänzen; den Anspruch Hilberts, nichts als bekannt vorauszusetzen, kommentiert er lakonisch: „Wir haben Münchhausen, der sich an seinem eigenen Schopfe aus dem Sumpfe zieht." (Zitiert nach Kambartel, *Erfahrung und Struktur*, S. 168 f.). Quine schließt sich Russell an, bei dem es heißt: "The method of 'postulating' what we want has many advantages; they are the same as the advantages of theft over honest toil." (*Introduction to Mathematical Philosophy*, S. 71; Quine, „Implicit Definition Sustained", S. 133)

logisch-semantische Schwächen seines Hauptwerkes, ein viel besseres jedenfalls als die von manchen Kommentatoren als Zeugnis für die logische Unzulänglichkeit der AE herangezogene Meinung Schlicks, alle logischen Verhältnisse ließen sich allein mit Hilfe von Syllogismen im Modus Barbara darstellen.[137] So richtig dieser Einwand auch ist, der angekreidete Punkt ist in der AE ziemlich peripher.

Die implizite Definition und das
Problem der Mitteilbarkeit

Grund zur Einführung des Begriffs der impliziten Definition in der AE war, wie gesagt, das Problem der Bildung von absolut exakten Begriffen.[138] Mitteilbarkeit, also Möglichkeit der intersubjektiven Verständigung, spielte dabei keine Rolle. Je weiter fortgeschritten eine Wissenschaft ist, in desto höherem Grad arbeitet sie mit implizit definierten Begriffen; klarerweise hat der Interpret der Relativitätstheorie hier die theoretische Physik als Paradigma. Aber auch Disziplinen, in denen diese Art der Begriffsbildung nicht oder nur in höchst beschränktem Umfang möglich ist, wie etwa Geschichtswissenschaft etc., bleiben nichtsdestotrotz kommunizierbare Systeme von Aussagen.[139]

In „Erleben, Erkennen, Metaphysik" dagegen ist es eben dieses Problem der Mitteilbarkeit, das durch die Lehre der impliziten Definition gelöst werden soll, und Schlick betont besonders, dass in allen

---

[137] AE, § 14; diesbezügliche Kritiken bei Goldfarb, „The Philosophy of Mathematics in Early Positivism", S. 215 f.; Schurz, „Wissenschafts- und Erkenntnistheorie, Logik und Sprache: der österreichische Positivismus und Neopositivismus und deren Umfeld", S. 251; Simons, „Wittgenstein, Schlick und das Apriori", S. 68.

[138] Obgleich Schlick manchmal nicht zwischen Exaktheit und Sicherheit unterscheidet; AE, S. 194 und 200 f.

[139] Coffa (*The Semantic Tradition from Kant to Carnap*, S. 175 ff.) hingegen vermengt m. E. hier die Problemstellungen. In seiner Darstellung der Rolle der impliziten Definition in der AE soll durch diese nicht nur Exaktheit, sondern überhaupt erst Objektivität sichergestellt werden; wie gesagt anerkennt Schlick aber ausdrücklich Disziplinen, die sich nicht dieser Art der Begriffsbildung bedienen.

Bereichen, sei es Physik, Geschichte, Dichtung oder Alltag, nichts anderes mitgeteilt werden kann als durch implizite Definition bestimmte formale Beziehungen.

Kern der Carnap'schen Kritik war nun, dass Sätze mit implizit definierten Begriffen keine wahrheitswertfähigen Aussagen, sondern Aussagefunktionen sind. Wird demnach die Mitteilbarkeit so wie in Schlicks neuem Ansatz auf implizit definierte formale Beziehungen eingeschränkt, so ergibt sich das paradoxe Resultat, dass überhaupt keine mitteilbaren Sätze, die von Bestimmtem handeln und wahr oder falsch sein können, übrig bleiben.

Aber auch unabhängig von diesem Einwand stößt man bei der Anwendung der impliziten Definition zur Lösung dieser neuen Fragestellung (das Problem der Mitteilbarkeit) sofort auf folgendes Problem. Alle Aussagen innerhalb eines Axiomensystems sind ja entweder definitorischen Charakters oder logische Folgerungen aus solchen Festsetzungen, sind also jedenfalls analytische Aussagen. [140] Synthetisch (und damit empirische Hypothesen) dagegen sind – in der Konzeption der AE – die Feststellungen, dass ein bestimmter Gegenstand (oder eine Klasse von Gegenständen) die implizit bestimmten Merkmale aufweist. Wenn aber alles, was überhaupt gesagt werden kann, durch die Lehre der impliziten Definition erschöpft ist, sind auch solche Zuordnungen nicht mehr aussagbar. Kurz gesagt: Mit der Beschränkung des Bereichs des Mitteilbaren auf implizit definierte Begriffe bleibt nur noch Analytisches aussagbar.

Wie schon oben ausgeführt, sah Schlick selbst das Hauptmanko der AE in mangelnder Fundierung durch die „erkenntnislogische Seite“. [141] Die Ergebnisse der Carnap'schen Kritik an der impliziten Definition akzeptierte er zumindest im Kern als solche Grundlagenforschung, die eine Revision seines früheren Standpunktes erforder-

---

[140] Wie Schlick auch in der AE, z. B. S. 727, in aller Klarheit sieht.

[141] Siehe das Zitat oben, S. 43.

lich machte. Diesbezüglich heißt es in einem späteren Schreiben über die AE:

Ueber die dort vertretenen Meinungen bin ich ja in vielen Punkten hinausgekommen, wie spätere Publikationen zeigen und die folgenden noch deutlicher machen werden. Ich würde heute z. B. nicht mehr sagen, dass man wirklich „Begriffe" durch „implizite Definitionen" festlege, sondern würde statt dessen von „Variabeln" und einem „System von Aussagefunktionen" reden. Ueberhaupt sind Dinge dieser Art durch die neuere Logik vielfach so geklärt worden, dass man durch ein Studium der letzteren ganz von selbst zu den Korrekturen gelangt, die an meinen früheren Ansichten anzubringen sind. [142]

Nachdem dieses Konzept eine zentrale Stellung in der AE eingenommen hatte und in „Erleben, Erkennen, Metaphysik" gar als einzig mögliche Grundlage der intersubjektiven Verständigung angesehen wurde, wird der Begriff der impliziten Definition in keiner einzigen nach 1926 erschienenen Arbeit auch nur erwähnt. Als Fazit dieses Abschnittes kann damit festgehalten werden, dass die Diskussion mit Carnap über die genaue Ausprägung des Strukturalismus (der These, dass objektive Erkenntnis und Mitteilbarkeit nur Strukturen betreffen kann) dazu führte, dass Schlick den ersten, in „Erleben, Erkennen, Metaphysik" unternommenen Versuch der Ausgestaltung wieder fallen ließ. Unabhängig von allen Schwierigkeiten, die dem Begriff der impliziten Definition bereits in der Konzeption der AE anhaften: Als Lösung für das neue Problem erweist er sich als gänzlich untauglich. Der nächste Versuch Schlicks der Ausgestaltung der These des Strukturalismus wird uns bei der Diskussion von F&C beschäftigen.

[142] Moritz Schlick an Wilhelm Holzapfel, 11. Juli 1933

II. Verifikationismus

Der Mensch ist ein merkwürdiges Wesen. Einerseits erfüllt jeder Fortschritt der Erkenntnis ihn mit hoher Freude und jede Möglichkeit eines weiteren Fortschritts begrüßt er hoffnungsvoll; andererseits aber verschafft es ihm auch oft eine geheime oder offene Befriedigung, wenn er erfährt, daß er nicht alles wissen kann, daß er auf eine restlose Erkenntnis der Welt verzichten muß.[1]

Wenn es eine verbindende Klammer gibt, die Schlicks neopositivistische Phase kennzeichnet, so ist das zweifellos der Verifikationismus. Von der ersten publizierten und eindeutigen Erwähnung in „Erleben, Erkennen, Metaphysik" bis an sein Lebensende hielt Schlick an derartigen Ideen fest. Die Verwendung der Mehrzahl im letzten Satz soll jedoch bereits klarmachen, dass der Verifikationismus verschiedener Ausprägungen fähig ist. Und auch in Schlicks Schriften wird darunter nicht immer dasselbe verstanden, werden nicht immer dieselben Begründungen geliefert und nicht immer dieselben Konsequenzen gezogen. Wichtige Unterscheidungen werden nur teilweise von Schlick selbst explizit gemacht. Wir beginnen die Diskussion mit der Unterscheidung von

1. Sinnkriterium und Verifikationsprinzip

Wie mittlerweile allgemein akzeptiert, ist die Doppelfunktion des Verifikationismus herauszustellen: Einerseits sollen damit sinnvolle von sinnlosen Sätzen unterschieden werden, andererseits soll auch angegeben werden, worin genau der Sinn von sinnvollen Sätzen besteht.

---

[1] „Quantentheorie und Erkennbarkeit der Natur", S. 807

In der ersten, nur unterscheidenden Funktion werden wir vom Sinnkriterium sprechen, im zweiten Fall vom Verifikationsprinzip.[2] Das Sinnkriterium besagt nur, dass ein synthetischer Satz nur dann sinnvoll ist, wenn empirisch feststellbar ist, ob er wahr oder falsch ist. Synthetische Sätze, die unabhängig von der Erfahrung beanspruchen, Aussagen über die Wirklichkeit zu machen, verfallen demnach dem Verdikt des kognitiv Sinnlosen, Metaphysischen. Mittels des Verifikationsprinzips dagegen sollen nicht nur sinnvolle von sinnlosen Sätzen unterschieden werden, es soll auch angegeben werden, worin genau der Sinn besteht; demgemäß muss nicht nur angegeben werden, ob überhaupt eine Verifikationsmethode möglich ist, sondern darüber hinausgehend über das Verhältnis einer solchen Methode (oder solcher Methoden) zum Sinn des Satzes Rechenschaft gegeben werden. Freilich geschieht der Übergang vom Sinnkriterium zum Verifikationsprinzip (das Ersteres als logische Konsequenz enthält) zwanglos, fordert doch die These, dass Bedeutung an Feststellbarkeit geknüpft ist, geradezu die Frage heraus, welche in der Erfahrung feststellbaren Instanzen genau sinnkonstitutiv sind. Nichtsdestotrotz lassen sich prinzipiell beide Funktionen trennen, und die Formulierungen in der ersten Phase, in denen verifikationistische Ideen bei Schlick eine Rolle zu spielen beginnen (bis etwa Beginn der dreißiger Jahre), sprechen für eine Auffassung als Sinnkriterium. Neben der bereits zitierten

[2] Diese Doppelfunktion ist anerkannt z. B. von Carnap, *Mein Weg in die Philosophie*, S. 70, Ayer, „Der Wiener Kreis", S. 19, oder Schulte, „Bedeutung und Verifikation: Schlick, Waismann und Wittgenstein"; Hanfling benennt die Unterscheidung als die zwischen „criterion of verifiability" und „verification principle" (*Logical Positivism*, Abschnitt 3.1). In voller Klarheit wird die Unterscheidung bereits getroffen von einem der ersten Kritiker, nämlich Ingarden, „Der logistische Versuch einer Neugestaltung der Philosophie", S. 203 f. Diese Arbeit Ingardens wurzelt in einem Vortrag beim *Achten Internationalen Kongress für Philosophie* in Prag im September 1934. Neben einer ganzen Reihe von Vertretern des logischen Empirismus hielt auch Schlick bei dieser Großveranstaltung einen Vortrag („Über den Begriff der Ganzheit"), reiste dann aber vorzeitig ab, sodass offen ist, ob er von Ingardens erst 1936 in den Kongressakten publizierten Arbeit noch hinreichend Kenntnis nehmen konnte.

Stelle aus „Erleben, Erkennen, Metaphysik" (siehe oben, S. 51) unterscheidet Schlick in unveröffentlichten, in der zweiten Hälfte der zwanziger Jahre entstandenen Arbeiten etwa zwischen „guten" und „schlechten" Fragen; Erstere sind dadurch ausgezeichnet, dass man „stets Sätze angeben [kann], die *möglicherweise* richtige Antworten sind", während Letztere bedeutungslos sind, „da jeder Nachprüfung entzogen" [3]. Und in dem druckfertig ausgearbeiteten Aufsatz „Does Science Describe or Explain?" heißt es:

In fact, any question we can reasonably ask must have a definite meaning, and it has a definite meaning only if it allows of an answer the truth of which can be tested, at least in principle. [4]

Wenngleich Schlick nie terminologisch zwischen beiden Funktionen des Verifikationismus differenziert, so ist er sich doch des Unterschiedes bewusst. Der wichtigste Text in dieser Hinsicht ist seine 1929 erschienene, kurze (und bis dato praktisch unbeachtete) Rezension von Bridgmans *The Logic of Modern Physics*. Mit Bridgman einig sieht sich Schlick darin, dass Begriffe, losgelöst von „allen Versuchen und Beobachtungen", ihren Sinn verlieren. Sofort anschließend jedoch Schlicks Kritik:

Bridgman glaubt diese Einsicht so formulieren zu können, daß er sagt, der Begriff sei *gleichbedeutend* mit der entsprechenden Gruppe von Operationen. Diese Formulierung erscheint mir aber deswegen unhaltbar, weil sie keine Rechenschaft gibt von der vielleicht wichtigsten Tatsache der exakten Naturerkenntnis überhaupt: daß nämlich gänzlich verschiedene Operationen doch zu ein und derselben Maßzahl führen können [...] Wäre der Inhalt eines Begriffes wirklich *gar nichts* anderes als die Operation, die zu ihm führt, so wäre es unmöglich, eine Größe auf mehreren verschiedenen Wegen zu messen, denn es wäre dann ja nicht *dieselbe* Größe. [...] Nein, wenn es auch wahr ist, daß ein physikalischer Begriff allein durch experimentelle Operationen bestimmt wird, so besteht sein Sinn doch nicht in diesen Operationen selbst, sondern in gewissen Invarianten an den Operationen. [5]

---

[3] „Einleitung in die Philosophie der Zukunft", Inv.-Nr. 12, A.33a, Bl. 5 bzw. 27

[4] Inv.-Nr. 16, A.52b, Bl. 5 f.

[5] [„Rezension von Percy W. Bridgman, *The Logic of Modern Physics*"], S. 188 f.

Den gleichen Einwand bringt Schlick noch zu Jahresbeginn 1931 in den Gesprächen mit Wittgenstein vor; dabei präzisiert er auch die Rede von den angesprochenen „Invarianten":

Nun kann ein Satz der Physik auf verschiedene Weise verifiziert werden. So lassen sich die Masse und die Ladung eines Elektrons auf zwölf oder vierzehn verschiedene Arten bestimmen. Wenn nun der Sinn eines Satzes die Methode seiner Verifikation ist – wie ist das zu verstehen? Wie kann man überhaupt sagen, daß *ein* Satz auf verschiedene Weise verifiziert wird? Ich meine, daß hier die Naturgesetze dasjenige sind, was die verschiedenen Arten der Verifikation verbindet. D. h. auf Grund des naturgesetzlichen Zusammenhanges kann ich einen Satz auf verschiedene Art verifizieren. [6]

Nun spielen bei Verifikation im üblichen Sinn sicher naturgesetzliche Zusammenhänge eine Rolle bzw. werden vorausgesetzt: Schon die Annahme, dass die Verifikation wahrnehmbarer Eigenschaften durch die Modifikation der entsprechenden Sinnesorgane geschieht (z. B. dass wir Farbwahrnehmungen mittels der Augen machen), ist eine solche Voraussetzung. Weiters handelt es sich bei der Feststellung auch einfacher wahrnehmbarer Eigenschaften stets um die Wahrnehmung von Dispositionseigenschaften, sodass auch in dieser Weise naturgesetzliche Hypothesen einfließen (dazu weiter unten). Die spezielle Problematik scheint hier aber in einer zirkulären Situation zu bestehen: Um die Wahrheit einer Aussage feststellen zu können, müssen wir zuerst wissen, was diese Aussage überhaupt besagt, also die Bedeutung festgestellt haben; die Feststellung dieser Bedeutung hängt aber – wie im Zitat ausgedrückt – von der Wahrheit anderer Aussagen ab (die naturgesetzliche Zusammenhänge beschreiben). Es lässt sich nicht sagen, ob diese Zirkularität für Schlicks Aufgabe seines „Zwischenstandpunktes" eine Rolle spielte (auch erscheint mir zweifelhaft, ob dieses Grundsatzproblem sich bei den späteren Formulierungen nicht auch in ähnlicher Weise stellt). Die erste Formulierung des Verifikationismus als Verifikationsprinzip findet sich

[6] *Wittgenstein und der Wiener Kreis*, S. 158; statt „Masse" steht im Original „Maße".

bei Schlick jedenfalls im 1930 publizierten Aufsatz „Die Wende der Philosophie"; die noch etwas tastende Formulierung[7] und die, wie ausgeführt, noch danach Wittgenstein gegenüber geäußerten Bedenken zeigen, dass der Verifikationismus keineswegs mit einem Schlag in fertiger Form in Schlicks Denken auftritt. Während das Sinnkriterium bei Schlick jedenfalls bereits vor dem Beginn des persönlichen Kontakts zu Wittgenstein auftaucht, so sind mehrere Mitglieder des Wiener Kreises einhellig der Ansicht, dass Wittgenstein als Urheber des Verifikationsprinzips zu betrachten ist.[8] Allerdings scheint die historische Situation hier nicht ganz eindeutig;[9] so ist das Verifikationsprinzip etwa auch schon in Carnaps 1928 erschienener Schrift *Scheinprobleme in der Philosophie* in klarer Form ausgesprochen.

Zusätzlich verwirrend wird die historische Situation, wenn man auch eine ganz andere Richtung betrachtet, durch die verifikationistische Ideen ins Spiel gebracht wurden, nämlich die Relativitätstheorie.[10] Diesen Wurzeln können wir hier nicht weiter nachgehen,[11] jedenfalls heißt es bei Schlick bereits 1921 anlässlich der Diskussion mit Ernst Cassirer, dass

[7] „Wo immer ein sinnvolles Problem vorliegt, kann man theoretisch stets auch den Weg angeben, der zu seiner Auflösung führt, denn es zeigt sich, daß die Angabe dieses Weges im Grund mit der Aufzeigung des Sinnes zusammenfällt [...]" („Die Wende der Philosophie", S. 217)

[8] Vgl. Kraft, *Der Wiener Kreis*, S. 27; Carnap, *Mein Weg in die Philosophie*, S. 70.

[9] Vgl. dazu auch die in Anm. 2 angeführte Arbeit Schultes.

[10] Von den Arbeiten von Peirce, der schon um einiges früher einen ähnlichen Standpunkt entwickelte, hatte Schlick – das lässt sich mit an Sicherheit grenzender Wahrscheinlichkeit sagen – keine nähere Kenntnis.

[11] Vgl. aber dazu Friedman, „Moritz Schlick's *Philosophical Papers*", wo es zusammenfassend heißt, dass „there were indeed significant pressures pushing in a strongly verificationist direction arising from the development of relativity theory and its philosophical assimilation – pressures clearly evident in Einstein's own rhetoric" (ebd., S. 42).

Unterschiede im Wirklichen nur dort angenommen werden dürfen, wo Unterschiede im prinzipiell Erfahrbaren vorliegen [12].

Einsteins Analyse des Begriffs der Gleichzeitigkeit ist auch später immer wieder Schlicks Lieblingsbeispiel zur Illustration der Fruchtbarkeit der Anwendung des Verifikationsprinzips in der Naturwissenschaft. [13] Wenn sich die historische Situation damit alles in allem nicht völlig aufklären lässt, so ist zumindest unbestreitbar, dass auch in diesem Punkt der Boden für die Wittgenstein'schen Anregungen bereits gut vorbereitet war. Dass der Einfluss Wittgensteins für Schlicks Aufnahme des Verifikationsprinzips letztlich entscheidend war, geht schon allein aus mehreren Formulierungen hervor, die Schlick deutlich erkennbar von diesem übernimmt. [14] In den Gesprächen zwischen Wittgenstein, Schlick und Waismann wird das Prinzip jedenfalls bereits 1929 als etwas Altbekanntes vorgebracht, [15] und auch in einer im selben Jahr von Wittgenstein niedergeschriebenen Bemerkung ist diesbezüglich bereits von einem „alte[n] Prinzip"

[12] „Kritizistische oder empiristische Deutung der neuen Physik?", S. 240; im Original hervorgehoben

[13] Wenn auch gerade in dieser Hinsicht Einstein später dem Neopositivismus nicht mehr beipflichten wollte. Philipp Frank (*Einstein*, S. 350) berichtet von einem 1932 stattgefundenen Gespräch mit Einstein, in dem dieser sich gegen Interpretationen der Quantenphysik richtete, wonach es sinnlos sei, von nicht messbaren Größen zu sprechen. Auf Franks Einwand, dass dies doch gerade die Grundidee gewesen sei, von der Einstein selbst bei der Aufstellung der Relativitätstheorie ausging, antwortete Einstein: „Aber man darf doch einen gelungenen Witz nicht zu oft wiederholen." Hinter dieser launigen Äußerung steht die grundsätzliche Divergenz hinsichtlich der Frage nach einer „realen" Welt: Während Schlick in seiner neopositivistischen Phase den Streit zwischen Realismus und Positivismus (bzw. Idealismus) als Scheinproblem sah, hielt Einstein an einem „metaphysischen" Realismus fest. Für Näheres dazu siehe den editorischen Bericht zu „Positivismus und Realismus" in MSGA I/6 sowie Henschel, „Die Korrespondenz Einstein-Schlick: Zum Verhältnis der Physik zur Philosophie".

[14] Vgl. unten, S. 80, Anm. 23; S. 96, Anm. 63.

[15] *Wittgenstein und der Wiener Kreis*, S. 47

die Rede.[16] Im *Tractatus* ist der Verifikationismus noch nicht dezidiert ausgesprochen, allerdings zumindest in zweifacher Hinsicht angelegt.

Erstens ist jeder sinnvolle Satz, der nicht selbst ein Elementarsatz ist, nichts anderes als „das Resultat von Wahrheitsoperationen mit Elementarsätzen"[17], die Analyse der Sprache führt zu Elementarsätzen, die Gesamtheit der wahren Elementarsätze beschreibt die Welt vollständig; das Verständnis aller Sätze hängt vom Verständnis der Elementarsätze ab.[18] Aufgrund der notorischen Dunkelheit des Begriffs „Elementarsatz" in diesem Werk, für den bekanntlich nur formale Erfordernisse, aber keine Beispiele angegeben werden, ist das in diesen Thesen implizierte Verifikationsprinzip allerdings nur potentiell ein empiristisches; freilich wurde der *Tractatus* von den logischen Empiristen in dieser Weise interpretiert.[19]

Ein zweiter Anknüpfungspunkt geht aus von *Tractatus* 4.024: „Einen Satz verstehen, heißt, wissen was der Fall ist, wenn er wahr ist." Damit wird der Sinn eines Satzes vorerst einmal mit seinen Wahrheitsbedingungen und noch nicht mit der Methode der Feststellung seiner Wahrheit, d. h. seiner Verifikationsmethode, identifiziert. Aber schon kurz darauf (4.063) heißt es:

Um aber sagen zu können, ein Punkt sei schwarz oder weiß, muß ich vorerst wissen, wann man einen Punkt schwarz und wann man ihn weiß nennt; um sagen zu können: „p" ist wahr (oder falsch), muß ich bestimmt haben, unter welchen Umständen ich „p" wahr nenne, und damit bestimme ich den Sinn des Satzes.

Versteht man hier den Terminus „bestimmt" im Sinne von „festgestellt", so ist wohl Rudolf Haller zuzustimmen, der in dieser Formulierung bereits die Vorwegnahme des Verifikationsprinzips sieht,[20]

---

[16] Wittgenstein, *Philosophische Betrachtungen*, S. 157

[17] *Tractatus* 5.3

[18] Vgl. dazu *Tractatus* 4.221, 4.26, 4.411.

[19] Siehe dazu auch unten, S. 127, Anm. 55.

[20] Haller, *Neopositivismus*, S. 95

trotz des nicht ganz klaren Verhältnisses von Wahrheitsbedingungen (wann ist ein Satz wahr) und Verifikationsmethoden (wie weiß ich, ob ein Satz wahr ist). Diese Unklarheit zeigt sich in manchen Schriften anderer Zirkelmitglieder: So geht etwa Waismann in den „Thesen" von einer Formulierung aus, die fast wörtlich mit *Tractatus* 4.024 übereinstimmt, wenige Zeilen später heißt es aber dann auch schon:

Der Sinn eines Satzes ist die Art seiner Verifikation.
Die Methode der Verifikation ist nicht ein Mittel, ein Vehikel, sondern der Sinn selbst. [21]

Laut Carnap handelt es sich bei den Fragen nach den Wahrheitsbedingungen und nach der Art der Verifikation nur um verschiedene Formulierungen *einer* Frage. [22] Und auch in Schlicks erster detaillierter Darlegung und Verteidigung des Verifikationsprinzips in der 1931 verfassten, 1932 erschienenen Arbeit „Positivismus und Realismus" wird diese Unterscheidung verwischt, wenn es dort heißt: „Die Angabe der Umstände, unter denen ein Satz wahr ist, ist *dasselbe* wie die Angabe seines Sinnes, und nichts anderes." [23]

Allerdings darf man annehmen, dass hier zwar die Formulierung vielleicht mangelhaft ist, gemeint sind aber sicher die Feststellungsbedingungen, wie auch aus der diesem Zitat folgenden Stelle hervorgeht, in der Schlick die prinzipielle Prüfbarkeit – und das heißt eben die Angabe einer Verifikationsmethode – betont. Halten wir vorerst einmal fest, dass Schlick zu diesem Zeitpunkt das Verifikationsprin-

---

[21] Waismann, „Thesen", S. 244

[22] Carnap, „Überwindung der Metaphysik durch logische Analyse der Sprache", S. 221 ff.

[23] Ebd., S. 331; diese Formulierung dürfte von Wittgenstein inspiriert sein, wo es – im Hinblick auf die Unterscheidung zwischen Wahrheits- und Verifikationsbedingungen etwas klarer – heißt: „Den Sinn eines Satzes verstehen, heißt, wissen wie die Entscheidung herbeizuführen ist, ob er wahr oder falsch ist." (*Philosophische Bemerkungen*, S. 77)

zip akzeptiert hat, wonach durch Angabe der Verifikationsmethode der „Sinn *restlos* und zur Gänze festgelegt" ist.[24]

2. Vollständige oder partielle Verifikation?

Wenn nun der Sinn eines Satzes identisch ist mit seiner Methode der Verifikation, so folgt aus der Verschiedenheit der Verifikationsmethode die Verschiedenheit des Satzsinnes; es ist unmöglich, dass ein und derselbe Satz auf verschiedene Weisen verifiziert wird. Wie ist das mit Bezug auf das von Schlick selbst aufgeworfene Problem zu verstehen, das in der schlichten Feststellung bestand, dass doch im Allgemeinen wissenschaftliche Hypothesen auf mehrere verschiedene Arten verifiziert werden können?

Wittgensteins Antwort unterläuft diesen Einwand auf eine radikale Weise: Da Hypothesen in einem bestimmten Sinn nicht verifizierbar sind, handelt es sich bei diesen gar nicht um echte Aussagen, eine Hypothese ist vielmehr eine Regel, „ein Gesetz zur Bildung von Aussagen"[25], oder, wie Schlick dann in ausdrücklicher Anlehnung an Wittgenstein schreibt, „eine Anweisung zur Bildung von Aussagen"[26].

Hypothesen sind unverifizierbar in Hinsicht auf eine vollständige Verifikation, der Gehalt von „Kupfer leitet Elektrizität" geht natürlich über jede noch so große Zahl von tatsächlich beobachteten Fällen von elektrizitätsleitenden Kupferstücken hinaus. Aber nicht nur Hypothesen in der Wissenschaft, die in Form von All-Sätzen formuliert werden, sind hier betroffen. Auch ganz gewöhnliche Aussagen des

[24] „Positivismus und Realismus", S. 334

[25] *Wittgenstein und der Wiener Kreis*, S. 99; diese Stelle gibt ein Gespräch wieder, das bereits am 22. März 1930 stattgefunden hat, sinngemäß ist dies aber auch die Quintessenz der Antwort, die Wittgenstein auf Schlicks Einwand Ende dieses Jahres gibt. Dieselbe Auffassung findet sich auch in Wittgenstein, *Philosophische Bemerkungen*, S. 285.

[26] So im 1931 erschienenen Aufsatz „Die Kausalität in der gegenwärtigen Physik", S. 256

Alltags, darunter auch Wahrnehmungsaussagen, enthalten ein hypothetisches (weil naturgesetzlich-induktives) Element und sind – wenn vollständige Verifikation gefordert wird – nicht mehr als echte Aussagen zu betrachten. Diesen Punkt bemerkt Schlick bereits früher sehr deutlich (freilich ohne die radikale Konsequenz zu ziehen); in dem bereits zitierten Nachlass-Text „Does Science Describe or Explain?" heißt es:

Yet one may safely say that all adequate description of the present implies a prediction of the future, because all the words we use in description either directly denote some way of action (like most verbs), or indirectly (as substantives and adjectives) imply it, since a concept of a "thing" in our mind always takes the shape of an Idea of something that will act in a certain way. Thus when a savage recognises a beast as a "lion"[,] the word means to him chiefly an animal which is liable to attack him and, for instance, act quite differently from an animal called "antelope", which is likely to run away at his approach.[27]

Bemerkenswert ist diese Stelle nicht nur, da schon hier festgehalten ist, dass zwischen allgemeinen und partikulären Sätzen hinsichtlich der Frage nach vollständiger Verifizierbarkeit kein prinzipieller Unterschied besteht (von den Basissätzen, den eigentlich verifizierenden Aussagen, sei hier noch abgesehen); eine Einsicht, die sich damit schon lange vor der übrigens ganz ähnlichen Stelle in Carnaps „Testability and Meaning" findet.[28] Aber auch die später von Popper unter dem klingenden Namen „Transzendenz der Darstellung" vertretene Auffassung[29] ist hier klar ausgesprochen: Der Gehalt auch einfacher Wahrnehmungsurteile wie der angeführten geht weit über das tatsächlich Beobachtete hinaus.

Der extreme Standpunkt, Naturgesetze (und damit eben auch gewöhnliche Sätze, die ein naturgesetzliches Element involvieren) nicht

---

[27] Inv.-Nr. 16, A.52b, Bl. 6

[28] Carnap, ebd., S. 425

[29] Popper, *Logik der Forschung*, Kap. V, Abschnitt 25

als echte Aussagen zu betrachten, stieß auf lebhafte Kritik,[30] und weder Schlick noch Wittgenstein blieben diesem Radikalismus lange treu. Tatsächlich ist diese Auffassung schwerwiegenden Einwänden ausgesetzt. Von vornherein leidet diese Auffassung an massiver Unplausibilität, vor allem, wenn, wie ausgeführt, auch gewöhnliche partikuläre Aussagen als Hypothesen gedeutet werden müssen; es stellt sich ja sofort die Frage, welche sprachlichen Gebilde überhaupt noch als echte Sätze übrig bleiben.[31] Sind Hypothesen nicht als Sätze aufzufassen, sind sie natürlich auch nicht wahrheitswertfähig (da strenggenommen sinnlos), mithin ist jede logische Verbindung von Hypothesen mit „echten" Aussagen ebenfalls sinnlos. Eine Ableitung von verifizierenden Aussagen aus einer Hypothese (zusammen mit anderen Aussagen) ist gleichfalls unmöglich. Ja man kann dann überhaupt nicht mehr sagen, dass Wissenschaft – ein zusammenhängendes System von Hypothesen und deren Konsequenzen – überhaupt das Wahrheitsziel verfolgt. Angesichts derartiger – auf einen extremen Instrumentalismus hinauslaufenden – Konsequenzen nimmt es nicht Wunder, dass die These explizit nur im zitierten, zu Jahresbeginn 1931 erschienenen Aufsatz zu finden ist.[32] Eine explizite Distanzierung findet sich schließlich in einem Schreiben an Carnap:

Ich teile Dir also hiermit noch einmal ausdrücklich mit, dass W. [Wittgenstein] gar nicht daran denkt (und zwar mindestens seit vier Jahren), „nicht vollständig

---

[30] Z. B. bei Popper, *Logik der Forschung*, insbesondere Kap. I, Abschnitt 5; Ayer, *Language, Truth and Logic*, S. 18 f.

[31] Und wie wir schon vorgreifend anmerken können, will Schlick auch die Konstatierungen (jedenfalls zeitweise) nicht als echte Sätze verstehen.

[32] An zwei weiteren Stellen aus dieser Zeit finden sich noch kurze Anspielungen darauf; siehe „Positivismus und Realismus", S. 337, und „Causality in Everyday Life and in Recent Science", S. 440. Schlick selbst hatte früher Machs Instrumentalismus kritisiert; vgl. AE, S. 317 ff. Eine ähnliche Auffassung wurde später auch von Ryle vertreten: "A law is used as, so to speak, an inference-ticket (a season ticket) which licenses its possessors to move from asserting factual statements to asserting other factual statements." (*The Concept of Mind*, S. 121)

verifizierbare Sätze abzulehnen". Er bezeichnet sie natürlich als Hypothesen, wie wir es alle tun; es ist keine Rede von einer „Ablehnung", auch nicht von einer Abneigung, sie „Sätze" zu nennen. Der frühere Standpunkt in dieser Hinsicht war nicht viel mehr als eine terminologische Marotte. [33]

Wenn nun Schlick diese „Marotte" ablegt, stellt sich neuerlich die Frage, wie das Problem zu lösen ist. In Schlicks späteren Arbeiten findet sich keine explizite Problematisierung mehr, wie – bei Gleichsetzung von Sinn und Verifikationsmethode – hypothetische Sätze zu verstehen sind, deren Gehalt eine potentiell infinite Zahl verifizierender Instanzen beinhaltet. Möglicherweise sieht Schlick einen Ausweg in der passenden Interpretation dieser Unmöglichkeit einer vollständigen Angabe und sieht diese als praktische, nicht prinzipielle Unmöglichkeit. [34] Mithin lässt sich eine andere, spätere Formulierung des Verifikationsprinzips in diese Richtung deuten, die lautet:

As a matter of fact, we call a proposition verifiable if we are able to *describe* a way of verifying it, no matter whether the verification can actually be carried out or not. It suffices if we are able to *say* what must be done, even if nobody will ever be in a position to do it. [35]

Denn auch bei Gesetzesaussagen kann stets der weitere Weg der Verifikation angegeben werden, auch wenn dieser endlos ist. Die Methode der Verifikation von „Alle Schwäne sind weiß" wäre also die sukzessive Prüfung von Raum-Zeit-Stellen; und dass diese Prüfung nie vollständig durchgeführt werden kann, ist kein prinzipielles Problem. Ich weiß nicht, ob eine solche Interpretation Schlicks Intentionen trifft; eine spätere Bemerkung Schlicks, in der Skepsis gegenüber dem Begriff der Unendlichkeit anklingt, lässt eher auf Gegenteiliges schließen. [36]

[33] Moritz Schlick an Rudolf Carnap, 5. Juni 1934

[34] Ich folge hier einer Anregung von H. Rutte; in mündlichem Austausch mit dem Autor.

[35] F&C, erste Vorlesung, S. 183

[36] In „Meaning and Verification" schreibt Schlick, dass die These der Unsterblichkeit als nie endendes Leben „might possibly be meaningless on account of infinity

Einen gänzlich neuen Gesichtspunkt in der Frage vollständige versus partielle Verifikation bringt Schlick in seiner Vorlesung des Wintersemesters 1933/34:

Was man als Verifikation einer Tatsache auffassen will, ist willkürliche Festsetzung. [...] Jedenfalls ist es immer willkürliche Festsetzung, wodurch eine Aussage als verifiziert gelten soll. Es könnte sogar festgesetzt werden, daß eine Existenzaussage nie als völlig verifiziert gelten soll, womit wieder eine ganz andere Situation geschaffen würde. [37]

Diesen Gedanken einer konventionellen Festsetzung des Begriffs der endgültigen Verifikation verfolgt Schlick nicht weiter. Den Unterschied zwischen Konstatierungen und Hypothesen sieht Schlick später eben darin, dass Erstere die einzigen synthetischen Aussagen sind, die einer endgültigen Verifikation fähig sind, während Hypothesen „bekanntlich in gewissem Sinne niemals *endgültig* verifizierbar" sind. [38] Letztlich scheint Schlick die Unmöglichkeit einer vollständigen Verifikation von Hypothesen (und darunter sind eben nicht nur Naturgesetze, sondern auch gewöhnliche Aussagen über die Außenwelt zu verstehen), die ihn zwischenzeitlich auf abwegige Bahnen brachte, nicht weiter zu beunruhigen; in dem 1936 erschienenen Aufsatz „Meaning and Verification" jedenfalls, seiner letzten ausführlichen Darlegung und Verteidigung des Verifikationsprinzips, wird dieses Problem nicht einmal angesprochen.

being involved"; ebd., S. 731. Allerdings ließe sich einwenden, dass der Begriff der Unsterblichkeit eine aktuale Unendlichkeit meint, während das Problem der Vollständigkeit der Verifikation bei All-Aussagen nur potentielle Unendlichkeit betrifft.

[37] *Die Probleme der Philosophie in ihrem Zusammenhang*, S. 218 f.

[38] „Über Konstatierungen", S. 237

3. Phänomenalismus

Abgesehen von den zahlreichen Versicherungen Schlicks, dass es sich beim Verifikationsprinzip um keine Theorie handle, die bestritten werden könnte, ja dass die Akzeptanz dieses Prinzips eine Selbstverständlichkeit und die Ablehnung gar nicht zu verstehen sei,[39] führt Schlick bis etwa 1932 immer wieder ein Argument für dieses Prinzip an:[40] Um einen Satz zu verstehen, müssen die darin vorkommenden Wörter verstanden werden. Diese können durch Definitionen erklärt werden, aber in den Definitionen kommen natürlich neue Wörter vor, deren Bedeutung wiederum erklärt werden muss. Das Definieren kann nicht ins Unendliche weitergehen, wir kommen schließlich zu Wörtern, die keiner expliziten, sondern nur noch einer hinweisenden Definition fähig sind. Die Bedeutung eines Wortes „muß in letzter Linie gezeigt, sie muß gegeben werden"[41].

Das Fortschreiten von des Satzes „Wortlaut mit Hilfe der Definitionen zu möglichen Gegebenheiten"[42] kann nun in verschiedener Weise expliziert werden. Verifiziert wird jedenfalls nicht ein Begriff, sondern ob ein Begriff exemplifiziert ist, oder, in anderer Ausdrucksweise, ob etwas Geglaubtes eine reale Tatsache ist. Es sind also Glaubensinhalte bzw. Sätze zu verifizieren. Die Formulierung, die Schlick zusammenfassend am Ende von „Positivismus und Realismus" gibt, bringt dies auch klar zum Ausdruck:

---

[39] Z. B. in „Positivismus und Realismus", S. 331 f: „Wer einmal die Einsicht gewonnen hat, daß der Sinn jeder Aussage nur durch das Gegebene bestimmt werden kann, begreift gar nicht mehr die *Möglichkeit einer andern* Meinung, denn er sieht, daß er nur die Bedingungen eingesehen hat, unter denen Meinungen überhaupt formulierbar sind."

[40] In zeitlicher Reihenfolge: „Die Wende der Philosophie", S. 219; „Positivismus und Realismus", S. 330; „The Future of Philosophy", S. 384; F&C, dritte Vorlesung, S. 228 f.

[41] „Positivismus und Realismus", S. 330

[42] Ebd., S. 331

Die von einigen Positivisten gebrauchte Formulierung, Körper „seien nur Komplexe von Empfindungen" ist daher abzulehnen. Richtig ist nur, daß Sätze über Körper in sinngleiche Sätze über die Gesetzmäßigkeit des Auftretens von Empfindungen transformierbar sind.[43]

Nimmt man die Forderung der Definierbarkeit im Sinne einer Gehaltgleichheit (wie im Zitat nahegelegt), dann setzt Verifikation anhand von Gegebenem – oder, wie wir in der Folge sagen werden, anhand von Sinnesdaten – eine Übersetzbarkeit voraus. Der Phänomenalismus (welcher Terminus von Schlick allerdings nicht verwendet wird) als These der Übersetzbarkeit aller Sätze, die von Physischem sprechen, in Sätze, in denen nur von Sinnesdaten die Rede ist, ist allerdings schwerwiegenden Einwänden ausgesetzt.

1.) Es ist klar, dass ein Satz über Physisches nicht in eine finite Zahl von Sätzen über Sinnesdaten übersetzt werden kann. Ein physischer Gegenstand ist unter unendlich vielen Aspekten wahrnehmbar; jede Änderung der Perspektive (um nur bei visuellen Eindrücken zu bleiben) zieht eine Änderung der Sinnesdaten nach sich. Es ist eine unendliche Zahl von Sätzen über mögliche Sinnesdaten erforderlich; dies bemerkt Schlick selbst, wenn er schreibt: „So liegt der Sinn jeder physikalischen Aussage schließlich immer in einer endlosen Verkettung von Gegebenheiten [...]", bzw. wenn er davon spricht, dass solche Aussagen über Sinnesdaten „nach unserer Meinung eine unendliche Menge bilden"[44]. Das heißt aber nichts anderes, als dass die Übersetzung in keinem Fall wirklich durchführbar ist. Das Problem ist ähnlich dem im vorhergehenden Abschnitt diskutierten Problem, aber eigentlich noch schwerwiegender: Das Problem der Verifikation von All-Sätzen besteht in der Unendlichkeit lauter gleicher Instanzen, hier haben wir es mit einer Unendlichkeit von Aussagen über verschiedene Sinnesmodalitäten zu tun, und auch innerhalb einer

[43] Ebd., S. 361
[44] Ebd., S. 338 bzw. 356

Klasse (wie etwa dem Gesichtssinn) sind sich die einzelnen visuellen Daten nur immer mehr oder weniger ähnlich.

Nun bemerkt Schlick, wie gezeigt, selbst dieses Problem, er hält es allerdings offensichtlich nicht weiter für beunruhigend. Der Grund dafür liegt, so glaube ich, in einer gewissen Verwechslung von Bestätigung und Übersetzung. Dass der Sinn eines physikalischen Satzes nur durch Angabe von unendlich vielen möglichen Aussagen über Sinnesdaten erschöpft ist, hat nach Schlick den hypothetischen Charakter dieses physikalischen Satzes zur Folge. Hier liegt eine gewisse Konfusion versteckt: Wir müssen uns bei Hypothesen immer mit bloß gradueller Bestätigung zufriedengeben, im praktischen Leben genügt uns normalerweise eine einzige Aspektwahrnehmung, um die Aussage „Hier ist ein Schwan" als bestätigt anzusehen; unter Umständen prüfen wir die Aussage weiter durch andere Aspektwahrnehmungen. [45] Anders als Bestätigung ist eine Übersetzung nicht (jedenfalls nicht in demselben Sinn) gradueller Abstufung fähig. Wenn man sich hier mit einer willkürlich herausgegriffenen Menge an Sinnesdaten-Sätzen begnügt, führt dies unmittelbar zu einem logischen Widerspruch: Eine endliche Reihe von Sinnesdaten-Aussagen, die als Übersetzung eines physikalischen Satzes gelten soll, ist mit einer anderen solchen Reihe, die mit gleichem Recht andere Apekte enthält, offensichtlich nicht synonym, was aber der Fall sein müsste, wenn beide Übersetzungen desselben physikalischen Satzes sein sollen. [46] Die beiden unterschiedlichen Mengen an Sinnesdaten-Aussagen können beide verschiedene Bestätigungen, aber keine gleichen Übersetzungen

[45] Überhaupt scheint es mir nicht zutreffend zu sein, den Begriff der Hypothese durch diese Unmöglichkeit einer vollständigen Verifikation zu bestimmen: Eine Prognose etwa der Art „Zu einem späteren Zeitpunkt werde ich eine Rot-Empfindung haben" ist vollständiger Verifikation fähig; desgleichen (um ohne den Begriff der Prognose auszukommen) „Es gibt Sinnesdaten, die derart sind: eine visuelle Rot-Empfindung tritt gemeinsam mit einer Bitter-Geschmacksempfindung auf".

[46] Vgl. dazu Stegmüller, „Der Phänomenalismus und seine Schwierigkeiten", S. 38.

desselben physikalischen Satzes sein. Wir stehen also vor einem Dilemma: Die Angabe einer vollständigen Übersetzung ist unmöglich, eine teilweise Übersetzung führt zu logischer Inkohärenz.

2.) Für jede Übersetzung gilt, dass Ausgangssatz und Übersetzung sich wechselseitig logisch bedingen in dem Sinn, dass aus der Wahrheit des einen die Wahrheit des anderen folgt. Aus einem physikalischen Satz allein folgen aber natürlich noch überhaupt keine Sinnesdaten-Sätze; aus „An der und der Raum/Zeit-Stelle befindet sich ein Schwan" folgt vorderhand überhaupt nichts über das Auftreten von Sinnesdaten, eine Folgerungsbeziehung entsteht erst unter Hinzuziehung von weiteren Prämissen, etwa der Form, dass ein Beobachter sich in angemessener Entfernung befindet, die Beleuchtungsverhältnisse entsprechend sind, der Beobachter über normales Sehvermögen verfügt, etc. Schlick spricht diesbezüglich von „Umständen":

Noch einmal: der Sinn einer physikalischen Aussage wird niemals durch eine vereinzelte Verifikation bestimmt, sondern man muß sie sich von der Form denken: Sind die Umstände x gegeben, so treten die Gegebenheiten y auf, wo für x unbestimmt viele Umstände eingesetzt werden können und der Satz jedes Mal richtig bleibt [...] [47]

Abgesehen von dem hier wieder auftretenden Problem der Unmöglichkeit einer vollständigen Angabe (diesmal der Umstände x) wirft dies sofort ein neues Problem auf: Die Umstände x sind ja (wie in meinen Beispielen) vorerst als „äußere", d. h. physikalische bestimmt. Konsequenterweise müssen also diese Umstände (ich werde einfach von den Normalbedingungen der Wahrnehmung sprechen) ebenfalls in Sinnesdaten übersetzt werden. Wie ist aber z. B. festzustellen, dass die Beleuchtungsverhältnisse die gewöhnlichen sind? Die Explikation dieser Normalbedingungen, die ja ebenso physikalische Sachverhalte sind wie der ursprünglich zu übersetzende Satz, kann nun wieder nur durch eine Aussage erfolgen, die ihrerseits wieder – in der Regel

[47] „Positivismus und Realismus", S. 337 f.

andere – Normalbedingungen enthält, usw.: Damit sind wir in einem unendlichen Regress gefangen.

3.) Ein weiteres Problem ergibt sich, wenn man die logische Form der Sinnesdaten-Sätze betrachtet, in die physikalische Aussagen übersetzt werden sollen, wobei wir unmittelbar an die unter 2.) zitierte Formulierung Schlicks anknüpfen können. Bei dieser Formulierung handelt es sich um einen Konditionalsatz in der (abgekürzten) Form: „Wenn Umstände x, dann Sinnesdaten y". Ein Konditionalsatz ist aber definitionsgemäß dann und nur dann falsch, wenn das Vorderglied wahr und das Hinterglied falsch ist; ist das Vorderglied falsch, bleibt die ganze Aussage in jedem Fall wahr. Das aber hat zur Folge, dass als Übersetzung von „An der und der Raum/Zeit-Stelle ist ein Schwan" genauso gut in Frage kommt: „Wenn es nicht der Fall ist, dass Umstände x (Normalbedingungen der Wahrnehmung) vorliegen, dann Auftreten der Sinnesdaten y"; dieser Konditionalsatz ist also ebenso als adäquate Übersetzung zu betrachten, da die Wahrheitsbedingungen in gleicher Weise erfüllt sind wie bei der Übersetzung, die Schlick angibt und die wir als intuitiv richtige anerkennen. Wieder ergibt sich ein Dilemma: Wie ausgeführt, bedarf es der Angabe von „Normalbedingungen", da aus einem physikalischen Satz allein noch gar keine Sinnesdaten zu folgern sind; werden diese Bedingungen in einem Konditionalsatz als Vorderglied angeführt, ergibt sich aber gerade die Irrelevanz dieser Bedingungen, da der Konditionalsatz in jedem Fall wahr ist, sofern das Vorderglied falsch ist;[48] anders ausgedrückt, ergibt sich aus dem Konditionalsatz gerade die „logische Unabhängigkeit der ‚objektiven' Eigenschaften der Dinge vom Akt der Beobachtung"[49].

Es handelt sich hier um genau dieselbe Schwierigkeit, auf die Carnap im Zusammenhang mit der Einführung von Dispositionsbegriffen

---

[48] Für die logische Darstellung dieser Sachlage vgl. Carnap, „Testability and Meaning", § 15.

[49] Pap, *Analytische Erkenntnistheorie*, S. 5

hingewiesen hat. [50] Wir werden hier der Frage nicht weiter nachgehen, ob Carnaps Versuche der Lösung dieses Problems akzeptabel sind, [51] oder ob die Konditionalsätze als irreale Konditionale formuliert werden müssen („Wenn eine Person unter Normalbedingungen eine Wahrnehmung machen würde, dann würde sie bestimmte Sinnesdaten haben"), was vor allem die Schwierigkeit der Bestimmung eines Wahrheitskriteriums für solche Sätze nach sich zieht. [52]

Zuallererst ist zu diesen Einwänden zu bemerken, dass sie keineswegs allein den Phänomenalismus betreffen, sondern eher allgemeine Probleme für jedes philosophische, begriffsanalytische Übersetzungsprogramm darstellen. So etwa betreffen die unter 1.) und 2.) diskutierten Einwände klarerweise auf genau die gleiche Weise den semantischen Physikalismus (logischen Behaviorismus); und auch die schwierige (und umstrittene) Analyse von Dispositionsaussagen bzw.

[50] Carnap, „Testability and Meaning", S. 440 ff.

[51] Zuerst versuchte Carnap dieses Problem durch Einführung sogenannter „Reduktionssätze" zu meistern („Testability and Meaning", S. 440 ff.); später rekonstruierte er den Bau fortgeschrittener Disziplinen wie der Physik „von oben", als Kalkül abstrakter Begriffe, der vorderhand noch nicht mit der Empirie verbunden ist. Auf dieser Grundlage werden stufenweise weniger abstrakte Begriffe und Gesetze definiert bzw., wenn eine Definition nicht möglich ist, wieder als Axiome eingeführt, bis schließlich eine elementare Ebene erreicht ist, auf der durch semantische Regeln eine Verbindung mit beobachtbaren Eigenschaften hergestellt wird. Die abstrakten Begriffe und Gesetze, die den Ausgangspunkt bilden, sind durch diese semantischen Regeln aber nicht vollständig bestimmt, da ja nur bestimmte Begriffe eine semantische Interpretation erfahren. Die abstrakten Termini sind also nicht vollständig bestimmt oder gar übersetzbar in Beobachtungsbegriffe. Diese unvollständige Deutung genügt aber zum „Verständnis", da es mit Hilfe dieses abstrakten Systems möglich ist, von gegebenen Beobachtungsdaten ausgehend zukünfige Beobachtungsdaten zu prognostizieren; und „that kind of understanding [...] alone is essential in the field of knowledge and science" („Foundations of Logic and Mathematics"; S. 211); vgl. dazu auch Carnap, *Mein Weg in die Philosophie*, S. 122 f. In jedem Fall betrachtet Carnap die im *Aufbau* von ihm selbst gestellte Forderung der Definierbarkeit als zu stark.

[52] Vgl. dazu wiederum Stegmüller, „Der Phänomenalismus und seine Schwierigkeiten", S. 49 ff.

irrealen Konditionalen ist ein allgemeines, vom Phänomenalismus unabhängiges Problem. Das ändert allerdings nichts an der Tatsache, dass diese Einwände trotzdem m. E. durchschlagend sind, unter der Voraussetzung, dass der phänomenalistische Standpunkt tatsächlich als Übersetzbarkeitsthese gemeint ist.

Nun ist bemerkenswert, dass sich schon in früheren Schriften Schlicks Passagen finden, die solche Einwände nahelegen. So etwa in der oben, S. 82, zitierten Stelle in der 1926/27 entstandenen, unveröffentlichten Arbeit „Does Science Describe or Explain?", wo Schlick festhält, dass der Begriff eines physikalischen Gegenstandes der Begriff eines Etwas ist, das sich in bestimmter Weise verhält. Diese Einsicht ist nun am besten mit dem Dispositionsbegriff zu erläutern, wie das ja schon Schlick selbst tut, wenn er den Terminus „liable" verwendet (in Schlicks Beispiel: Ein Löwe hat die Disposition, unter bestimmten Umständen Menschen anzugreifen), was zur Diskussion des hier unter 3.) angeführten Einwandes führt. Die Voraussagen über zukünftiges Verhalten bzw. Dispositionseigenschaften erschöpfen sich in keiner finiten Anzahl, was unmittelbar zu dem unter 1.) diskutierten „Unendlichkeitseinwand" führt. Und bereits in der AE, wo von Verifikation nur als Kriterium der Feststellung der Wahrheit synthetischer Sätze (und nicht als Sinnkriterium oder als Prinzip der Sinnbestimmung) die Rede ist,[53] hält Schlick fest, dass für die Ableitbarkeit von verifizierenden Sinnesdaten aus einer nachzuprüfenden Hypothese eine Unzahl von Zusatzhypothesen notwendig sind, woraus folgt, dass die Hypothese nie im strengen Sinn als gültig erwiesen werden kann.

Da Schlick nun selbst keineswegs blind ist gegenüber diesen Problemen – wenngleich diese bei ihm nicht in aller Schärfe herausgearbeitet sind – so stellt sich natürlich die Frage, wie sein phänomena-

[53] AE, § 21

listischer Standpunkt in haltbarer Form zu explizieren ist.[54] Und dabei gilt es vor allem festzuhalten, dass Schlick selbst ja gar nicht davon spricht, dass der Rückgang auf die verifizierenden Instanzen in Form einer echten Übersetzung stattfinden muss, er verwendet viel vorsichtigere Begriffe wie „Rückführbarkeit" oder „Transformierbarkeit" (allenfalls lässt er sich gelegentlich, wie in der oben, S. 87, zitierten Passage zu einem Ausdruck wie „sinngleich" hinreißen). Aussagen über physische Gegenstände beinhalten, wie nun schon mehrfach ausgeführt, ein gesetzmäßiges Element. Wie sollen Aussagen über Gesetzesannahmen mit Aussagen über das Eintreten von Sinnesdaten gehaltgleich sein? Letztere sind immer Aussagen über konkrete Zustände oder Vorgänge. Logisch ableitbar sind Gesetze in Form von All-Aussagen aus singulären Aussagen natürlich nicht; genauso wenig sind aus Gesetzesaussagen allein singuläre Aussagen über Sinnesdaten abzuleiten. Aus Aussagen über rein Physisches folgt nichts über rein Psychisches und umgekehrt. Wenn aber keine wechselseitige logische Implikation von Aussagen über Physisches und solchen über Psychisches, keine Gehaltgleichheit und damit keine Übersetzung im strengen Sinn möglich ist, wie sind dann Aussagen über Physisches zu verstehen?

Der sinnvolle und haltbare Kern des Phänomenalismus scheint mir darin zu bestehen, dass der Inhalt aller synthetischen Erkenntnisse ausschließlich auf Sinnesdaten beruht. Alles weitere ist bloße „Verarbeitung" dieses Gegebenen; es kommen logische Formen dazu wie z. B. die des All-Satzes und andere formale Begriffe wie der der Kausalität. Physisches kann eingeführt werden als Verursacher von Sinnesdaten und zwar entweder im Sinne eines naiven Realismus als inhaltlich ähnlich zu den Sinnesdaten oder (wohl vielversprechender) im Sinne eines kritischen Realismus als nur strukturell ähnlich zu diesen. Diese Verursachereigenschaft ist eine komplexe Disposi-

---

[54] Überhaupt muss gesagt werden, dass Autoren wie Pap und Stegmüller, die bei der Darstellung obiger Einwände herangezogen wurden, ungleich mehr Energie für die Kritik aufbrachten als darauf, einen positiven Kern herauszuarbeiten.

tionseigenschaft, die eingeführt wird zur Erklärung bisheriger und zur Prognose weiterer Sinnesdaten. Dabei sind diese Erklärungen und Prognosen der ständigen Prüfung durch Sinnesdaten und deren Regularitäten ausgesetzt. Es handelt sich dabei eben um hypothetische Annahmen; prinzipiell gibt es eine Vielzahl von Möglichkeiten der Gestaltung solcher Hypothesen, der Verifikationsprozess kann nie definitiv abgeschlossen werden. Schlicks Redeweise von einer „endlosen Verkettung" von Sinnesdaten kann auch als Ausdruck dieser Unabgeschlossenheit verstanden werden. Wichtig ist, dass mit der Einführung des Physischen nichts Inhaltliches hinzukommt; was den Inhalt betrifft, ist nach wie vor nur von Sinnesdaten die Rede – formale Begriffe sind eben „leer". In diesem Sinn ist es verständlich, dass das Verifikationsprinzip eine einleuchtende, selbstverständliche Binsenweisheit („truism")[55] darstellen soll; woher sollte auch Inhaltliches kommen, wenn nicht aus dem eigenen Erleben?

Damit wird dann auch verständlich, wieso das Problem der Unmöglichkeit einer vollständigen Verifikation von All-Aussagen seinen Schrecken verliert. Alle in solchen Aussagen vorkommenden inhaltlichen Begriffe sind fundiert in Erlebnissen, sie müssen auf Sinnesdaten rückführbar sein, aber das bedeutet keine Übersetzbarkeit der Gesetzeshypothese in Aussagen über Sinnesdaten. Versteht jemand einen inhaltlichen Begriff nicht, so muss man ihm zeigen, wie die Exemplifikation der entsprechenden Eigenschaft feststellbar ist, m. a. W. die Rückführung auf Beobachtbares muss vorgeführt werden (das Gelingen einer solchen Erklärung freilich muss selbst immer hypothetisch bleiben). Ohne solche Rückführbarkeit gibt es kein Sinnverstehen.

[55] F&C, erste Vorlesung, S. 182

4. Gebrauchsregeln und hinweisende Definition

Ziemlich genau drei Jahre nach der Niederschrift von „Positivismus und Realismus" setzte sich Schlick erneut detailliert mit dem Verifikationsprinzip auseinander, insbesondere in dem im Wesentlichen im Herbst 1934 entstandenen (allerdings erst 1936 erschienenen) Aufsatz „Meaning and Verification", sicher eine der bekanntesten Arbeiten Schlicks;[56] in etwa zur selben Zeit dürfte der ebenfalls mit „Meaning and Verification" betitelte 14. Abschnitt der überarbeiteten ersten Vorlesung von F&C entstanden sein, der mit diesem Aufsatz weitgehende Parallelen aufweist.[57]

Als erster Unterschied zur früheren Behandlung fällt sofort die neue Begrifflichkeit auf, mit der Schlick nun operiert. Die alte Antwort Schlicks auf die Frage nach dem Kriterium des Verständnisses bestand in der Forderung der Rückführbarkeit aller vorkommenden inhaltlichen Begriffe auf anschaulich Gegebenes bzw. Sinnesdaten (siehe oben, S. 86). Nun heißt es, dass „not the slightest mystery"[58] darüber bestehen könne, wie einer bloßen Reihe von Schrift- oder Lautzeichen Bedeutung verliehen werde:

[...] it consists in defining the use of the symbols which occur in the sentence. And this is always done by indicating the exact circumstances in which the words, according to the rules of the particular language, should be used.[59]

Die Koppelung von Bedeutung und Gebrauch hat natürlich Wittgenstein'sche Wurzeln,[60] und die Darstellung und Herausarbeitung dieses Zusammenhangs steht bekanntlich im Zentrum von Wittgensteins Spätphilosophie. Wittgenstein hatte sich zu dieser Zeit bereits

---

[56] Zur Entstehungsgeschichte dieser Arbeit siehe unten, S. 103 f.

[57] Zur Entstehungsgeschichte von F&C siehe unten, S. 110 ff.

[58] F&C, erste Vorlesung, S. 180

[59] Ebd.

[60] Eine frühe Stelle findet sich etwa im *Blauen Buch*, S. 20: „Wenn wir jedoch irgendetwas, das das Leben des Zeichens ausmacht, benennen sollten, so würden wir sagen müssen, daß es sein *Gebrauch* ist."

mehr oder weniger vom Verifikationsprinzip verabschiedet, schon vor der Entstehungszeit des *Blauen Buches* bezeichnete er dieses Prinzip als bloße „rule of thumb"[61], ja später ging er so weit zu bestreiten, dass er dieses Prinzip je vertreten hätte.[62] Schlick hingegen bemühte sich, mittels der Begriffe des „Sprachgebrauchs" bzw. der „Gebrauchsregel" das Verifikationsprinzip zu reformulieren. Während die oben zitierte Formulierung noch ganz neutral gehalten ist (jeder Metaphysiker könnte sie akzeptieren), nimmt die folgende Formulierung des Verifikationsprinzips mittels des Regel-Begriffs den Begriff der Verifikation auf:

Stating the meaning of a sentence amounts to stating the rules according to which the sentence is to be used, and this is the same as stating the way in which it can be verified (or falsified). The meaning of a proposition is the method of its verification.[63]

Diese Regeln bestehen aus Definitionen der Wörter, wobei wie früher gilt, dass alle Definitionen letztlich in hinweisenden Definitionen münden; damit unterlegt Schlick den neuen Formulierungen endgültig einen empiristischen, phänomenalen Sinn:

These rules must be taught by actually applying them in definite situations, that is to say, the circumstances to which they fit must actually be *shown*. It is of

---

[61] Moore, „Wittgenstein's Lectures in 1930-33", Teil I, S. 14

[62] Vgl. Hacker, *Einsicht und Täuschung*, S. 146.

[63] „Meaning and Verification", S. 712; ganz ähnlich in F&C, erste Vorlesung, S. 181. Ich halte es nicht für zielführend, die von Wittgenstein bereits zu Jahresbeginn 1930 geäußerte Formulierung vom Sinn als Methode der Verifikation (*Wittgenstein und der Wiener Kreis*, S. 79) zum Ausgangspunkt der Analyse zu machen. Wie bei den meisten Slogans bringt die griffige Formulierung begriffliche Schwierigkeiten mit, wie etwa Hanfling (*Logical Positivism*, S. 18) feststellt: Eine Methode ist etwas, das z. B. langsam oder sorgfältig ausgeführt werden kann, was ganz sicher nicht für den Sinn des Satzes gilt; eine echte Identifizierung ist sicher sinnlos. Hanflings Einwand wird allerdings hinfällig, wenn man die Angabe des Satzsinnes mit der Angabe der Verifikationsmethode, d. h. der Angabe des Wegs der Verifikation identifiziert; das Ausführen der Methode bzw. das Beschreiten des Wegs kann dann langsam (oder sorgfältig) geschehen.

course possible to give a verbal description of any situation, but it is impossible to *understand* the description unless some kind of connection between the words and the rest of the world has been established beforehand. And this can be done only by certain *acts*, as for instance gestures, by which our words and expressions are correlated to certain experiences. [64]

Insofern unterscheidet sich die neue Formulierung mittels des Regel-Begriffs tatsächlich nicht von Schlicks älterem Standpunkt, da in jedem Fall auf die Erfahrungsbasis rekurriert wird.

So weit, so klar. Die Erfahrungsbasis, die hier gemeint ist, das sind „immediate data" [65], oder, wie in der oben von mir gebrauchten und nun auch von Schlick gelegentlich verwendeten Ausdrucksweise, Sinnesdaten („sense-data"); insofern bewegen sich Schlicks Ausführungen in den Bahnen seiner früheren Erörterungen des Verifikationsprinzips. Nun verwendet Schlick den Ausdruck „hinweisende Definition" aber auch in einer anderen Weise, und zwar im Gegensatz zur Referenz auf Sinnesdaten als auf Gegenstände und Situationen der Außenwelt referierend:

The simplest form of an ostensive definition is a pointing gesture combined with the pronouncing of the word, as when we teach a child the signification of the sound "blue" by showing a blue object. But in most cases the ostensive definition is of a more complicated form; we cannot point to an object corresponding to words like "because", "immediate", "chance", "again", etc. In these cases we require the presence of certain complex situations, and the meaning of the words is defined by the way we use them in these different situations. [66]

Sehen wir einmal von der Unklarheit ab, wie auf komplexe Situationen hinweisend referiert werden soll und beschränken uns auf die einfachste Form solcher Worterklärungen. Die Bedeutung des Wortes „blau" (als Qualität physischer Objekte) soll erklärt werden durch

[64] F&C, erste Vorlesung, S. 180 f.; kurz und bündig auch in „Facts and Propositions", S. 569: "These rules, culminating in 'deictic' definitions, constitute the 'meaning' of the proposition."

[65] „Meaning and Verification", S. 727

[66] Ebd., S. 712

Bezugnahme auf paradigmatische Fälle des Zutreffens auf reale Gegenstände. Der grundlegende Einwand dagegen lautet aber, dass diese realen Gegenstände gar nicht wirklich vorliegen müssen, um das Farbwort einführen zu können; es genügt der bloße Glaube, dass dies der Fall ist.[67] Denn der blaue Ball muss ja gar nicht wirklich da sein, es kann eine Sinnestäuschung vorliegen, im Extremfall eine Totalhalluzination. Obwohl hier also die hinweisende Geste fehlreferiert, weil überhaupt kein entsprechendes Außenobjekt vorhanden ist, überhaupt keine Verbindung mit der Außenwelt hergestellt wird, kann eine solche Erklärung trotzdem funktionieren, sofern zwei Personen dasselbe halluzinieren. Man denke nur an Fälle von Massensuggestion bzw. Massenhypnose; oder aber (um ein plastisches Beispiel anzuführen) stelle man sich zwei Alkoholiker im delirium tremens vor, von denen einer „weiß" als die Farbe dieser Mäuse definiert. Bei einer hinweisenden Definition von Termini für Gegenstände der Außenwelt ist die Möglichkeit der Fehlreferenz nie auszuschließen; dagegen ist die hinweisende Referenz auf Sinnesdaten durch die Unmöglichkeit der Fehlreferenz ausgezeichnet.[68]

Nach der im vorhergehenden Abschnitt diskutierten Version des Verifikationsprinzips ist klar, dass die primäre Art der hinweisenden Definition diejenige auf Sinnesdaten ist. Mit „Blau" (verstanden als Außen-Qualität) kann demnach nichts anderes gemeint sein, als dass unter bestimmten Umständen Blau-Sinnesdaten auftreten; „Außen-Blau" wird als Verursacher dieses Sinnesdatums eingeführt (genauer: als komplexe Dispositionseigenschaft). Und die so verstandene hinweisende Definition dieser Verursacher-Eigenschaft kann jederzeit fehlreferieren und trotzdem erfolgreich sein. In diesem Sinn ist diese hinweisende Definition parasitär gegenüber derjenigen auf Sinnesda-

---

[67] Die folgenden Überlegungen modifizieren ein von Rutte entwickeltes Argument; vgl. „Der Realismus, das Wahrnehmungsproblem und die Ansprüche der naturalistischen Erkenntnistheorie", S. 166.

[68] Für eine nicht ganz glückliche Formulierung Schlicks dieser letztgenannten These siehe „Positivismus und Realismus", S. 330.

ten, bei der keine Fehlreferenz möglich ist. So würde auch in der nun von Schlick verwendeten (von Wittgenstein übernommenen) Terminologie gelten, dass die Gebrauchsregeln, die den Sinn der Wörter festlegen, im Gegebenen kulminieren (siehe das Zitat in Anm. 64); und dieser Kulminationspunkt ist die Verbindung von Sprache und Wirklichkeit.

Die Rolle, die Schlick der hinweisenden Definition zuspricht, kann sie für Wittgenstein (jedenfalls den mittleren und späten Wittgenstein) nun aber nicht einnehmen. Für ihn kommt sowieso nur die hinweisende Definition auf äußere Gegenstände in Frage; die Ablehnung einer Verwendbarkeit der hinweisenden Definition auf Sinnesdaten bildet den Kern des berühmten (oder berühmt-berüchtigten) Privatsprachenarguments der *Philosophischen Untersuchungen*.[69] Beide für Schlick fundamentale Leistungen der hinweisenden Definition (Endpunkt der Worterklärung und Anbindung an die Wirklichkeit) werden von ihm nicht anerkannt.

Gegen die hinweisende Definition als Erklärungsende argumentiert Wittgenstein, dass das Verständnis einer hinweisenden Definition schon Sprachbeherrschung voraussetzt; so muss etwa die grammatische Kategorie des Wortes, das solcherart definiert wird, bereits bekannt sein.[70] Das steht in krassem Widerspruch zu Schlicks These, „that the only explanation which can work without any previous knowledge is the ostensive definition"[71]. Damit in Verbindung steht, dass eine hinweisende Erklärung immer auch missverstanden

---

[69] Das allerdings erst ab 1937 entwickelt wurde; vgl. Glock, *Wittgenstein-Lexikon*, S. 285. Physikalistische Tendenzen werden bei Wittgenstein aber auch schon früher deutlich: Bezeichnenderweise bezichtigte Wittgenstein 1932 Carnap anlässlich des Erscheinens von dessen Aufsatz „Die physikalische Sprache als Universalsprache der Wissenschaft" des Plagiats, ein Konflikt, in dem Schlick die undankbare Rolle des Briefträgers spielte; vgl. dazu insbesondere die Schreiben Schlicks an Carnap vom 10. Juli und 24. August 1932 bzw. Carnaps Gegenbriefe vom 17. Juli und 28. September.

[70] Vgl. etwa *Philosophische Bemerkungen*, S. 54.

[71] „Meaning and Verification", S. 712 f.

werden kann: Eine hinweisende Geste auf ein blaues Stück Papier zur Definition von „blau" könnte auch verstanden werden als Definition von „Papier", „dünn", „leicht" etc.,[72] oder, um ein späteres Beispiel Wittgensteins anzuführen, der Lernende könnte auf die zeigende Geste der Hand so reagieren, „daß er in der Richtung von der Fingerspitze zur Handwurzel blickt, statt in der Richtung zur Fingerspitze"[73].

Auch die Rolle der hinweisenden Definition als Verbindungsglied zwischen Sprache und Welt akzeptiert Wittgenstein nicht.[74] Nach ihm bleibt die Sprache „in sich geschlossen, autonom"[75]. Die hinweisende Definition spielt eine wichtige Rolle beim Erlernen einer Sprache, sie legt fest, was es heißt, „blau" (Außen-Blau) zu sein. Ein blauer Ball, auf den hinweisend mit „dies ist blau" referiert wird, legt fest, was als „blau" zählt. Die hinweisende Definition hat eine normative Funktion, insofern die richtige Verwendung des Ausdrucks durch sie (mit-)bestimmt ist, anhand dieser Art von Definition überprüft wird. Insofern gehören die paradigmatischen Gegenstände, auf die hinweisend referiert wird, zur Grammatik. Solche paradigmatischen Gegenstände („Muster") gehören zur Grammatik und sind damit sprachimmanent, weil sie als Maßstab für die Richtigkeit der Anwendung dienen, sie haben normativen Charakter.

Diese skizzenhaft angeführten Punkte wären natürlich allesamt einer genaueren Ausführung bedürftig. Aber das Auseinanderdriften von Wittgensteins in Entwicklung begriffener Gebrauchsthese und Schlicks Verifikationismus ist doch unübersehbar, sodass schon zum Zeitpunkt der Abfassung von „Meaning and Verification" Schlick wohl zu optimistisch ist, wenn er in dieser Arbeit schreibt: "[...] I have reason to hope that he [Wittgenstein] will agree with the main

---

[72] Dieses Beispiel findet sich bei Wittgenstein, *Philosophische Grammatik*, S. 60; ein analoges Beispiel findet sich auch im *Blauen Buch*, S. 16 f.

[73] *Philosophische Untersuchungen*, § 185

[74] Im Folgenden stütze ich mich auf Glock, *Wittgenstein-Lexikon*, S. 259 ff.

[75] *Philosophische Grammatik*, S. 97

substance of it." [76] Dabei blieben Schlick Probleme und Einwände, wie die von Wittgenstein aufgeworfenen, durchaus nicht verborgen; hier zeigt sich bei ihm wieder ein gewisses Schwanken bzw. die Unabgeschlossenheit seines Denkens. Zu der Uneindeutigkeit der hinweisenden Definition heißt es zwar an einer Stelle, dass „die Schwierigkeiten, die Hinweisung eindeutig zu machen, [...] in der Praxis leicht überwunden [werden]," [77] in einer undatierten – wohl gegen Ende seines Lebens verfassten – Bemerkung werden dann aber auch deutliche Zweifel laut:

Ich lerne die Bedeut[un]g mancher Wörter durch hinweisende (konkrete) Definition kennen. Das scheint einfach genug – aber woher weiss ich denn, dass eine hinweisende Geste verbunden mit einem Laut eine Angabe des Namens eines Gegenstandes sein soll? Man sagt: ich errate es. Ganz richtig, aber was ist das Kriterium dafür, dass ich richtig geraten habe? Schliesslich doch nur dies, dass ich das Wort im Gebrauch richtig verwende. Das gilt aber ebenso für die Wörter, die ich unmöglich durch hinweisende Definition erklären kann (wenn, aber, vielleicht, können) usw. Die hinweisende Def[inition] nimmt also keine Sonderstellung ein; es ist nicht richtig, dass das *Verständnis* der Sprache und der *Gebrauch* der Sprache durch sie auf eine besondere Weise verknüpft wären. [78]

Auch bezüglich des zweiten Punkts – der Verbindung von Sprache und Wirklichkeit – finden sich Stellen, an denen er sich Wittgensteins These von der Autonomie der Sprache anzuschließen scheint; so etwa in einem Schreiben an Carnap vom 10. Juli 1932, wo Schlick die Einsicht, dass „auch die Definition durch Aufweisung [...] nicht aus der Sprache heraus[führt]", Wittgenstein zuschreibt.

Die Formulierung des Verifikationsprinzips mittels des Regel-Begriffs sieht Schlick letztlich wohl nur als eine Formulierungsvariante, bei der seine ursprüngliche Intention der Fundierung von Bedeutung und Gehalt unserer Aussagen in der Erfahrung gewahrt bleiben

---

[76] S. 712

[77] „Logik und Erkenntnistheorie" (Vorlesung Wintersemester 1934/35), Inv.-Nr. 38, B. 18a, Bl. 48

[78] Inv.-Nr. 176, A. 180, Aphorismus Nr. 193

soll. Denn, wie gesagt, das bloße Insistieren darauf, dass die Bedeutung sprachlicher Ausdrücke durch Gebrauchsregeln bestimmt sei, ist für sich genommen völlig neutral. Für Schlick hingegen ist das Verifikationsprinzip von Anfang an untrennbar mit dem Empirismus verknüpft. Mit Wittgenstein einig war Schlick jedenfalls insofern, als beide in der hinweisenden Definition einen maßgeblichen Beitrag zur Erklärung der Bedeutung sahen.[79] In Kritik an der Auffassung Carnaps betont Schlick, dass die Regeln, die aus einer Zeichenreihe einen sinnvollen Satz machen, sich

nicht nur auf Kombinationen von Sprachzeichen beziehen wie in der Logistik, sondern auch auf die Verwendung der Sprache im Leben und bei der Tätigkeit des Forschens (wobei hinweisende Definitionen benützt werden).[80]

Die Anbindung an (mögliche) Erfahrung muss im sinnvollen Sprechen für Schlick bereits mitgegeben sein: Eine deutliche Absage an Carnaps *Logische Syntax der Sprache*, die keine Ausdrücke mit „außersyntaktischer Abhängigkeit" kennt.[81] Den Unterschied der Auffassungen stellt auch Carnap fest, geht aber wohl an Schlicks Intentionen vorbei, wenn er schreibt:

Allerdings willst Du auch die ausser-syntaktischen Regeln mitverstehen, die wir innerhalb der Syntax natürlich nicht berücksichtigen. Aber dadurch werden sie von uns weder geleugnet noch übersehen. Ich meine doch nicht, dass die Syntax das Einzige ist, was man über eine Sprache aussagen kann; ich betone immer,

---

[79] Vgl. etwa *Das Blaue Buch*, S. 15

[80] „Über Konstatierungen", S. 231; vgl. auch „Meaning and Verification", S. 730 f., wo Schlick ebenfalls mit Bezug auf Carnap den Vorwurf zurückweist, die Verwendung hinweisender Definitionen führe zu einer Form des Psychologismus.

[81] Vgl. *Logische Syntax der Sprache*, § 46; bei Ausdrücken wie „dieser", „hier" etc., deren „logischer Charakter" von der außersprachlichen Situation abhängt, kann nach Carnap durch Hinzufügung von Personen-, Orts- und Zeitbezeichnungen Invarianz erreicht werden (ebd.); zum Konflikt Schlick-Carnap in diesem Punkt vgl. auch Oberdan, „Postscript to Protocols: Reflections on Empiricism", Abschnitt 5.

dass man ausser den formalen syntaktischen Aussagen auch psychologische, historische, soziologische usw. über die Sprache machen kann.[82]

Die Differenzen mit Carnap finden in „Meaning and Verification" klar ihren Ausdruck; schon die Entstehungsgeschichte dieses Textes ist von der Auseinandersetzung mit Carnap geprägt:

Nach Zusendung von C. I. Lewis' Aufsatz „Experience and Meaning" sowohl an Schlick als auch an Carnap schlug Letzterer eine Art Arbeitsteilung vor: Schlick solle in seiner Erwiderung den vergleichenden Teil übernehmen, während er, Carnap, sich auf den syntaktischen Standpunkt konzentrieren wolle.[83] Diesem Brief beigelegt war auch schon ein erster Entwurf für eine solche Erwiderung Carnaps. Doch in der ersten Stellungnahme Schlicks zu diesem Entwurf – bereits nach der Niederschrift der ersten Fassung seines Aufsatzes[84] – wurde klar, dass für eine konzertierte Aktion die Standpunkte bereits zu weit auseinanderlagen: Insbesondere Carnaps Interpretation des Begriffs der prinzipiellen Verifizierbarkeit, wonach

deren Bedingungen nicht im Widerspruch zu den bekannten Naturgesetzen stehen, scheint mir ganz abwegig zu sein (oder habe ich falsch verstanden?), denn danach würde es unsinnig sein, ein Naturgesetz zu verneinen – offenbar eine ganz unannehmbare Konsequenz.[85]

Auch die weitere briefliche Diskussion, in der Carnap diese Ideen präzisierte, stellte Schlick nicht zufrieden: Die scharfe Gegenüberstellung von logischer und empirischer Möglichkeit der Verifikation – von Schlick seit jeher betont, aber in diesem Text besonders

[82] Rudolf Carnap an Moritz Schlick, 4. Dezember 1935; dieser Brief des gerade mit den Vorbereitungen zur Abreise nach Amerika beschäftigten Carnap ist der letzte erhaltene aus der umfangreichen (über längere Zeiträume allerdings philosophisch nicht sehr gehaltvollen) Korrespondenz zwischen beiden.

[83] Rudolf Carnap an Moritz Schlick, 13. Mai 1934; ausführlicher ist die Entstehungsgeschichte von „Meaning and Verification" dargestellt im entsprechenden editorischen Bericht in MSGA I/6.

[84] Weder Carnaps Entwurf noch diese erste Fassung sind überliefert.

[85] Moritz Schlick an Rudolf Carnap, 1. November 1934

ausführlich dargestellt – ist vor diesem Hintergrund eben auch als eine Abgrenzung zu Carnap zu sehen; es ist symptomatisch, dass aus dem Projekt einer gemeinsamen Antwort auf eine externe Kritik (Lewis) eine Arbeit hervorging, die zum großen Teil der Binnendiskussion innerhalb des Wiener Kreises gewidmet ist.[86] Umgekehrt spricht einiges dafür, dass auch Carnaps umfangreiche, bereits mehrmals zitierte Arbeit „Testability and Meaning" in Lewis' Aufsatz und der sich anschließenden Diskussion mit Schlick gründet.[87]

Die in diesem Kapitel behandelte Rekonstruktion und kritische Diskussion beansprucht keineswegs, das Thema Verifikationismus auch nur halbwegs vollständig auszuleuchten. Nur kurz gestreift wurde etwa der logische Status des Verifikationsprinzips selbst[88] oder Schlicks Unterscheidung Satz/Aussage als Antwort auf die Frage, worauf denn das Verifikationsprinzip überhaupt angewendet werden kann.[89]

---

[86] Was von Schlick auch gar nicht geplant war; er selbst spricht davon, dass sich die ursprünglich geplante Erwiderung auf Lewis „unversehens zu einer zusammenhängenden Darstellung meines Standpunktes zu der Grundfrage ‚Meaning and Verification' entwickelt" hat; Moritz Schlick an Rudolf Carnap, 1. November 1934. Lewis, der den Aufsatz noch vor der Veröffentlichung erhielt, sah seine Einwendungen übrigens treffend beantwortet: "With your clear article coming out, I shall not be bothered further about the points I failed to take correctly – though naturally it does not suit me to make mistakes." (C. I. Lewis an Moritz Schlick, 26. März 1935)

[87] Es werden in diesem Text sowohl Lewis' „Experience and Meaning" als auch Schlicks „Meaning and Verification" besprochen, und auch die briefliche Diskussion mit Schlick findet in Carnaps Unterscheidung „Confirmability/Testability" ihre Weiterentwicklung. Zudem begann Carnap nach eigenem Bekunden im Frühjahr 1935 mit der Arbeit an seiner Erwiderung auf Lewis; Rudolf Carnap an Moritz Schlick, 12. April 1935.

[88] Auch dieses Problem wurde bereits von Ingarden aufgeworfen; „Der logistische Versuch einer Neugestaltung der Philosophie", S. 205 ff.

[89] Die weitere, intensiv geführte Diskussion drehte sich im Wesentlichen um die Frage, eine passende Formulierung des Sinnkriteriums (und nicht des Verifikationsprinzips als Prinzip der Sinnbestimmung) zu finden, also eine Fassung desselben zu formulieren, die weit genug ist, die als sinnvoll vorausgesetzten Aussagen

Die verifizierenden Aussagen selbst werden im Folgenden behandelt. Dabei geht es einerseits um deren epistemischen Status und die Stellung, die sie nach Schlick im Erkenntnissystem einnehmen; diese Fragen werden im Kapitel über die Konstatierungen behandelt. Als Nächstes wenden wir uns aber F&C zu; hier ist unter anderem die Frage nach dem Verhältnis von Verifikationismus und Strukturalismus zu klären und damit die im Wiener Kreis so umstrittene Frage nach subjektiver oder intersubjektiver Verifikation.

von Alltag und Wissenschaft zu inkludieren, aber eng genug ist, metaphysische Aussagen auszuscheiden. Wichtige Schritte in diesem Diskussionsprozess sind Ayers Formulierung in *Language, Truth and Logic*, seine Selbstkritik und sein Versuch einer Reformulierung im Vorwort zur zweiten Auflage dieses Buches, die von Church einer einschneidenden Kritik unterzogen wurde („[Rezension von:] A. J. Ayer, *Language, Truth and Logic*"). Besonders erwähnenswert erscheint weiters Hempels (Carnaps „Testability and Meaning" nahestehende) Arbeit „Problems and Changes in the Empiricist Criterion of Meaning"; für zusammenfassende Darstellungen siehe etwa Pap, *Analytische Erkenntnistheorie*, Kap. I, oder, um ein Werk jüngeren Datums anzuführen (das sowohl vor- als auch nachpositivistische Vorläufer bzw. Entwicklungen berücksichtigt), Misak, *Verificationism*.

III. Form und Inhalt

We shall be surprised to notice how elevated this point of
view is considering the shortness of the climb, and the
easiness of the steps by which we have reached it. [1]

[M]y London lectures ... are causing me a lot of trouble. [2]

Die Dichotomie Form/Inhalt als Unterscheidung des Aussagbaren
und Erkennbaren von dem, was nicht ausdrückbar ist und zum Erleben gehört, stand seit der ersten Erwähnung in „Erleben, Erkennen,
Metaphysik" im Zentrum von Schlicks Denken.

Es ist mir in den letzten Jahren immer klarer geworden, dass für die Erkenntnistheorie eine der allerwesentlichsten Unterscheidungen diejenige zwischen *Inhalt*
und *Form* ist, wie ich in einem Aufsatze ‚Erleben, Erkennen, Metaphysik' an-
gedeutet habe [...] Ueberlegt man sich, was eigentlich mitteilbar ist (es ist also
dasjenige, was übrig bleibt, wenn wir von allen Inhalten im obigen Sinne abse-
hen) so kommt man auf den Begriff der reinen Form oder der logischen Form.
Das [W]esentliche an jeder Erkenntnis also, dasjenige, was allein mitgeteilt und
aufbewahrt werden kann, ist die logische Form, auf sie müssen sich also in letzter
Linie alle unsere sinnvollen Aussagen beziehen. [3]

Den Kulminationspunkt dieses Ansatzes stellt F&C dar; diese geplante Monographie sollte als umfassende Darlegung von Schlicks

[1] F&C, dritte Vorlesung, S. 218

[2] Moritz Schlick an David Rynin, 4. November 1933 (vollständiges Zitat unten,
S. 111)

[3] Moritz Schlick an Anders Gemmer, 16. November 1928; der Name des Adres-
saten, der im Brief fehlt, ist aus Gemmers Schreiben vom 23. März dieses Jahres
erschließbar.

erkenntnistheoretischem Standpunkt wohl an die Stelle der AE treten. Dass Schlick selbst F&C als Weiterentwicklung und nicht als völligen Neubeginn sah, geht etwa aus der konzisen Selbstdarstellung Schlicks hervor, die den Standpunkt der AE mit der Form/Inhalt-Dichotomie in eine harmonische Einheit bringt; dort heißt es, dass die AE

mit Hilfe einer Analyse des Erkenntnisvorganges zunächst zu einer klaren Scheidung des Rationalen vom Empirischen, des Begrifflichen vom Anschaulichen [gelangt]. Begriffe sind bloße Zeichen, die der zu erkennenden Wirklichkeit zugeordnet werden; sie treten in den „Aussagen" in ganz bestimmter Weise geordnet auf, und diese vermögen dadurch bestimmte Strukturen der Wirklichkeit „auszudrücken". Jede Aussage ist der Ausdruck einer Tatsache und stellt insofern eine „Erkenntnis" dar, als sie eine neue Tatsache mit Hilfe alter Zeichen beschreibt, also durch eine neue Kombination auch sonst schon verwendeter Begriffe. [...] So besteht Erkenntnis ihrem Wesen nach in einer Wiedergabe der Ordnung, der Struktur der Welt; der Stoff oder Inhalt, der diese Struktur besitzt, kann nicht in sie eingehen, denn das Ausdrückende ist eben nicht das Ausgedrückte selber. Es wäre also ein unsinniges Beginnen, den „Inhalt" selbst „ausdrücken" zu wollen. [4]

Geradlinig und frei von Brüchen verlief Schlicks Entwicklung allerdings nicht; dies betrifft vor allem das in der AE entwickelte Konzept der impliziten Definition, mit dem Schlick in „Erleben, Erkennen, Metaphysik" das Ausdrückbare, rein Formale charakterisieren wollte und das – wie ausgeführt als Folge vor allem der Carnap'schen Kritik – bei Schlick nicht mehr auftaucht.

Von den Anregungen durch Carnaps *Aufbau* zur Ausbildung der strukturalistischen Grundthese (nur Strukturen sind ausdrückbar und erkennbar) war bereits kurz die Rede. [5] Derartige Ideen spielten allerdings nicht nur im Wiener Kreis eine Rolle, Schlick selbst erwähnt in diesem Zusammenhang Weyl, C. I. Lewis und Russell, früher noch finden sich ähnliche Ideen bereits bei Poincaré. Und auch mit Cassirer gibt es Berührungspunkte; so ist Schlick bereits in

[4] „[Selbstdarstellung]", S. 462 f.; zu diesem Text siehe die Einleitung, S. 20, Anm. 17.

[5] Siehe Kapitel I, Abschnitt 2.

der AE wie Cassirer der Ansicht, dass wissenschaftliche Erkenntnis immer Erkenntnis von Formen ist, und – damit zusammenhängend – dass der alte Substanzgedanke in der Wissenschaft durch die „Konstanz der Gesetzmäßigkeit der Zusammenhänge" abzulösen sei.[6] Strukturalistische Ansätze waren in dieser Zeit offenbar *en vogue*;[7] doch soll damit keineswegs die Originalität Schlicks in Frage gestellt werden. Im Gegenteil, bei F&C handelt es sich um eine hochgradig originäre Arbeit,[8] durch die wie bei keiner anderen Schrift auch die Eigentümlichkeit von Schlicks Stellung im Wiener Kreis deutlich wird. Auf manche dieser externen Beziehungen zu den angesprochenen Autoren werden wir noch zu sprechen kommen, genauso wie auf die Beziehungen zu Wittgenstein, die ziemlich komplex sind: Einerseits ist der Einfluss Wittgensteins auf vorliegenden Text an mehreren Stellen offensichtlich, die Kernthese Schlicks allerdings, d. h. die Unausdrückbarkeit von Inhalt, ist gerade nicht Wittgenstein'schen Ursprungs.

[6] AE, S. 772; eine längere Passage in der ersten Auflage der AE, in der Schlick kritisch auf die seiner Ansicht nach überzogenen Angriffe auf die „alte" Logik in Cassirers *Substanzbegriff und Funktionsbegriff* eingeht, wurde von Schlick nicht mehr in die zweite Auflage übernommen; siehe MSGA I/1, S. 193 ff., textkritische Anm. o. Für Näheres zur Beziehung Schlick-Cassirer siehe Bartels, „Die Auflösung der Dinge. Schlick und Cassirer über wissenschaftliche Erkenntnis und Relativitätstheorie"; Friedman, *Carnap, Cassirer, Heidegger*, Kap. 7; Gower, „Cassirer, Schlick and ‚Structural' Realism" sowie die detaillierte Studie von Neuber, *Die Grenzen des Revisionismus*.

[7] Schlick spricht von der graduell immer schärfer gezogenen Trennung von Form und Inhalt als der wichtigsten Errungenschaft der modernen Erkenntnistheorie der letzten zwei oder drei Dekaden; F&C, zweite Vorlesung, S. 200. Bei Zilsel heißt es dazu: „Nur Strukturen sind erkennbar, nur über Strukturen lassen sich Aussagen machen: dies ist wohl die zentrale These der neueren Erkenntnislehre, die von Poincaré angefangen immer deutlicher herausgearbeitet, von Russell exakt formuliert und von Carnap konsequent ausgeführt wurde." („Bemerkungen zur Wissenschaftslogik", S. 143)

[8] Nach Ansicht mancher Interpreten sogar „perhaps the most subtle and interesting of his writings" (Hanfling, *Logical Positivism*, S. 95 f.).

Vor der inhaltlichen Auseinandersetzung scheint aber noch eine kurze Rekonstruktion der Entstehungsgeschichte von F&C angebracht.

1. Zur Entstehung von „Form and Content"

Den unmittelbaren Anstoß zur Abfassung stellte eine Einladung der Universität London dar, dort Vorlesungen zu halten, die dann gleich veröffentlicht werden sollten. Die erste Niederschrift verfertigte Schlick mit ziemlicher Sicherheit in relativ kurzer Zeit im Frühherbst 1932 während seines üblichen Aufenthaltes in Südtirol, spätestens bei der Abhaltung der Vorlesungen an drei Abenden Ende November übergab er das Manuskript dem Verlag Kegan Paul; bei der vorhergehenden brieflichen Kontaktanknüpfung mit diesem beschrieb er die Arbeit als

somewhat in the direction of Bertrand Russell and is particularly related to the views of Mr Wittgenstein whose ‚Tractatus logico-philosophicus' was published by your firm.[9]

Wenige Monate später erhielt er das Manuskript jedoch kommentarlos zurückgesandt; Schlick kontaktierte nunmehr Clarendon Press, jenen Verlag, bei dem bereits die englische Übersetzung von *Raum und Zeit in der gegenwärtigen Physik* erschienen war. Obwohl dieser Verlag umgehend Interesse bekundete, dauerte es bis Juni 1933, bis Schlick wieder von sich hören ließ; erstmals wird seine Unzufriedenheit laut, wenn er schreibt, nach der Relektüre sei er

not satisfied with it any more, as it seemed to me that my ideas could be expressed more clearly. I started rewriting the MS., but it will probably be two months before I can finish it, because my University work leaves me very little free time just now.[10]

[9] Moritz Schlick an Kegan Paul, 1. November 1932

[10] Moritz Schlick an Clarendon Press, 7. Juni 1933

Wieder dauerte es ziemlich lange, nämlich fast ein halbes Jahr, bis sich wieder eine Äußerung Schlicks zu der Arbeit findet, aus der nun schon klar hervorgeht, dass er sich mit grundlegenden Schwierigkeiten konfrontiert sah:

I have not yet finished the rewriting of my London lectures: they are causing me a lot of trouble. The difficulty is that I cannot state my views in absolutely correct language (in that case I would have to use a Wittgensteinian style and people wouldn't understand), but have to adapt myself to the traditional way of speaking, and that gives me an unpleasant feeling of hiding the full truth from the reader. Nevertheless I think it very necessary to publish the lectures; they will help to remove the worst misunderstandings. [11]

Noch zu Jahresbeginn 1934 war Schlick dennoch vom baldigen Erscheinen der Arbeit überzeugt [12], doch noch ein Jahr später spricht er schließlich von der Aufgabe seiner Publikationspläne:

Das Buch „Form and Content", an dem ich bis vor kurzer Zeit gearbeitet habe und das im wesentlichen fertig war, werde ich wahrscheinlich nicht drucken lassen. Das ist ein schwerer Entschluss, aber die ganze Anlage des Buches entsprach nicht mehr meinen gegenwärtigen Ansichten. Eine Umarbeitung würde ziemlich viel Zeit kosten, die ich besser dazu verwenden kann, meine Vorlesungen druckfertig auszuarbeiten. Mein Verleger drängt mich sehr, dies zu tun, und ich habe bereits begonnen. Wenn dies Buch dann ins Englische übersetzt würde, wäre „Form and

---

[11] Moritz Schlick an David Rynin, 4. November 1933. Rynin war Schlicks Assistent während dessen Aufenthalts in Berkeley 1931/32 und nach Schlicks Abreise so etwas wie „an unofficial authority on your [Schlicks] views" (Alexander Maslow an Moritz Schlick, 23. Dezember 1933). Mit Unterstützung Schlicks übersetzte Rynin in der Folge die *Fragen der Ethik*, die schließlich 1939 unter dem Titel *Problems of Ethics* erschienen; erwähnt sei auch noch sein späterer Lexikonartikel „Schlick, Moritz".
Auch das 1961 erschienene, dem Andenken Schlicks gewidmete Buch Maslows *A Study in Wittgenstein's Tractatus* wurzelt in diesem Amerika-Aufenthalt Schlicks, handelt es sich dabei doch um die geringfügig umgearbeitete, 1933 eingereichte Dissertation, und Maslow selbst schreibt (in dem eben schon zitierten Brief), dass „without your visit here a couple of years ago I would have been at a complete loss as to what to do with the Tractatus".
[12] Moritz Schlick an Thomas Greenwood, 1. Januar 1934

Content" ohnehin ziemlich überflüssig, weil der wesentliche Inhalt des einen im andern enthalten wäre. [13]

So führte diese Kombination von externen Ursachen mit den danach einsetzenden Zweifeln Schlicks dazu, dass F&C erst posthum 1938 in den *Gesammelten Aufsätzen 1926–1936* erschien. [14] Die Rekonstruktion des Scheiterns von Schlicks Publikationsplänen ist aber nicht nur per se von Interesse: Schon aus dem Gesagten geht ja die Existenz einer Mehrzahl von Textfassungen hervor. Der Überlieferungslage nach zu schließen kam Schlick bei der Neuabfassung nicht über die erste der drei Vorlesungen, aus denen die Arbeit besteht, hinaus. Die publizierte Fassung der *Gesammelten Aufsätze* (alle weiteren Wiederabdrucke und Übersetzungen gehen auf diese Fassung zurück) enthält die erste Vorlesung in der zuletzt von Schlick verfassten Version. Dieses Miteinander des Späteren (der bis 1934 bearbeiteten Version der ersten Vorlesung) mit dem Früheren (den 1932 geschriebenen Fassungen der zweiten und dritten Vorlesung, von denen es wie gesagt keine weiteren Überarbeitungen gibt) hat inhaltliche Unstimmigkeiten in der posthumen Publikation zur Folge:

- So etwa werden der Verifikationismus und damit zusammenhängend die Kritik am Analogieschluss als Methode der Erkenntnis von Fremdpsychischem ursprünglich erst in der dritten Vorlesung eingehender behandelt; durch den Ausbau dieser Punkte in der letzten

---

[13] Moritz Schlick an Louis Rougier, 11. Januar 1935, Nachlass Rougier; mit dem Vorhaben, eine reguläre Vorlesung für die Publikation auszuarbeiten, kam Schlick wieder auf den Plan zurück, den er schon 1931 verwirklichen wollte: Die nachträgliche Niederschrift der in Berkeley gehaltenen Vorlesung sollte „an die Stelle der Erkenntnislehre treten" (Moritz Schlick an Rudolf Carnap, 19. September 1931, ASP-RC 029-29-16); erhalten ist nur ein nicht sehr weit gediehenes Fragment des ersten Kapitels mit dem Titel „Philosophy as Pursuit of Meaning" (Inv.-Nr. 16, A. 58a). Bei der im Zitat angesprochenen Vorlesung handelt es sich um die 1933/34 gehaltene Vorlesung „Die Probleme der Philosophie in ihrem Zusammenhang", die allerdings erst lange nach Schlicks Tod erschien.

[14] Auf die Kritik an Schlicks Thesen innerhalb des Wiener Kreises, die diese Entscheidung ebenfalls beeinflusst haben könnte, komme ich im letzten Abschnitt dieses Kapitels zu sprechen.

Version der ersten Vorlesung ergeben sich dadurch zwar nicht echte Wiederholungen, aber doch gewisse Redundanzen.

- Quasi als genaues Gegenteil dieser Redundanzen fehlen in der Publikation Textstellen: So verweist Schlick in der dritten Vorlesung auf die in der ersten Vorlesung geübte Kritik am Psychologismus, eine Auseinandersetzung, die in der letzten Version nicht mehr enthalten ist. Umgekehrt finden sich in der letzten Version der ersten Vorlesung Verweise auf später folgende Ausführungen, die nicht in der zweiten und dritten Vorlesung zu finden sind, Verweise also, die Schlick wohl in Hinblick auf eine beabsichtigte Neubearbeitung dieser Vorlesungen einfügte, die dann eben nicht mehr erfolgte.[15]

Die beiden Fassungen der ersten Vorlesung, der in Bezug auf die Kernthese des Strukturalismus entscheidende Bedeutung zukommt, sind nur im ersten Viertel weitestgehend identisch, zum größeren Teil unterscheiden sie sich ganz beträchtlich. Trotz der angesprochenen Unstimmigkeiten werden wir hier vorrangig die letzte Version (also die publizierte Fassung) heranziehen, in der Schlicks Bemühen um eine klarere Strukturierung der Argumentation ersichtlich ist; gelegentlich werden wir aber auch auf die bislang unveröffentlichte unpublizierte erste Version aus dem Nachlass eingehen (zur eindeutigen Unterscheidung immer zitiert mit dem Zusatz „[erste Version]")[16]. Der Vergleich von beiden Fassungen ist natürlich von Relevanz für

[15] Als Äußerlichkeit kommt noch dazu, dass die letzte Version der ersten Vorlesung als einzige in nummerierte Abschnitte unterteilt ist. Schon dieses Indiz hätte die verschiedenen Herausgeber auf genannte inhaltliche Unstimmigkeiten aufmerksam werden lassen können, es finden sich allerdings in keiner der Wiederabdrucke bzw. Übersetzungen – deutsch, italienisch, zuletzt (2003) französisch – entsprechende Vermerke.

[16] Inv.-Nr. 181, A. 203a; es existiert auch noch eine dritte, zeitlich als mittlere zu datierende Fassung der ersten Vorlesung unter Inv.-Nr. 181, A. 204a. Diese Version ist vermutlich diejenige, an der Schlick im Juni 1933 zu arbeiten begonnen hatte, während der Entstehungszeitraum der letzten Version nicht näher einzugrenzen ist als zweite Jahreshälfte 1933 bis Ende 1934. Diese mittlere Version unterscheidet sich nicht mehr substantiell von der letzten Version. Alle Fassungen (die mittlere mittels eines negativen textkritischen Apparats) werden in MSGA II/1.2

eine Arbeit wie die vorliegende, die die Entwicklung eines Denkers in einer relativ kurzen Zeitspanne nachvollziehen will. Darüber hinaus wird auch deutlich, wie sehr Schlick um den adäquaten Ausdruck seines Standpunktes bemüht war. Für ein besonders drastisches Beispiel sei schon hier eine Stelle aus der ersten Version herangezogen:

Well, this stuff is what we call Content, and the features are its Structure. Content cannot be expressed by any kind of language just because the nature of language is expression, not transportation. [17]

Der nachstehenden Stelle aus der letzten Version zufolge sind genau solche Formulierungen irreführend:

I might be tempted to say: well, those features are the structure, and the rest (whether it be called "material" or otherwise) is Content, but such a figure of speech would be entirely misleading, as it seems to give an indirect description of content – which we know to be impossible. And I might be tempted to say that content cannot be expressed by language because the nature of language is expression, not transportation; but again this would give the wrong impression as if there were any sense in speaking of the transportation of content, and we know that there is not. [18]

Auch andere Schriften Schlicks müssen für die im Folgenden zu diskutierende Thematik – teils ergänzend, teils um Unterschiede herauszustellen – herangezogen werden: So z. B. „Erleben, Erkennen, Metaphysik", wo der Strukturalismus samt seiner negativen Kehrseite (der Unsagbarkeit der Inhalte) erstmals klar ausgesprochen ist, „Positivismus und Realismus", wo der Zusammenhang mit dem Problem der Erkenntnis des Fremdpsychischen hergestellt wird, sowie die bereits angesprochene Vorlesung des Wintersemesters 1933/34,

publiziert; überhaupt ist dort im editorischen Bericht die Überlieferungslage detaillierter als hier dargestellt.

[17] F&C, erste Vorlesung [erste Version], Inv.-Nr. 181, A. 203a, Bl. 16

[18] F&C, erste Vorlesung, S. 171

Die Probleme der Philosophie in ihrem Zusammenhang, die nach Schlicks eigenen Worten[19] ja das Wesentliche von F&C enthält.[20]

2. Bildtheorie und Strukturbegriff

Oswald Hanfling zufolge verfolgt Schlick in F&C drei Ziele:[21] eine Erklärung dessen, was es heißt, dass Aussagen Tatsachen korrespondieren können; den Nachweis der Objektivität, d. h. der intersubjektiven Verständlichkeit unserer Aussagen; die Berücksichtigung der Subjektivität der Erfahrung. Der letztgenannte Punkt führt zur negativen Kehrseite der Strukturthese: Erlebnisinhalte, die erlebten Qualitäten, sind demnach weder mitteilbar noch erkennbar. Diese Unsagbarkeit und Unerkennbarkeit der Erlebnisqualitäten wird später eingehend behandelt, steht aber natürlich von Anfang an im Hintergrund. Auf das Thema Intersubjektivität – woraus Schlick sein Hauptargument für die Strukturthese gewinnt – gehen wir in Abschnitt 3 näher ein. Im gegenwärtigen Abschnitt werden wir versuchen, den Begriff der Struktur zu klären (bzw. zu problematisieren) und dabei auf die Beziehung zwischen Aussagen und Tatsachen eingehen.

Wir beginnen bei Differenzierungen am in der AE zentralen Begriff der Zuordnung (bzw. Bezeichnung), die Schlick in zweierlei Hinsicht vornimmt. In der AE glaubt Schlick noch, hier ohne Unterscheidung auskommen zu können:

Es ist in der Tat zu unterscheiden zwischen Bezeichnung als bloßer „Anzeige", und Ausdruck, Stellvertretung, Bedeutung, Sinn, und vielleicht noch manchem anderen [...] gemeinsam ist aber allen diesen Fällen doch dies, daß es sich um eine *Zuordnung* handelt, und nur das ist für die Erkenntnislehre wesentlich.[22]

---

[19] Siehe das oben, S. 111 f., zitierte Schreiben Schlicks an Rougier.

[20] Relevant sind dort insbesonders die Kapitel 7, 16 und 17.

[21] *Logical Positivism*, S. 97

[22] AE, S. 188

Der Beginn von F&C verneint diese semantische Uniformität und ist der Unterscheidung von Benennen und Ausdrücken gewidmet.[23] Die Korrespondenz eines Namens zu einem Gegenstand ist eine willkürlich hergestellte Beziehung. Dem Wort an sich ist nicht anzusehen, welcher Gegenstand damit bezeichnet werden soll, die Beziehung eines Namens zu einem Gegenstand muss gelernt werden. In dieser bloß darstellenden Weise ist die „Sprache" etwa von Tieren, wie z. B. Bienen, zu verstehen: Es handelt sich dabei um eine Signalsprache, jedes der Zeichen hat eine feststehende Bedeutung, die darin besteht, bestimmte Gegenstände oder Situationen zu bezeichnen.[24] Aber, und dies sieht Schlick als den springenden Punkt, mit einer solchen Signalsprache kann man nur eine beschränkte Zahl von Gegenständen (Situationen, Sachverhalte) benennen, und jede einzelne Benennungsbeziehung muss erlernt werden. Im Gegensatz dazu zeichnet Sprache im eigentlichen Sinn des Wortes zwei Fähigkeiten aus: erstens können mit einer beschränkten Zahl von Zeichen unendlich viele Sachverhalte zum Ausdruck gebracht werden, und zweitens müssen wir, um einen Satz zu verstehen, nicht jedesmal die Beziehung zum entsprechenden Sachverhalt lernen; m. a. W., wir können den Sinn des Satzes an diesem selbst ablesen.

So weit, so klar;[25] Wittgenstein'sche Einflüsse sind unübersehbar,[26] im *Tractatus* findet sich die Unterscheidung von Wörtern, die einen Gegenstand „vertreten" (bzw. „bezeichnen") und deren Bedeutung erklärt werden muss, sowie von Sätzen, die ohne Erklärung verstanden werden.[27]

---

[23] In Schlicks Terminologie „Representation" bzw. „Expression"

[24] Eigentlich sind Namen von Signalen zu unterscheiden, Letztere sind so viel wie „Ein-Wort-Sätze", drücken den Glauben aus, dass die so bezeichnete Situation eingetreten ist; aber dieser Unterschied kann hier übergangen werden.

[25] Zum Problem der Namen in Schlicks Theorie komme ich weiter unten noch zu sprechen.

[26] Vgl. auch Waismanns „Thesen", S. 236 f.

[27] Vgl. dazu insbesondere *Tractatus* 3.203 ff. und 4.026 ff. Allerdings sollte der Einfluss Wittgensteins an dieser Stelle vielleicht nicht überbewertet werden: Be-

Eine notwendige Schlussfolgerung aus der Fähigkeit der Sprache (des Ausdrucks neuer Tatsachen) ist, so Schlick weiter, dass Satz und Tatsache etwas gemeinsam haben müssen, sie müssen „*naturally or essentially* correspond to one another"[28]; nur eine solche Korrespondenz kann erklären, wie man von der einen Tatsache (denn auch der Satz ist eine Tatsache) ausgehend weiß, was diese besagt. Dieses Gemeinsame von Bild (ein Satz ist „a sort of picture"[29]) und Abgebildetem ist die Struktur. Um Sprache zu verstehen, müssen wir Struktur verstehen.

So weit die Grundzüge der Bildtheorie, die Schlick auf offensichtliche Weise vom *Tractatus* übernimmt.[30] Im Gefolge der Aufnahme der Bildtheorie ändert sich Schlicks Auffassung der Wahrheit: Wahrheit wird nun bestimmt als Korrespondenz, „simply identity of structure"[31]. Noch in der AE kritisiert Schlick die Korrespondenztheorie, die er – wie Neurath dann auch nicht zu erwähnen vergißt – noch früher als typisch metaphysisch bezeichnet hat;[32] zusammenfassend heißt es dort:

So zerschmilzt der Begriff der Übereinstimmung vor den Strahlen der Analyse, insofern er Gleichheit oder Ähnlichkeit bedeuten soll [...] alle jene naiven Theori-

reits in der AE finden sich entgegen der eingangs zitierten Stelle auch Passagen, die diese semantische Differenzierung durchaus – und damit unabhängig von Wittgenstein – bereits zum Ausdruck bringen. So heißt es dort etwa (S. 266): „Wir brauchen nicht besonders zu lernen, welche Tatsache durch ein bestimmtes Urteil bezeichnet wird, sondern wir können es dem Urteil selbst ansehen. Das Erkenntnisurteil ist eine *neue* Kombination von lauter *alten* Begriffen."

[28] F&C, erste Vorlesung, S. 156

[29] F&C, erste Vorlesung, S. 169

[30] Wittgenstein nennt dieses Gemeinsame von Bild und Abgebildetem die logische Form; vgl. *Tractatus*, vor allem 2.18 ff.

[31] F&C, dritte Vorlesung, S. 225

[32] Vgl. „Das Wesen der Wahrheit nach der modernen Logik", Kap. I, Abschnitt 6, bzw. Neurath, „Radikaler Physikalismus und ‚Wirkliche Welt'", S. 612.

en, nach denen unsere Urteile und Begriffe die Wirklichkeit irgendwie „abbilden" könnten, sind gründlich zerstört.[33]

Allerdings ist auch hier wieder zu bemerken, dass die Diskrepanz in Schlicks Auffassungen auf den ersten Blick größer scheint als sie tatsächlich ist. Schlicks Kritik in der AE zielt auf die Behauptung einer inhaltlichen Übereinstimmung zwischen Bild und Abgebildetem; und auch bei dem noch in der AE vertretenen Wahrheitsbegriff (Wahrheit als eindeutige Zuordnung) handelt es sich – wie eben auch bei der nun akzeptierten Form einer Korrespondenztheorie – um eine formale Beziehung.

Der Begriff der Struktur ist als rein logischer Begriff intendiert: Schon die Möglichkeit einer Übersetzung eines geschriebenen Satzes mit einer räumlichen Struktur in einen gesprochenen Satz mit einer zeitlichen Struktur zeigt, dass der spezielle räumliche oder zeitliche Charakter für Ausdruck nicht relevant ist. Die für den Ausdruck wesentliche Ordnung ist gegenüber solchen Strukturen von allgemeinerer Natur; bei ihr handelt es sich um „the kind of thing with which Logic is concerned, and we may, therefore, call it Logical Order, or simply Structure"[34]; und in deutlicher Anlehnung an *Tractatus* 4.014 heißt es dann:

A sheet of music with its words and notes is as different as can be from the record on a gramophone disk, and different from the motions of the singer's larynx and the motions of the pianist's fingers: nevertheless all these things may be perfect expressions of one and the same song, which means that the structure of the melody (and of everything else which constitutes the "song") must in some way be contained in them.[35]

Wir werden im Folgenden Schlicks Terminologie folgen und kurz von Struktur sprechen, wenn die rein logischen Eigenschaften von Rela-

---

[33] AE, S. 256

[34] F&C, erste Vorlesung, S. 158

[35] Ebd., S. 159

tionen gemeint sind. Um zu diesem Begriff zu kommen, bedarf es also der „Reinigung" von allem Inhaltlichen; bereits Poincaré befindet sich zwar auf dem richtigen Weg, wenn er nicht den Empfindungen, sondern nur den „Beziehungen zwischen den Empfindungen einen objektiven Wert"[36] zuspricht, doch er bleibt einen Schritt zu früh stehen.[37] Eine Beziehungsbeschreibung vom Typ Poincarés lässt die Glieder der Beziehung unbestimmt und nennt nur die Beziehungen, die zwischen diesen Gliedern bestehen. Zum Begriff der Struktur gelangt man, wenn auch die Beziehungen selbst inhaltlich unbestimmt bleiben, es wird nur die Struktur, der Inbegriff aller rein formalen, logischen Eigenschaften genannt, die die Beziehungen aufweisen, also rein logische Eigenschaften wie Transitivität, Symmetrie, Eineindeutigkeit, Zweistelligkeit usw. (die Relation „Vaterschaft" z. B. enthält u. a. die Struktureigenschaften Intransitivität, Asymmetrie, Ein-Mehrdeutigkeit, Zweistelligkeit).[38]

Da nicht nur die Sätze, sondern auch die Tatsachen die gleiche Struktur aufweisen, ist unter Struktur nichts Sprachimmanentes zu verstehen. Es fragt sich natürlich sofort, was hier das Logische sein soll, denn von Regeln des gültigen Schließens, also von Beziehungen von Sätzen zueinander, ist hier nicht die Rede. Logik, so die einhellig (nicht nur) im Wiener Kreis geteilte Auffassung, handelt nicht von der Welt. Die Gültigkeit der Logik beruht gerade auf dieser Inhaltsleere, alle Sätze der Logik sind letztlich Tautologien.[39] Spricht man aber wie Schlick hier von einer Struktur der Tatsachen in der Welt

---

[36] *Der Wert der Wissenschaft*, S. 199

[37] Vgl. dazu auch Carnap, *Aufbau*, § 16; Schlick hält bereits in „Erleben, Erkennen, Metaphysik" fest, dass Beziehungen zwischen Bewusstseinsinhalten wie die Inhalte selbst ein qualitatives Moment enthalten (und daher nicht mitteilbar sind); ebd., S. 36 f.

[38] Vgl. F&C, erste Vorlesung [erste Version], Inv.-Nr. 181, A. 203a, Bl. 10, wo Schlick bei der Erläuterung des Strukturbegriffs explizit an Russells *Introduction to Mathematical Philosophy* anknüpft.

[39] Vgl. etwa „A New Philosophy of Experience", S. 409, wo Schlick seine Analyse logischer und mathematischer Sätze so zusammenfasst: "They are nothing but

(die den Strukturen der wahren Aussagen entsprechen), so scheint man Aussagen über die Wirklichkeit zu machen, die mit Notwendigkeit gelten sollen. Es scheint nicht recht zusammenzupassen, wenn Schlick in ein und demselben Absatz davon spricht, dass es tautologisch ist, Tatsachen eine Struktur zuzusprechen und zugleich meint, die Strukturiertheit der Welt sei von „so allgemeiner Natur", dass es sinnlos sei, Gegenteiliges zu behaupten.[40] Auf diesen Konflikt zwischen „Widerspiegelung" versus konventionalistischer Regelauffassung des Analytischen werden wir weiter unten zurückkommen; gegenwärtig halten wir fest, dass laut Schlick Tatsachen Strukturen aufweisen. Nun scheint es aber so zu sein, dass es Tatsachen gibt, die durch verschiedene Aussagen mit verschiedener Struktur beschreibbar sind. Ein Beispiel Waismanns verdeutlicht dies:[41] Die geographische Lage von drei Städten kann man angeben, indem man sagt, A liegt nördlich von B und B liegt nördlich von C; man kann aber gleichermaßen sagen, A liegt nördlich von C und B liegt zwischen A und C. Ein und derselbe Tatbestand wird durch verschiedene Aussagen ausgedrückt, und Waismanns Beispiel ist insofern besonders gut gewählt, als in der ersten Beschreibung nur eine zweistellige Relation verwendet wird, in der zweiten auch eine dreistellige: die Strukturen der abbildenden Aussagen unterscheiden sich also rein formal voneinander. Was ist nun die Struktur der entsprechenden Tatsache?

In dieselbe Richtung geht auch ein im Zirkel vorgebrachter Einwand Hahns, der bestreitet, dass die Analyse der Struktur einer Tatsache ein eindeutiges Ergebnis zeitige, „wir sind es, die die Struktur in die Sachverhalte hineintragen, diese Struktur ist etwas von uns Konstruiertes [...]"[42]

certain rules which determine the use of language, i. e. of expression by combination of 'signs.' They are concerned with symbols, not with reality."

[40] F&C, erste Vorlesung, S. 158

[41] Waismann, *Logik, Sprache, Philosophie,* S. 460

[42] Zirkelprotokoll vom 12. Februar 1931, in: Stadler, *Studien zum Wiener Kreis,* S. 283

Hinter solchen Einwendungen steht die Idee, dass es keinen Sinn macht, unabhängig von einem begrifflichen bzw. sprachlichen Rahmen von feststehenden Strukturen der Wirklichkeit zu sprechen. Und an einigen Stellen scheint Schlick selbst dieses Argument zu akzeptieren, etwa wenn es bei ihm heißt, dass von Struktur nur in Bezug auf eine mehr oder weniger willkürliche Interpretation gesprochen werden kann.[43] Am deutlichsten artikuliert Schlick die Idee der Relativität der Struktur in seiner Vorlesung 1933/34:

Der Satz muß erst interpretiert werden, und dasselbe gilt von einem Tatbestand: Er hat nicht von selbst eine und nur diese eine Struktur, er hat sie nur dann, wenn man aus dem komplizierten Tatbestand etwas Bestimmtes herausgehoben hat.[44]

Ein Problem mit dieser Auffassung ist sicherlich, dass der Begriff der Tatsache unklar wird. Ist es ein und dieselbe Tatsache, die mittels verschiedener Strukturen beschreibbar ist, oder muss man dann nicht sagen, dass es sich um verschiedene Tatsachen handelt? Eine mögliche Antwort zumal auf Waismanns Einwand findet sich in einer späteren Stelle von F&C, wo Schlick davor warnt, die Strukturidentität von Aussage und Tatsache falsch zu verstehen. Die Struktur der Aussage „Der Ring liegt auf dem Buch" entspricht demnach „just one feature of the fact"[45]. Waismanns verschiedene Strukturangaben wären also verschiedene Beschreibungen ein und derselben Tatsache, was – so könnte man weitergehend sagen – schon daraus hervorgeht, dass die beiden Strukturangaben einander wechselseitig implizieren, was jedenfalls in extensionaler Betrachtungsweise für Identität ausreichend ist. Aber mit der Idee einer Relativität der Struktur scheint diese Antwort nicht vereinbar zu sein. Sind etwa die Tatsachen in irgendeinem Sinn „absolut" und wir greifen relativ zu einem Rahmenwerk bestimmte Strukturen heraus? Aber wir haben doch (laut

---

[43] F&C, erste Vorlesung [erste Version], Inv.-Nr. 181, A. 203a, Bl. 19

[44] *Die Probleme der Philosophie in ihrem Zusammenhang*, S. 90; vgl. auch ebd., S. 193, wo es heißt, dass Strukturen „immer etwas Selbstgeschaffenes" sind.

[45] F&C, dritte Vorlesung, S. 226

Schlick) nur Zugang zu den Strukturen, was soll es überhaupt für einen Sinn haben, von verschiedenen Strukturen ein und derselben Tatsache zu sprechen? Wichtiger als solche ontologische Unklarheiten erscheint mir im gegenwärtigen Zusammenhang, dass diese Idee einer relativen Struktur schwerlich mit der Korrespondenztheorie der Wahrheit in Übereinstimmung zu bringen ist. Wahrheit soll ja in der Identität der Strukturen von Satz und Tatsache bestehen. Wenn beide nicht unabhängig voneinander bestehen, verliert die Idee einer Korrespondenz ihre ursprüngliche Bedeutung.

Bislang haben wir den Strukturbegriff vor allem in seiner Anwendung auf Aussagen bzw. Tatsachen betrachtet; der Strukturbegriff findet aber auch Anwendung auf Begriffe. Offensichtlich ist dies auch erforderlich, denn Sätze wie „Blätter sind grün" und „Blätter sind rot" unterscheiden sich nur hinsichtlich des zugeschriebenen Farbbegriffs, und gemäß dem Strukturalismus muss der Bedeutungsunterschied dieser Aussagen als struktureller Unterschied erwiesen werden. Schlick hält dies deutlich in folgender Passage fest:

Die Struktur eines Ausdrucks ist nicht die des Satzes allein. Man muß nicht nur die Art und Weise ablesen, in der die Worte zusammengestellt sind, sondern auch auf die Bedeutung der Worte zurückgehen. Es gehören zur Struktur des Ausdrucks also auch alle Anwendungsregeln für die Worte, die man kennen muß. Dadurch wird die Struktur eines Ausdrucks ein sehr kompliziertes Gebilde. [46]

Hier spricht Schlick von Anwendungsregeln, die zur Struktur eines Satzes zu zählen sind. An anderer Stelle spricht Schlick auch einfach von der Struktur von Begriffen. Farbbegriffe (diese stellen die bevorzugten Beispiele dar) haben genau in gleicher Weise eine Struktur wie streng definierte Begriffe wie etwa Zahlen.

It is in the nature of six and twelve that one is half of the other, and it would be nonsense to suppose that instances might be found in which twelve would not be twice as much as six. Similarly, it is not an accidental property of green to range between yellow and blue, but it is essential for green to be related to

---

[46] *Die Probleme der Philosophie in ihrem Zusammenhang*, S. 197

blue and yellow in this particular way, and a colour which were not so related to them could not possibly be called green, unless we decide to give to this word an entirely new meaning. In this way every quality (for instance, the qualities of sensation; sound, smell, heat etc. as well as colour) is interconnected with all others by internal relations which determine its place in the system of qualities. It is nothing but this circumstance which I mean to indicate by saying that the quality has a certain definite logical structure. [47]

In „Gibt es ein materiales Apriori?" tauchen diese beiden Bestimmungen innerhalb eines Absatzes nebeneinander auf: Begriffe haben eine Struktur, die ihre Bedeutung restlos bestimmt; die Bedeutung eines Wortes ist allein durch die Regeln bestimmt, die für seinen Gebrauch gelten. [48]

Es ist von vornherein schwer zu sehen, wie diese Regelauffassung mit dem bislang über den Strukturbegriff Gesagten in Einklang zu bringen ist. Es handelt sich hier ja um Bestimmungen, die in gänzlich verschiedene Richtungen gehen: Einerseits sollen wir zur Struktur gerade dadurch gelangen, indem wir eine Art Abstraktionsprozess durchführen, also durch eine „logische Reinigung", die zu rein logischen, relationstheoretischen Begriffen führt. Andererseits werden hier die Anwendungsregeln als strukturelle Eigenschaften genommen. Die Regeln der Anwendung eines Wortes kulminieren aber, wie Schlick oftmals betont, in der hinweisenden Definition, im unmittelbar Gegebenen. Schon von daher scheinen die beiden Bestimmungen der Bedeutung nicht zusammenzupassen.

Aber die beiden Bestimmungen widersprechen einander auch in einem grundsätzlichen Aspekt. Die Strukturen von Aussagen und Tatsachen entsprechen einander. Wie ist dies mit Bezug auf Begriffe zu verstehen? Zu beachten ist hier, dass Schlick selbst immer wieder zwischen den Redeweisen von „Struktur von Farben" und „Struktur von Farbbegriffen" wechselt, sodass auch hier (wie bei Aussage und Tatsache) eine Art Widerspiegelung, diesmal von Begriff und Gegenstand, zum Ausdruck gebracht scheint. In seinem Angriff auf das

---

[47] F&C, erste Vorlesung, S. 162

[48] Ebd., S. 468

materiale Apriori der Phänomenologie jedoch legt Schlick höchstes Gewicht darauf, dass die von der Phänomenologie als apriorische Wirklichkeitserkenntnis ausgegebenen Sätze zwar tatsächlich apriorisch sind, jedoch nichts über die Wirklichkeit aussagen, sondern allein im sprachimmanenten Bereich bleiben. Wir sagen nichts über notwendige Verhältnisse der Wirklichkeit aus, wenn wir Sätze von der Art „Was rot ist, kann nicht grün sein" äußern. Die notwendige Geltung ist rein tautologisch und beruht allein auf der Bedeutung der verwendeten Begriffe, die phänomenologischen Sätze sind nichts anderes als (illegitime) Sätze, die die Grammatik unserer Begriffe ausdrücken und keine Aussagen über die Wirklichkeit, als die sie ausgegeben werden.[49] Diese Position Schlicks scheint inkonsistent zu sein: Gemäß der Strukturthese handelt ein Satz wie der eben als Beispiel angeführte von der Struktur von Farbbegriffen, bringt eine wesentliche Eigenschaft dieser Begriffe zum Ausdruck. Damit wird aufgrund der Isomorphie auch eine wesentliche Eigenschaft der Farben selbst ausgedrückt, also über die Wirklichkeit gesprochen. Dem widerspricht aber Schlicks Regel-Konventionalismus des Analytischen, wonach es sich bei derartigen Sätzen um von uns willkürlich festgelegte Bedeutungsregeln für unsere Farb-Wörter handelt. Die Regel-Auffassung ist nicht mit der Redeweise von „wesentlichen Eigenschaften" (die sich als Struktureigenschaften herausstellen sollen) vereinbar.[50]

Im zuletzt problematisierten Punkt war nun – eben auch im Anschluss an Schlick – die Rede von „wesentlichen Eigenschaften", der

---

[49] Schlicks Angriff auf das materiale Apriori der Phänomenologie wird von mehreren Autoren – überwiegend kritisch – behandelt; siehe Schmit, „Moritz Schlick und Edmund Husserl. Zur Phänomenologiekritik in der frühen Philosophie Schlicks"; Simons, „Wittgenstein, Schlick und das Apriori"; Stubenberg, „Schlick versus Husserl: Über Schlicks Unfähigkeit, das Wesen der phänomenologischen Wesensschau zu erfassen".

[50] Diese Ambivalenz Schlicks wird auch von Delius festgehalten, vgl. *Untersuchungen zur Problematik der sogenannten synthetischen Sätze apriori*, insbesondere S. 62 f.

„Natur" von Farben bzw. Farbbegriffen etc. Und in der zuletzt zitierten Stelle taucht in diesem Zusammenhang der Begriff der „internen Relationen" auf. In der ersten Fassung der ersten Vorlesung macht Schlick deutlich, dass er sich mit diesem Begriff terminologisch an Moore und Wittgenstein anschließt;[51] bei Moore heißt es:

The quality "orange" is intermediate in shade between the qualities yellow and red. This is a relational property, and it is quite clear that, on our assumption, it is an internal one. Since it is quite clear that any quality which were *not* intermediate between yellow and red, would necessarily be *other* than orange; and if any quality *other* than orange must be *qualitatively* different from orange, then it follows that "intermediate between yellow and red" is internal to "orange".[52]

Wittgenstein führt den Begriff der internen Relation ein in *Tractatus* 4.122; daran anschließend heißt es (4.123):

Eine Eigenschaft ist intern, wenn es undenkbar ist, daß ihr Gegenstand sie nicht besitzt.
(Diese blaue Farbe und jene stehen in der internen Relation von heller und dunkler eo ipso. Es ist undenkbar, daß *diese* beiden Gegenstände nicht in dieser Relation stünden.)

Diese internen Relationen bestehen also z. B. in der Ähnlichkeit zweier Farben, während die Ähnlichkeit hinsichtlich der Farbe, die zwischen zwei bestimmten Gegenständen besteht, eine externe Relation ist. Die internen Relationen stellen die Wesenseigenschaften einer Farbe oder die Grammatik des Farbbegriffs dar (wobei nun von der Divergenz dieser beiden Bestimmungen, für die oben argumentiert wurde, abgesehen wird), also notwendige Beziehungen. Externe Relationen bringen dagegen kontingente Merkmale zum Ausdruck; es ist ja zweifellos ein empirisch-kontingentes Merkmal der Wirklichkeit, dass auf meinem Schreibtisch zwei Bücher liegen, die hinsichtlich der Farbe einander ähnlich sind – die Bücher müssen ja gar nicht auf dem Tisch liegen, oder sie könnten ja beide auch andere Farben haben.

---

[51] F&C, erste Vorlesung [erste Version], Inv.-Nr. 181, A. 203a, Bl. 8

[52] Moore, „External and Internal Relations", S. 286 f.

Nachdem nun Schlick diesen Unterschied zwischen internen und externen Relationen eingeführt hat, hält er fest, dass streng gesprochen nur externe Relationen ausdrückbar sind,

that propositions express facts in the world by speaking of objects and their external properties and relations. And it would be a serious misunderstanding of our statements if you believed that propositions could *speak of* logical structures or *express* them in the same sense in which we speak of objects and express facts. Strictly speaking non of our sentences about the green leaf expresses the internal structure of the green, nevertheless it is revealed by them in a certain way, or – to use Wittgenstein's term – it is *shown forth* by them.[53]

Hier handelt es sich also um eine andere Art eines Unsagbaren, das sich nur „zeigen" lässt. Diese Art der Unsagbarkeit, die spezifisch für die *Tractatus*-Auffassung ist, von Schlick aber nur eher nebenbei vertreten wird, scheint allerdings nicht leicht mit dem bisher Ausgeführten in Einklang zu bringen zu sein. Denn nach dem bisher Ausgeführten ist ja mit einem Prädikat wie „Grün" eben kein qualitativer Inhalt gemeint oder ausgedrückt, sondern eben, dass es sich hier um etwas handelt, das im Farbenraum durch bestimmte rein logische Beziehungen zu den anderen Elementen in diesem Raum bestimmt ist, in Schlicks Worten:

What, for instance, is that green we have been talking about so much? Our answer was: it is something that has a certain internal structure.[54]

Nun stellt sich die Frage, was überhaupt noch an Aussagbarem übrig bleibt. Wenn ein Farbwort weder für den qualitativen Inhalt noch für eine Stelle in einem System steht, die durch interne Relationen bestimmt wird, dann scheint einfach nichts mehr übrig zu bleiben; was kann dann überhaupt mit Ausdrücken wie Farbwörtern gemeint sein? Die Anerkennung der Unsagbarkeit interner Relationen scheint eine Konzession an Wittgenstein zu sein, bei dem allerdings keine Rede von einer Unsagbarkeit des Inhalts ist.

[53] F&C, erste Vorlesung, S. 163

[54] F&C, erste Vorlesung [erste Version], Inv.-Nr. 181, A. 203a, Bl. 11

Gehen wir noch einmal zurück zur Unterscheidung, die Schlick am Beginn seiner Arbeit macht, d. h. die Unterscheidung zwischen Benennen und Ausdrücken („representation" bzw. „expression"). Die Unterscheidung findet sich auch im *Tractatus*: dort wird unterschieden zwischen Namen, die vertreten bzw. bedeuten, und Sätzen, die Sinn haben. Der *Tractatus*-Konzeption zufolge bestehen die Tatsachen der Welt aus einer wechselnden Struktur von immer denselben einfachen Gegenständen, die in diesen wechselnden Konfigurationen wiedererkennbar sind; die Analyse muss zu einfachen Elementen führen, denen auf der sprachlichen Seite Namen entsprechen. Diesen einfachen Elementen, den „unzerstörbaren Gegenständen" – der „Substanz der Welt" – entsprechen nach dem Verfasser des *Tractatus* „Urzeichen", die im Elementarsatz unmittelbar (d. h. auf jeden Fall nicht wahrheitsfunktional) zusammenhängen. Bekanntlich gab Wittgenstein nie Beispiele für einen der genannten Begriffe; sie sind in dem Sinn theoretische Entitäten, als ihre Existenz nach Wittgensteins Ansicht zwingende Voraussetzung der Bildtheorie und damit der Beschreibbarkeit der Welt ist.[55]

Unbefriedigend und dunkel, wie sich diese Situation im *Tractatus* darstellt, scheint doch irgendeine Theorie der Namen für die Bildtheorie essentiell zu sein. Aber seltsamerweise spricht Schlick, nachdem er die Unterscheidung Benennen/Ausdrücken zum Ausgangspunkt seiner Untersuchungen gemacht hat, vom Benennen so gut wie gar nicht mehr; an manchen Stellen springt diese *lacuna* förmlich ins Auge, etwa wenn es heißt:

We must remember that the sentence has been given a logical structure and a meaning only by assigning definite significations to its parts; it is only through

---

[55] Eine Deutung der Elementarsätze als Sinnesdaten-Sätze oder Ähnliches war nach Ayers Worten „an assumption generally made at the time by those who latched on to the *Tractatus,* including philosophers with whom Wittgenstein was personally in contact." Und man möchte Ayer zustimmen, wenn er fortfährt: „If he did not accept it, one wonders why he allowed them to think that he did"; Ayer, *Part of my Life,* S. 116.

this interpretation that it has become a proposition at all (instead of remaining a simple ordinary dead fact) and has become coordinated to the expressed fact. [56]

Damit scheint eine zirkuläre Situation zu entstehen: Struktur (und damit Bedeutung) hat ein Satz nur, wenn seinen Bestandteilen Bedeutung gegeben wird, also den Namen entsprechende Referenzobjekte in der Erfahrung zugeordnet werden. Aber die Träger der Namen müssen reidentifizierbar, wiedererkennbar sein, was nach der Strukturthese nur durch ein Urteil möglich ist, das allein eine Struktur betrifft. Eine gewisse Unschlüssigkeit Schlicks, dieses Problem betreffend, lässt sich auch im Text erkennen; in einem (allerdings gestrichenen und daher nicht publizierten) Nebensatz der zweiten Vorlesung spricht Schlick von der Einsicht der Logiker, dass hinweisende Wörter wie „dies" die einzigen echten Eigennamen darstellen. [57] M. a. W. besteht das Problem hier offenbar darin, dass in irgendeinem Sinn eine unmittelbare Referenz auf die Erfahrungsbasis gefordert ist, aber gleichzeitig nicht einzusehen ist, wie diese Referenz mittels reiner Strukturaussagen ausdrückbar ist. Freilich könnte man die unmittelbare Referenz auf Sinnesdaten mit „dies" wiedergeben z. B. als „dasjenige, was ich jetzt gerade wahrnehme", doch damit ist das Problem nur verschoben auf die in diesem Analysevorschlag vorkommenden deiktischen Ausdrücke „ich" und „jetzt". [58] Auf deiktische Ausdrücke werden wir im Verlauf dieser Arbeit noch mehrfach

[56] F&C, dritte Vorlesung, S. 228

[57] Inv.-Nr. 181, A. 206, Bl. 7; hier denkt Schlick wohl an Russell, vgl. etwa „The Philosophy of Logical Atomism", S. 201. Nur nebenbei sei erwähnt, dass diese Auffassung Russells nicht mit dem *Tractatus* kompatibel ist: Dort ist die Bedeutung eines Namens der Gegenstand, für den er steht, bei „dies" ändert sich aber die Bedeutung ständig, das Wort bezeichnet je nach Kontext verschiedene Objekte.

[58] Russell dagegen nimmt „dies" als primär und definiert auf dieser Grundlage die anderen deiktischen Ausdrücke wie eben „jetzt" („The time of this") und „ich" („The biography to which this belongs"); *An Inquiry into Meaning and Truth*, S. 108.

zurückkommen,[59] hier sei nur festgehalten, dass diese Problematik in F&C offenbleibt.[60]

Als vorläufiges Ergebnis der bisherigen kritischen Exposition ist also festzuhalten, dass sich der Begriff der Struktur bei Schlick bei näherer Betrachtung als ziemlich schillernd erweist.[61] Gewissermaßen ist das ein paradoxes Ergebnis, denn damit bleibt gerade die Grundlage des sprachlichen Ausdrucks einigermaßen im Dunkeln, während beim Inhalt, dem Qualitativen des Erlebens (dem „Wie es ist" in Thomas Nagels später bekannt gewordener Formulierung)[62], recht klar ist, was gemeint ist – aber davon kann nach Schlick nicht gesprochen werden. Ein eindeutiges Manko ist dabei der Mangel an hinreichend ausgeführten Beispielen; Schlick führt nicht wirklich vor, wie auch nur einfache vermeintlich inhaltliche Aussagen als rein strukturelle analysiert werden können, bzw. „untergräbt" seinen Strukturalismus mit der These, wonach auch die internen Relationen unsagbar sein sollen. Diese mangelnde Explikation der positiven Seite der Strukturthese (wobei natürlich zu beachten ist, dass die Unklarheit möglicherweise auch am kritischen Interpreten liegt) verdankt sich vermutlich jedenfalls zum Teil der Überzeugung Schlicks, dass die Grundthese –

---

[59] Etwa in Kapitel V, Abschnitt 2, insbesondere S. 190 und 197.

[60] Auch Bernard Harrison bemerkt, dass die Problematik der Namen bzw. der unmittelbaren Referenz auf die Erfahrung in F&C zu wenig beleuchtet ist; und auch er meint, hier eine zirkuläre Situation zu erkennen. Allerdings leuchtet mir der entsprechende Einwand – so wie Harrison diesen konstruiert – nicht ganz ein; siehe Harrison, *Form and Content*, Kap. 2, insbesondere S. 49.

[61] Zu beachten ist dabei auch, dass Schlick in der ersten Version der ersten Vorlesung beim Struktur-Begriff noch auf Russell verweist (siehe oben, S. 119, Anm. 38), diesen Verweis im Zuge seiner Überarbeitung aber weglässt; Analoges gilt auch beim Begriff der internen Relation und dem ursprünglichen Verweis auf Wittgenstein und Moore (siehe oben, S. 125).
Auch Hanfling und Turner verweisen auf die Schwierigkeiten, Schlicks Strukturbegriff präzise zu fassen; vgl. Hanfling, *Logical Positivism*, S. 100, bzw. Turner, „Conceptual Knowledge and Intuitive Experience: Schlick's Dilemma", S. 302 f.

[62] Vgl. Nagel, „What it is like to be a bat?"

nur Strukturen sind ausdrückbar – ungeachtet der genaueren Ausgestaltung richtig sein muss, weil eben Inhaltliches nicht mitteilbar ist. Dem Hauptargument Schlicks für die Unausdrückbarkeit von Inhaltlichem wenden wir uns im nächsten Abschnitt zu; vorher bemühen wir uns noch um eine weitere Verdeutlichung von Schlicks Strukturalismus mittels des Vergleichs mit Ansätzen anderer Denker, vor allem demjenigen Carnaps im *Aufbau*.

Struktur und Inhalt: Schlick und Carnap

Die vorliegende Arbeit ist auch der Versuch, zumindest einige der wichtigsten externen Beziehungen zwischen Schlicks Werk und den Arbeiten anderer Denker aufzuzeigen; im Fall von F&C mag dies auch dazu dienen, das Verständnis dieser schwierigen Schrift zu vertiefen.

Ungeachtet der zahlreichen Anregungen, die Schlick dem *Tractatus* verdankt, ist Wittgenstein gerade nicht als Strukturalist zu charakterisieren; unsagbar ist nach diesem gerade die logische Form als des Gemeinsamen von Satz und Tatsache[63] (die als unsagbare interne Eigenschaft wie gesagt auch von Schlick, aber eher nur nebenbei, vertreten wird), eine unmittelbare Kenntnis der Bedeutung von Namen ist vorausgesetzt bzw. nach Wittgenstein zwingende Folge der Bildtheorie. Russells Bedeutung in diesem Zusammenhang besteht zunächst einmal darin, dass er mit der Definition des Strukturbegriffs die logischen Grundlagen liefert.[64] Einen Ausbau liefert er dann in dem Buch *Philosophie der Materie*.[65] Der erkenntnistheoretische Kern dieses in erster Linie mit den modernen physikalischen

[63] Von einer ganz anderen Art des Unsagbaren im *Tractatus*, nämlich der des Mystischen, sei hier völlig abgesehen.

[64] Siehe etwa *Introduction to Mathematical Philosophy*, Kap. 6; Russell definiert dort den Begriff der Struktur einer Beziehung als ihre Beziehungszahl („relation-number"), d. h. als „the class of all those relations that are similar to the given relation" (S. 56). Diese Definition wird auch von Carnap im *Aufbau* aufgegriffen; siehe ebd., §§ 11 und 34.

[65] Diese Übersetzung erschien 1929, das Original *Analysis of Matter* 1927.

Theorien beschäftigten Werkes liegt in der Verbindung des Strukturalismus mit einer kausalen Wahrnehmungstheorie; die Schwierigkeit besteht nach Russell in der Frage, „welche Bestandteile eines Wahrnehmungsinhaltes zu einem Schluß auf die Existenz von etwas von ihm selbst Verschiedenem benutzt werden können"[66], und die Beantwortung der Frage besteht darin, dass nur die strukturellen Eigenschaften der Außenwelt, die denen des Wahrgenommenen entsprechen, erkannt werden können; die „innere Natur" der Außenobjekte bleibt dabei notwendigerweise unbekannt.[67] Schlick geht auf dieses Werk Russells in F&C nicht ein, obwohl er das Buch nicht nur kannte, sondern sogar rezensierte.[68] Der grundlegende Unterschied zum Strukturalismus von F&C scheint mir darin zu bestehen, dass Russell den Ausgangspunkt für diesen Schluss, die Sinnesdaten („Wahrnehmungsinhalte"), für inhaltlich erkennbar hält; und damit sind a fortiori auch die Aussagen über Physisches – da auf der Basis der Wahrnehmungsinhalte erschlossen (bzw. als Verursacher derselben eingeführt) – nicht als gänzlich reine Strukturaussagen zu betrachten.[69]

Finden Wittgenstein und Russell an mehreren Stellen von F&C wenigstens kurz Erwähnung, so sucht man vergeblich nach dem Namen Carnap. Schon allein diese Tatsache ist bemerkenswert,[70] denn es ist kaum zu bezweifeln, dass Schlick durch den *Aufbau* in der

---

[66] Ebd., S. 229; im Original hervorgehoben

[67] Ebd., S. 239

[68] In dieser – allerdings sehr kurzen – Rezension bemängelt Schlick Inkonsequenzen Russells aufgrund dessen „Hinneigung zu einer ‚realistischen' Ansicht"; [„Rezension von Bertrand Russell, *Philosophie der Materie*"], S. 228.

[69] Für eine kritische Diskussion von Russells Version des Strukturalismus siehe Demopoulos/Friedman, „Crititcal Notice: Bertrand Russell's *The Analysis of Matter*: Its Historical Context and Contemporary Interest", sowie Demopoulos, „Russell's Structuralism and the Absolute Description of the World".

[70] Freilich könnte diese Nicht-Erwähnung auch dadurch motiviert sein, dass sich Carnaps Ansichten zur Zeit von Schlicks Arbeit an F&C bereits weiterentwickelt hatten; vgl. dazu die im nächsten Abschnitt angeführten Physikalismus-Aufsätze

strukturalistischen Grundthese, wonach nur Strukturen erkennbar und ausdrückbar sind, maßgeblich angeregt wurde.[71] Das stillschweigende Übergehen dieses von Schlick 1929 als „Markstein in der gegenwärtigen Philosophie" bezeichneten Werkes[72] ist ein zusätzlicher Grund, wenigstens auf einen – allerdings fundamentalen – Unterschied zwischen beiden Ansätzen einzugehen.

Ein Konstitutionssystem im Sinne Carnaps ist der Versuch, alle Gegenstände (Gegenstand im weitesten Sinne) rein strukturell zu kennzeichnen. Um die Konstruktion überhaupt erst in Gang zu bringen, benötigt Carnap eine Basis. Als solche wählt er eine einzige Grundrelation (*Er*), die „Ähnlichkeitserinnerung"; die Grundelemente, zwischen denen diese Relation besteht, sind die „Elementarerlebnisse" (daher auch die Bezeichnung „methodischer Solipsismus")[73]. Daraus ergibt sich sofort das folgende Grundsatzproblem: *Er* ist ja eine nicht-logische, empirische Relation. Auch gegeben, dass die gesamte Konstitution auf dieser Basis erfolgreich ist, also dass neben *Er* nur relationslogische Begriffe verwendet werden müssen, bleibt diese Grundrelation als nicht-logische Basis davon ja unberührt. Ja, man muss sogar sagen, dass die ganze Leistung des *Aufbaus* eben darin besteht, zu zeigen, dass mit einer einzigen nicht-logischen, undefinierten Grundrelation das Auslangen zu finden ist, dass auf dieser Basis alle anderen Begriffe (bzw. Gegenstände) definiert werden können. Demnach ist „jede wissenschaftliche Aussage im Grunde eine Aussage über die Grundrelation(en)"[74]. Damit ist aber die Zielsetzung des *Aufbaus* noch nicht erreicht: Ziel war ja der Nachweis, dass sich al-

Carnaps oder auch die Protokolle der Zirkelsitzungen im Frühjahr 1931 in Stadler, *Studien zum Wiener Kreis*, S. 292 ff.

[71] Vgl. dazu oben, S. 46 und 50, oder auch das Zitat von Zilsel, oben, S. 109, Anm. 7.

[72] „[Rezension von:] Rudolf Carnap, *Der logische Aufbau der Welt*", S. 202

[73] *Aufbau*, § 64

[74] Ebd., § 119; im Original hervorgehoben

le (wissenschaftlichen) Aussagen als reine Strukturaussagen erweisen lassen:

We have, to be sure, drastically reduced the number of nonlogical primitives and have characterized almost all concepts purely formally or structurally. But the ultimate goal of construction theory still eludes us, for the scientific objectivity of the basic relation *Rs* [*Er*] has itself not yet been shown. Moreover, since all other concepts have been reduced to *Rs*, all we have really shown so far is that they are objective if it is. In other words, Carnap's program requires a *complete* formalization of all concepts of science, and we have achieved so far merely a partial (albeit still very impressive) formalization.[75]

In den Paragraphen 153-155 versucht Carnap zu zeigen, dass diese Grundrelation eliminiert werden kann, also ebenfalls in rein logischen Begriffen ausdrückbar ist. Wir werden nicht mehr weiter der Frage nachgehen, ob dieser Versuch erfolgreich ist;[76] letztlich handelt es sich bei diesem Problem m. E. um ein unlösbares Dilemma. Dazu gleich Näheres; nun wieder zu Schlick.

Erinnern wir uns noch einmal an Carnaps Einwände gegen Schlicks Konzeption der impliziten Definition; Kern dabei war, dass implizit definierte Begriffe eigentlich nur Variable sind, dass also Sätze, die implizit definierte Begriffe enthalten, eigentlich gar keine Aussagen, sondern Aussagefunktionen sind, also nichts Bestimmtes bedeuten.[77] Wir haben bereits früher einen Brief Schlicks zitiert, in dem er dieses Ergebnis zu akzeptieren scheint.[78] Und auch in F&C nimmt Schlick diesen Faden wieder auf: Strukturaussagen sind bloße Aussagefunktionen, sie bedeuten also noch nichts Bestimmtes. Der

---

[75] Friedman, „Carnap's *Aufbau* Reconsidered", S. 101; was Carnap betrifft, so stütze ich mich auch im Folgenden auf diesen Aufsatz.

[76] Carnap greift dabei zurück auf den Begriff einer „erlebbaren, ‚natürlichen' Beziehung", die er als „fundierte Relation" bezeichnet (§ 154). Dieser Begriff soll ein logischer Grundbegriff sein, worin auch Carnap „noch ein ungelöstes Problem" sieht (§ 155).

[77] Siehe oben, S. 62 f.

[78] Siehe oben, S. 71.

Schritt von Aussagefunktionen zu echten Aussagen geschieht erst durch das „Auffüllen" der leeren Strukturen.

It would be absurd to suppose that we can give a signification to our system by the introduction of new and more complicated signs, especially as everybody knows perfectly well *the way in which an interpretation of a formal system is actually given by the scientist: it is done by observation.* [...] Observation involves content ("data of consciousness" in the ordinary questionable way of speaking), and just because it does this can it link our symbols to the (real) world – or I should rather say: the two phrases "involving content" and "linking to reality" are equivalent in their use.[79]

Dieses Auffüllen der leeren Struktur, das überhaupt erst bedeutungskonstitutiv ist, ist die private Sache jedes Beobachters. Ob die Inhalte verschiedener Beobachter gleich, ähnlich oder gänzlich verschieden sind, ist in keiner Weise nachprüfbar und damit eine sinnlose Frage.

Zuerst einmal ist festzuhalten, dass nicht einzusehen ist, wie dies mit dem bisher Ausgeführten in Einklang zu bringen ist. War bislang immer davon die Rede, dass Bedeutung nichts mit Inhalt zu tun hat, ergibt sich nun, dass letztlich Inhalt bedeutungsstiftend ist, dass mit Strukturangaben allein überhaupt nichts Bestimmtes gemeint sein kann. Ein weiteres Problem mit dieser Auffassung ist sicher, dass es dann nicht mehr möglich ist, zwischen rein formalen Kalkülen (wie etwa einer „reinen", uninterpretierten Geometrie) und einer empirischen Wissenschaft (als angewandtem Kalkül) zu unterscheiden, denn der Unterschied zwischen beiden ist ja gerade die Füllung durch Erlebnisinhalte bei Letzterer, die aber nicht ausdrückbar ist.[80] Dieser Einwand lässt sich noch weiter radikalisieren und wir werden noch darauf zurückkommen;[81] was sich hier ausdrückt, ist die Spannung zwischen dem strukturalistischen Ansatz, wonach die Bedeu-

---

[79] F&C, zweite Vorlesung, S. 207; es ist gut möglich, dass diese Redeweise von „komplizierten Zeichen" eine Anspielung auf den *Aufbau* darstellt.

[80] Dieser Einwand stammt von Friedman, „Moritz Schlick's *Philosophical Papers*", S. 30 f.; zustimmend auch Turner, „Conceptual Knowledge and Intuitive Experience", S. 303.

[81] Siehe unten, S. 158.

tung sprachlicher Ausdrücke vollständig in Strukturangaben besteht, und dem Verifikationismus, wonach für die Feststellung der Bedeutung inhaltlicher Begriffe letztlich auf die Erlebnisebene rekurriert werden muss.

Bei beiden – Schlick wie Carnap – stellt sich das Problem des Verhältnisses der reinen Strukturaussagen zu ihrem Inhalt. Carnap ist gemäß seinem eigenen Programm dazu verpflichet, auch seinen Ausgangspunkt, die inhaltliche Ähnlichkeitsrelation *Er*, zu formalisieren. Gelingt dieses (sehr zweifelhafte) Unternehmen, dann kann man gar nicht mehr sagen, was denn im *Aufbau* überhaupt aufgebaut wird. Jede Beziehung zur Empirie geht verloren, da ja das gesamte System nur noch logische Ausdrücke enthält, die ganze Konstruktionsleistung wird, um einen bereits früher zitierten Ausdruck Schlicks zu verwenden, zu einem „bloßen Spiel mit Symbolen"[82]; diese Problemlage stellt das oben angeprochene Dilemma Carnaps dar. Für Schlick ist der Inhalt sogar erforderlich, um überhaupt zu garantieren, dass unsere Aussagen echte Aussagen sind, dass sie von etwas Bestimmtem handeln. Der Preis für diesen Lösungsversuch ist nun, dass dieser Inhalt unausprechbar sein soll. Dem Hauptargument Schlicks für diese Unausprechbarkeit wenden wir uns nun zu.

3. Verifikationismus und Strukturalismus

Zuweilen wurde behauptet, in Schlicks Denkweg ließen sich zwei verschiedene Antworten auf die Frage ausmachen, worin die Bedeutung sprachlicher Gebilde bestehe. Die eine sei eine holistische, wonach Bedeutung in der wechselseitigen Beziehung unserer Begriffe und Sätze untereinander bestehe; die zweite eine atomistische, wonach jeder einzelne Ausdruck durch Rückgang auf die Erlebnisebene erklärt wird. Die AE beinhalte mit dem Begriff der impliziten Definition eine Spielart der ersten Antwort (die Begriffe gewinnen Bedeutung durch wechselseitige Definition), die in F&C ihre elaborierteste

---

[82] Siehe oben, S. 63.

und radikalste Ausprägung erfährt. Der Atomismus, den Schlick ab Mitte der zwanziger Jahre aufgreift, stehe mit diesem Holismus in Konflikt; nach einigen Jahren, in denen das Unverträgliche nebeneinander steht, lässt Schlick schließlich den Holismus fallen (äußerlich manifestiert durch die Entscheidung, F&C nicht zu publizieren) und der Atomismus trägt den Sieg davon.[83]

Diese Darstellung ist nicht falsch – und bereits im vorhergehenden Abschnitt kamen wir auf diese Spannung zu sprechen[84] – aber doch aus mehreren Gründen zu vereinfachend.[85] Verifikationismus und Strukturalismus stehen nicht in einem strengen Ausschließungs-Verhältnis, und Schlick selbst stellt an mehr als einer Stelle die Verbindung zwischen beiden her, besonders deutlich heißt es etwa:

A proposition will be verified, the truth will be established if the structure is the same as the structure of the fact it tries to express. [...] The logical structure of the proposition has of course, very little to do with the linguistic grammatical structure of the sentence and is ever so much more complicated. In order to get at it we must imagine all the words of the sentence to be replaced by their definitions, the terms occuring in the definitions must be replaced by subdefinitions, and so on until wie reach the boundary of ordinary verbal language where it ends in gestures or prescriptions to perform certain acts.[86]

Wichtig für den gegenwärtigen Stand der Diskussion ist, dass es keineswegs der Fall ist, dass F&C „inkonsistenterweise" verifikationistische Ideen enthält;[87] im Gegenteil, das im Folgenden zu bespre-

---

[83] So der Tenor von Friedman, „Moritz Schlick's *Philosophical Papers*", Abschnitt II, und Bertram/Lauer/Liptow/Seel, *In der Welt der Sprache*, S. 64-69.

[84] Diese Spannung besteht in den nur schwer in Einklang zu bringenden Bestimmungen, wonach die Bedeutung von Begriffen einerseits in ihrer Struktur, andererseits in den im Gegebenen kulminierenden Gebrauchsregeln liegen soll (siehe oben, S. 122 f.), sowie im Zusammenhang mit dem Begriff der „Füllung" (siehe oben, S. 134).

[85] So etwa wird die Rolle der impliziten Definition in der AE meines Erachtens nicht richtig gesehen; wie oben (S. 55 f. bzw. 69) ausgeführt, geht es dort vor allem um das Problem der Vagheit der anschaulichen Begriffe.

[86] F&C, dritte Vorlesung, S. 228

[87] Bertram/Lauer/Liptow/Seel, a. a. O, S. 67, Anm. 62.

chende Hauptargument für den Strukturalismus bzw. die Unsagbarkeit der Erlebnisinhalte gewinnt Schlick gerade aus verifikationistischen Erwägungen. Wie bereits im einleitenden Abschnitt dieses Kapitels erwähnt, gewinnen diese Erwägungen in der Neufassung der ersten Vorlesung an Gewicht, offensichtlich war Schlick selbst mit der Durchschlagskraft der auf Bildtheorie und Strukturbegriff aufbauenden logisch-semantischen Begründung des Strukturalismus (wie sie im vorhergehenden Abschnitt besprochen wurde) nicht zufrieden.

Die Konsequenzen, die aus dem Verifikationismus für die Ausdrückbarkeit von Erlebnisinhalten zu ziehen sind, wurden im Wiener Kreis allerdings höchst unterschiedlich gesehen. Am besten nachzuvollziehen und in seiner Eigenheit zu würdigen ist Schlicks Verbindung von Verifikationismus und Strukturalismus anhand des Physikalismus, den Carnap und Neurath Anfang der dreißiger Jahre entwickelten.[88]

Physikalismus

Angenommen, ein Subjekt A äußert einen Satz über ein Erlebnis, z. B. „Ich bin durstig". Ein Erlebnis ist stets ein Erlebnis eines bestimmten Subjekts, B kann sich nicht in derselben direkten Weise auf das Erlebnis des A beziehen wie dieser. Gemäß dem Verifikationsprinzip[89] sind bei dieser Sachlage die Erlebnissätze von A, verstanden als bezugnehmend auf nur dem A direkt zugängliche Erlebnisse, für andere Subjekte unverständlich. Alles was B erkennen kann, ist – auf dem Weg der Wahrnehmung – das körperliche Verhalten von A (einschließlich Sprachverhalten). Bezieht sich ein Subjekt auf seine eigenen Erlebnisse (und werden diese Erlebnisse als nicht-physische

---

[88] Wegen des Vorzugs der argumentativen Klarheit werden wir uns im Folgenden hauptsächlich an Carnap halten.

[89] In Carnaps Formulierung: „Ein Satz besagt aber nicht mehr, als was sich an ihm nachprüfen läßt." („Die physikalische Sprache als Universalsprache der Wissenschaft", S. 454)

verstanden), so ergibt sich zuerst einmal die Konsequenz, dass Erlebnissätze nur vom jeweiligen Subjekt verstanden werden können; derartige Sätze können „nur monologisch verwendet werden"[90]. Aber eine solche monologische Sprache ist sinnlos, Ziel der Sprache ist eben Mitteilung. Diese Mitteilungsfunktion kann nur dadurch erfüllt werden, indem sich A mit einer Erlebniszuschreibung auf etwas bezieht, was auch anderen Subjekten zugänglich ist. Intersubjektive Verständigung ist demnach nur möglich, wenn der von A gemeinte Sachverhalt auch von anderen Subjekten prinzipiell verifiziert werden kann. Kurz gesagt: notwendige Bedingung für Mitteilbarkeit ist die intersubjektive Verifizierbarkeit.

Weiters: Erlebnissätze sollen ja in der Wissenschaft dazu dienen, Hypothesen zu bestätigen oder zu widerlegen. Es muss also möglich sein, aus wissenschaftlichen Sätzen Erlebnissätze abzuleiten, andernfalls gäbe es keine Verbindung zwischen physikalischen Sachverhalten und Erlebnissen. Eine solche Ableitbarkeit ist aber unmöglich, wenn sich physikalische und Erlebnis-Sätze in völlig getrennten Sphären befänden; es gäbe dann keine Beziehung zwischen Wissenschaft und Erlebnissen, ja (so könnte man wohl konsequenterweise weiterführend sagen), der Ausdruck „empirische Wissenschaft" würde seinen Sinn verlieren. Die (unverzichtbare) Beziehung zwischen Erlebnis-Sätzen und physikalischen Sätzen kann nur so verstanden werden, dass auch zwischen den Sachverhalten, die in beiden beschrieben werden, eine entsprechende Beziehung besteht:

Denn ein Satz ist dann und nur dann aus einem anderen ableitbar, wenn der von ihm beschriebene Sachverhalt ein Teilsachverhalt des von dem anderen beschriebenen Sachverhalts ist.[91]

Sätze der Wissenschaft sprechen von physikalischen Sachverhalten, ergo müssen auch Erlebnis-Sätze von solchen sprechen; Wissenschaf-

---

[90] Ebd., S. 455.

[91] Ebd., S. 455

ten wie die Psychologie müssen, um intersubjektiv verständlich zu sein, in physikalischer Terminologie ausdrückbar sein.

Daraus zieht Carnap nun die Konsequenz: Sätze können sich nicht auf rein Psychisches beziehen, Erlebnis-Sätze beziehen sich notwendigerweise auf Physisches (nämlich Verhalten bzw. Verhaltensdispositionen von Personen, einschließlich Sprachverhalten)[92]. Erlebnis-Sätze und Verhaltens-Sätze sind notwendigerweise gehaltgleich, d. h. sie beschreiben denselben Sachverhalt, oder (in der von Carnap bevorzugten formalen Redeweise), sie sind wechselseitig auseinander ableitbar.

Der Kern dieser Argumentation besteht im Beharren auf intersubjektiver Verifizierbarkeit; Aussagen über Psychisches, das nur dem jeweiligen Subjekt zugänglich ist, sind für andere unverständlich, sinnlos. Aus diesem Grund lehnt Carnap auch den Analogieschluss auf Fremdpsychisches ab, welchen Schlick noch 1925 zustimmend folgendermaßen formuliert:

Zur Annahme fremden Bewußtseinslebens führt uns unter allen Umständen nur ein Analogieschluß: Wir sehen an andern Wesen Bewegungen, von denen wir wissen, daß bei uns selber mit ähnlichen Bewegungen seelische Prozesse einhergehen, und wir nehmen an, daß analoge Bewußtseinsvorgänge sich auch bei jenen Wesen abspielen.[93]

Ein Schluss dieser Form, so Carnap,[94] ist aber sinnlos, da die Konklusion nicht intersubjektiv verifizierbar und daher sinnlos ist.

---

[92] Und nicht etwa auf neuronale Aktivitäten etc., da wir uns zu verständigen lernen, ohne von dergleichen zu wissen.

[93] „Naturphilosophie", S. 711; vgl. auch AE, S. 604.

[94] Vgl. „Psychologie in physikalischer Sprache", S. 118 ff.

Schlicks Konsequenzen

In der Ablehnung des Analogieschlusses ist sich Schlick mit Carnap zur Zeit von F&C einig; ja, er bezeichnet diesen – und damit auch seine eigene frühere zustimmende Erörterung desselben – als „*the typical argument in metaphysics*"[95]. Seine Diskussion des Analogieschlusses ist aufgrund der Dichotomie von Form und Inhalt zwangsläufig komplexer als bei Carnap und läuft in zwei Argumentationsschritten: Ich und eine andere Person betrachten unter den gleichen Umständen einen farbigen Gegenstand; kann nun gesagt werden, dass der andere genau dieselbe (oder doch ähnliche) Farbempfindung hat wie ich? Feststellbar ist nur, so Schlick, dass er dasselbe Wort für seine Empfindung benutzt wie ich, dass er genau dieselben anderen Gegenstände mit diesem Farbwort bezeichnet wie ich usw. Daraus aber folgt nicht, dass er qualitativ dieselbe Empfindung hat wie ich. Es wäre denkbar, dass wir beide eine Empfindung „blau" nennen, er jedoch eine Empfindung hat, die ich „rot" nennen würde (und umgekehrt).[96] Feststellbar ist nur, dass er in derselben Weise differenziert wie ich, in anderen Worten, dass die Struktur unserer Farbbegriffe dieselbe ist. Inhaltlich muss keine Ähnlichkeit bestehen, ja es sind sogar Situationen denkbar, in denen bei mir Farbempfindungen, bei einem anderen aber ganz andere Qualitäten, etwa Tonempfindungen, vorliegen. Entsprechen die Strukturen einander,[97] so ist ein inhaltlicher Unterschied prinzipiell nicht feststellbar.[98] Schlick resümiert:

---

[95] F&C, erste Vorlesung, S. 166

[96] Diese Möglichkeit eines invertierten Spektrums („inverted spectrum"), die in der späteren Philosophie des Geistes – insbesondere in der Debatte um den Funktionalismus – eine große Rolle spielte und spielt, ist mindestens bis Locke rückverfolgbar; vgl. *An Essay concerning Human Understanding*, book II, chap. XXXII, § 15.

[97] Und bei einem Rot/Grün-Blinden etwa ist ein struktureller Unterschied feststellbar: Er differenziert eben nicht in derselben Weise wie ich.

[98] C. I. Lewis drückt diese Idee (die bei Schlick im Wesentlichen bereits in „Erleben, Erkennen, Metaphysik" ausgesprochen ist) folgendermaßen aus: "Suppose

Thus we see that there may be complete understanding between individuals even if there is no similarity between the contents of their minds, and we conclude that understanding and meaning are quite independent of Content and have nothing whatever to do with it. [99]

Diese Argumentation (so Schlick im Folgenden) [100] gibt allerdings schon zu viel zu: Bisher wurde vorausgesetzt, es habe Sinn, von qualitativ gleichen oder ähnlichen Daten in verschiedenen Bewusstseinen zu sprechen. Eine solche Rede von qualitativer Gleichheit unabhängig von einem Feststellungsverfahren entbehrt aber jedes Sinnes. Hier zeigt sich übrigens eine bemerkenswerte Übereinstimmung mit Frege, der zur Frage nach einer Ähnlichkeit von Sinnesdaten verschiedener Individuen meint:

Das sind unbeantwortbare, ja eigentlich unsinnige Fragen. Denn das Wort „rot“, wenn es nicht eine Eigenschaft von Dingen angeben, sondern meinem Bewußtsein angehörende Sinneseindrücke kennzeichnen soll, ist anwendbar nur im Gebiete meines Bewußtseins; denn es ist unmöglich, meinen Sinneseindruck mit dem eines andern zu vergleichen. [101]

it should be a fact that I get the sensation you signalize by saying 'red' whenever I look at what you call 'green' and vice versa. Suppose that in the matter of immediate sense-qualities my whole spectrum should be exactly the reverse of yours. Suppose even that what are for you sensations of pitch, mediated by the ear, were identical with my feelings of color-quality, mediated by the eye. Since no one can look directly into another's mind, and the immediate feeling of red or of the middle C can never be conveyed, how should we find it out if such personal peculiarities should exist? We could never discover them so long as they did not impair the power to discriminate and relate as others do." (*Mind and the World-Order*, S. 74 f.)

[99] F&C, erste Vorlesung, S. 167

[100] Ebd., S. 175 f.

[101] Frege, „Der Gedanke", S. 41; auf diesen Zusammenhang aufmerksam gemacht hat Shoemaker, der hier von „the Frege-Schlick-view" spricht; Shoemaker, „The Inverted Spectrum", Abschnitt IV. Es muss offenbleiben, ob dieser sachliche Zusammenhang gleichzeitig ein historischer ist, es gibt keine Hinweise für Schlicks Kenntnis von Freges 1918 publiziertem Text. Schlick bezieht sich in seinem Werk jedenfalls nur selten und eher auf unspezifische Weise auf Frege, in der Vorlesung des Wintersemesters 1934/35 bezeichnet Schlick ihn als denjenigen, „der die

Alles, was sich testen lässt, sind verschiedene Reaktionen von Individuen, also strukturelle Unterschiede. Das Verhalten eines Farbenblinden zeigt nicht dieselbe Mannigfaltigkeit wie das eines Normalsichtigen, und dies ist ein rein formaler, struktureller Unterschied. Jede Redeweise von Qualitäten, die anderes als derartige strukturelle Verhältnisse auszusagen meint, ist sinnlos. A. J. Ayer fasst diese Auffassung (freilich ohne Schlick beim Namen zu nennen) in einem treffenden Bild zusammen:

On this view, the language which different people seem to share consists, as it were, of flesh and bones. The bones represent its public aspect; they serve alike for all. But each of us puts flesh upon them in accordance with the character of his experiences. Whether one person's way of clothing the skeleton is or is not the same as another's is an unanswerable question. The only thing that we can be satisfied about is the identity of the bones. [102]

Aus mehreren Gründen erscheint mir Schlicks Argumentation, die von der Unmöglichkeit der intersubjektiven Verifikation des Vorliegens fremder Sinnesdaten auf die Unausdrückbarkeit und Unerkennbarkeit deren qualitativen Inhalts schliesst, als nicht stichhaltig bzw. als mit gewissen anderen von seinen Grundüberzeugungen nicht kompatibel:

1.) Zum einen hat die ganze Argumentation Schlicks etwas Inkonsequentes. Seiner Auffassung nach ist nur die Struktur von erlebten Qualitäten, nicht aber der qualitative Inhalt selbst intersubjektiv verifizierbar, sodass jedes Sprechen über den letzteren dem Verdikt des Sinnlosen verfällt. Dann muss man allerdings die Frage nach der Rechtfertigung stellen, überhaupt von diesem Qualitativen zu sprechen. Es soll ja nicht erkennbar und ausdrückbar sein, welche Qualitäten es sind, die sich in Verhaltensstrukturen zeigen, ja es ist von

---

grundlegenden Einsichten vermittelte und erst durch Russell überholt wurde". (Inv.-Nr. 18, 18a, Einleitung)

[102] *The Problem of Knowledge*, S. 235. Anzufügen ist, dass Schlick hier nicht von einer echten Frage sprechen würde: ist eine Frage prinzipiell unbeantwortbar, so handelt es sich um eine sinnlose Wortverbindung.

diesem Ausgangspunkt her inkonsequent zu sagen, dass überhaupt irgendwelches qualitatives fremdes Bewusstsein existiert. Erkennbar sind ja nur Strukturen von physikalischem Verhalten, nicht aber etwas Dahinterliegendes, das sich in solchen Strukturen ausdrückt. Ein bloßer Verhaltensautomat (oder, wie in der zeitgenössischen Literatur oft gesagt wird, ein „Zombie") kann ja genau dasselbe Verhalten aufweisen wie mein Mitmensch. Wenn die Qualitäten selbst nicht erkennbar sind, so hat es keinen Sinn, von Physischem zu sprechen, an dessen Struktur sich diese Qualitäten „zeigen".[103] Intersubjektiv verifizierbar sind eben nur die Strukturen des Verhaltens. An manchen Stellen scheint Schlick dann auch diese – eigentlich physikalistische – Konsequenz zu ziehen, etwa wenn es heißt:

> Es muß also zugegeben werden, daß ein Satz über die Gleichheit der Erlebnisse zweier verschiedener Personen keinen andern *angebbaren* Sinn besitzt als den einer gewissen Übereinstimmung ihrer Reaktionen.[104]

Ob überhaupt hinter diesem Verhalten Qualitatives liegt, muss bei diesem Primat der intersubjektiven Verifizierbarkeit eine sinnlose Aussage sein, die Rede von Inhalt, dessen Struktur sich in diesem Verhalten zeigt, bleibt sinnlos.[105]

2.) Wie ausgeführt, akzeptiert Schlick zwar das Intersubjektivitätspostulat, zieht daraus aber nicht die eigentlich physikalistische Konsequenz. Gemäß dem phänomenalistischen Verifikationsprinzip, das Schlick ja ebenfalls – und am ausführlichsten in „Positivismus und

---

[103] "We conclude that the question, 'do you and I experience the same colour when we look at the green leaf?' does not and cannot aim at content in any way, it merely refers to the structure of our experiences, as revealed by our reactions." (F&C, erste Vorlesung [erste Version], Inv.-Nr. 181, A. 203a, Bl. 25)

[104] „Positivismus und Realismus", S. 341

[105] Rutte, dessen Ausführungen im Wesentlichen diesem Argument zugrundeliegen, bezeichnet Schlicks Standpunkt aufgrund dieser Inkonsequenz als „Halb-Physikalismus" (bzw. wahlweise „Halb-Mentalismus"); „Physikalistische und mentalistische Tendenzen im Wiener Kreis", S. 204.

Realismus" nur kurz vor der Abfassung von F&C – vertritt, müssen nun Aussagen über Physisches zurückgeführt werden auf Aussagen über Sinnesdaten. An dieser Rückführbarkeit hält Schlick nach wie vor fest.[106] Den Verifikationsprozess sieht Schlick also nach wie vor als im Gegebenen mündend, und das muss heißen, in der Feststellung des Vorliegens von Sinnesdaten, in hinweisender Referenz auf solche. Die eigentliche Verifikationsbasis ist eine private, nur dem jeweiligen Subjekt zugängliche. Der Primat der äußeren Wahrnehmung, der wegen der Intersubjektivitätsforderung von den Physikalisten in Anspruch genommen wird, ist also für Schlick (worin ich ihm folgen möchte) nur scheinbarer Endpunkt der Verifikation, während die eigentliche Verifikation eben doch wieder nur privaten Charakter haben kann.[107] Gegenstand der direkten Verifikation sind letztlich die subjektiven Erlebnisse; die intersubjektive Verifikation durch äußere Wahrnehmung verifiziert nur indirekt, d. h. nur durch das in jedem Wahrnehmungsprozess als Kernbestand enthaltene Bemerken dieser subjektiven Erlebnisse. Insofern Verifizierbarkeit für Schlick Prüfbarkeit am Gegebenen darstellt, ist die Akzeptanz des Primats der äußeren Wahrnehmung – den Schlick für seine Begründung der Strukturthese voraussetzt – eine Inkonsequenz.

3.) Aber auch ausgehend von der Strukturthese scheint nicht einzusehen zu sein, warum dem Verhalten in irgendeiner Weise eine Sonderstellung zukommen soll. Verhalten, also Physisches, scheint vorderhand einmal ein qualitatives Substrat von Strukturaussagen zu sein, die entsprechenden Strukturaussagen betreffen Strukturen des physischen Verhaltens. Es scheint also wieder etwas Qualitatives oder Substantielles vorausgesetzt zu werden, insofern die Struktur ja immer Struktur von etwas sein muss, in diesem Fall von etwas Physischem. Und Schlick selbst gesteht ja ein, dass Strukturaussa-

---

[106] Siehe das Zitat oben, S. 136.

[107] Und zwar unabhängig davon, ob ein streng phänomenalistischer Standpunkt eingenommen wird oder ob man mit dem Realismus Physisches als Verursacher von Sinnesdaten annimmt.

gen immer Aussagen über etwas sind, das die entsprechende Struktur aufweist: "There is always content there. [...] We do not deny content, we deny its communicability."[108] Reine Strukturen liegen nie vor, und dementsprechend wird nicht das Vorhandensein, sondern nur die Ausdrückbarkeit und Erkennbarkeit dieses Inhalts verneint. Aber wenn das so ist, warum sollen dann Strukturaussagen mit einem physischen Substrat gegenüber solchen mit einem psychischen Substrat ausgezeichnet sein? Gemäß der Strukturthese muss sich ja gerade der Unterschied von Psychischem und Physischem wieder als struktureller Unterschied erweisen:

[...] we know beforehand that the words Mind and Body, when used legitimately must in some way indicate different logical structures, and we may hold that the difference between these structures must reveal itself somehow – or rather, *is* nothing but – the difference between the logical form of propositions belonging to psychology and of propositions belonging to physical science.[109]

Wenn sich derart der Unterschied zwischen Physischem und Psychischem nur als struktureller Unterschied herausstellt, dann ist kein Platz für einen Vorzug des Physischen, wenn es um intersubjektive Verständigung geht. Wir haben hier zwei Ansätze, die nicht recht zueinanderpassen: Entweder beharrt man mit dem reinen Physikalismus darauf, dass nur Physisches intersubjektiv verifizierbar und damit mitteilbar ist (wogegen im vorhergehenden Punkt 2 argumentiert wurde), oder aber man vertritt die Strukturthese, wonach alle Aussagen – unabhängig ob über Psychisches oder Physisches – nur Strukturelles und damit intersubjektiv Verständliches ausdrücken.

Ein Blick auf Carnap mag diesen Punkt verdeutlichen.[110] Im *Aufbau* verfolgt dieser einen strukturellen Ansatz, der Unterschied zwischen Physischem und Psychischem ist demnach ein struktureller Unterschied (und zwar wird das Physische schrittweise konstituiert); der Unterschied zwischen Psychischem und Physischem ist ein

[108] F&C, erste Vorlesung [erste Version], Inv.-Nr. 181, A. 203a, Bl. 22a

[109] F&C, dritte Vorlesung, S. 242

[110] Im Folgenden stütze ich mich auf Sauer, „Carnap 1928-1932".

Unterschied innerhalb des Rahmens der Strukturbeschreibung. Die Strukturbeschreibung per se soll die intersubjektive Mitteilbarkeit schon sicherstellen.[111] Dagegen versucht der Physikalismus Carnaps der dreißiger Jahre die Intersubjektivität zu gewährleisten, indem (in der Redeweise des *Aufbaus*) innerhalb des durch strukturelle Unterscheidungen Entworfenen eine Wahl getroffen wird eben zugunsten des Physischen. Und zumindest im Rückblick Carnaps auf diesen Übergang vom *Aufbau* zum Physikalismus drückt sich eine ähnliche Unklarheit aus, wie sie im vorhergehenden Absatz bei Schlick festgestellt wurde, spricht doch Carnap davon, dass er unter Neuraths Einfluss die eigenpsychische Basis des *Aufbaus* durch eine physikalistische ersetzt habe, da diese den Vorzug der Intersubjektivität habe.[112] In dieser Bemerkung steckt dieselbe Unklarheit wie bei Schlick: Ziel der Strukturthese war ja explizit die Sicherstellung der Intersubjektivität; vertritt man diesen Anspruch, dann hat es keinen Sinn, gleichzeitig dasselbe Ziel durch eine Wahl innerhalb des Bereichs der Strukturaussagen zu verfolgen.

4.) Gemäß dem Physikalismus ist ein Erlebnis-Satz von A nur dann für andere verständlich, wenn er sich auf intersubjektiv verifizierbares Verhalten bezieht; das erlebende Subjekt kann gar nicht anders, als sich mit einer Zuschreibung von scheinbar psychischen Eigenschaften auf Zustände bzw. Dispositionen seines Körpers zu beziehen. Nur weil der Erlebnissatz von A genau dasselbe sagt wie der von B geäußerte Satz „Der Körper von A ist in dem und dem Zustand" ist Verständigung über Erlebnisse möglich. Die Zuschreibung einer Qualität wie „Rot-Empfindung" bedeutet dem Physikalismus gemäß immer dasselbe, egal ob ein Subjekt sich selbst diese Eigenschaft zuschreibt oder jemand anderem.

Diese Einheitlichkeit der Bedeutung von Wörtern, die Qualitäten bezeichnen, geht bei Schlick verloren. Laut seinem Ansatz bedeu-

---

[111] Siehe dazu auch das Zitat oben, S. 50.

[112] *Mein Weg in die Philosophie*, S. 78 ff.

tet die Fremd-Zuschreibung einer Erlebnisqualität nichts anderes, als dass sich am Verhalten des anderen bestimmte Strukturen nachweisen lassen. Die physikalistische Konsequenz, dass auch im Falle der Eigen-Zuschreibung dasselbe gemeint sein muss, zieht Schlick jedoch nicht. Dies ist unabhängig davon, ob die Eigenzuschreibung inhaltlicher oder struktureller Natur ist; denn auch wenn man versucht, Eigenzuschreibungen in Strukturaussagen wiederzugeben, es sind keinesfalls Aussagen über die Struktur des eigenen körperlichen Verhaltens. Schon allein aus der Verschiedenheit der Verifikation in beiden Fällen folgt (laut Verifikationsprinzip), dass die Prädikate, die in Aussagen über Eigenpsychisches zugeschrieben werden, nicht dasselbe bedeuten können wie in Aussagen über Fremdpsychisches; und Schlick gesteht dies auch selbst zu:

I answer that undoubtedly there is a great difference in the meaning of the word "same" when it is used in regard to "data in two minds" and when it is used in regard to "data in one mind", but that this difference cannot be described by saying that the word denotes equality of structure in the first case and equality of content in the second case. The propositions are verified in a different way in the two cases, they express different kinds of facts, but the second one is just as far from expressing "content" as the first one – indeed, infinitely far. [113]

So ergibt sich die missliche Konsequenz, dass mit einem Ausdruck wie „Rot-Erlebnis" jeweils etwas Verschiedenes gemeint sein muss, abhängig davon, ob ein Subjekt sich selbst oder einem anderen diese Eigenschaft zuschreibt. Äußert also A einen Satz der Art „Ich habe ein Rot-Erlebnis" und B sagt dementsprechend „A hat ein Rot-Erlebnis", so sprechen beide von etwas Verschiedenem; es ist nicht zu sehen, wie auf dieser Basis verschiedene Subjekte sich hinsichtlich ihrer Erlebnisse verständigen könnten, da beide Subjekte ihre Aussage auf verschiedene Weise verifizieren. Die Verifikation von Aussagen über Fremdpsychisches ist nur möglich via Verhalten (bzw. dessen Struktur), während solche über Eigenpsychisches ohne Bezugnahme

[113] F&C, erste Vorlesung, S. 177

auf Verhalten verifiziert werden.[114] Die Argumentation Schlicks, die Intersubjektivität durch die Verbindung von Verifikationismus und Strukturalismus erreichen will, führt also – wenn der hier vorgebrachte Einwand treffend ist – geradewegs zum gegenteiligen Ergebnis.[115]

Wie in diesem Abschnitt zu zeigen versucht wurde, ist Schlicks Verbindung von Verifikationismus und Strukturalismus mit dem positiven Ziel, Intersubjektivität sicherzustellen, und dem negativen Ziel, die Unaussprechbarkeit des qualitativen Inhalts darzulegen, etlichen Einwänden ausgesetzt. Wenn dabei Inkonsequenzen Schlicks gegenüber dem semantischen Physikalismus Carnaps und Neuraths erwähnt wurden, soll das nicht etwa heißen, dass dieser letztlich in einer besseren Situation wäre. Im Gegenteil, diese Position ist schwerwiegenden Einwänden ausgesetzt und gilt in der ausufernden Literatur zum psychophysischen Problem m. E. zu Recht als „dead horse". Es sei an dieser Stelle nur noch einmal wiederholt, dass einige der in Kapitel II gegen den Phänomenalismus (als These der Übersetzbarkeit) erhobenen Einwände mutatis mutandis auch auf den semantischen Physikalismus anwendbar sind.[116]

---

[114] Andernfalls würde das ja bedeuten, dass die Selbstzuschreibung selbst so einfacher Empfindungen wie „rot" die Wahrnehmung viel komplexerer äußerer Gegenstände (des eigenen Körpers) voraussetzt; ein absurder Gedanke, ganz unabhängig davon, dass ja nach Schlicks eigenem Phänomenalismus Aussagen über Physisches zurückgeführt werden müssen auf Aussagen über Sinnesdaten. Auf Schlicks Analyse des Ich, die nun allerdings tatsächlich wiederum physikalistische Tendenzen zeigt, komme ich in Kapitel VI, Abschnitt 1, zu sprechen.

[115] Die Argumentation in diesem Punkt ist angeregt von Ayer, *Die Hauptfragen der Philosophie*, S. 163 f. Ayer bezieht seine Argumentation allerdings nicht auf Schlicks Form/Inhalt-Dichotomie, sondern selbstkritisch auf seinen eigenen Ansatz in *Language, Truth and Logic*, wo er Aussagen über Eigenpsychisches mentalistisch, solche über Fremdpsychisches behavioristisch analysierte.

[116] Siehe oben, S. 91; für zusammenfassende Stellungnahmen gegen den semantischen Physikalismus (auch bekannt als „logischer Behaviorismus") siehe etwa auch die Einleitung zum Kapitel Materialismus in Bieri (Hrsg.), *Analytische Philosophie des Geistes*, S. 31 ff., sowie Marek, „Ein Zugang zum psychophysischen Problem", Abschnitt V.

4. Undefinierbarkeit, Eigenpsychisches, Selbstwiderspruch

Undefinierbarkeit

Neben dem (von mir als Hauptargument bezeichneten) Gedankengang, der auf der intersubjektiven Verifizierbarkeit des Vorliegens
von Psychischem beruht, lässt sich noch eine weitere Begründung
Schlicks für die Nicht-Mitteilbarkeit des Erlebnisinhalts ausmachen.
Ausgangspunkt dafür ist wieder die AE, wo Schlick in klaren Worten
die Undefinierbarkeit einfacher anschaulicher Begriffe (Sinnesdaten-
Begriffe) festhält.[117]

Nun könnte es scheinen, dass in F&C diese Undefinierbarkeit
unterlaufen wird: Ist nicht die Angabe der logischen Struktur etwa
eines Farbbegriffs eine Definition desselben, ist also das Sinnesdaten-
Rot nicht genau bestimmt durch Angabe der internen Beziehungen
zu den anderen Farben (und vice versa)?[118] Freilich werden durch
solchen Angaben wesentliche Eigenschaften ausgedrückt, aber das
reicht nicht für ein Verständnis des qualitativen Inhalts; eine solche
Definition enthält ja neben weiteren Unbekannten nur rein logische
Ausdrücke. Erinnern wir uns wieder an die Kritik Carnaps an der
impliziten Definition (die Frege in der Diskussion mit Hilbert bereits
vorweggenommen hat)[119]: Implizit definiert werden nicht die Begriffe selbst, sondern formale Merkmale solcher Begriffe (also ein Begriff
höherer Stufe), eine unbeschränkte Menge von Begriffen erster Stufe
kann durch eine solche Strukturbeschreibung getroffen werden – aber
es sollte ja gerade ein ganz bestimmter, in unserem Fall der Begriff
des Roten herausgegegriffen werden. M. a. W., die Erlebnisbegriffe
selbst sind durch die internen Relationen unterbestimmt. Weisen
zwei Vorkommnisse von Erlebnisqualitäten verschiedene Strukturen
auf, so muss es sich um verschiedene Erlebnisqualitäten handeln.
Aber der umgekehrte Schluss ist nicht zu ziehen: Wie am leichtesten

---

[117] Vgl. oben, S. 55 f.
[118] Vgl. oben, S. 122 ff.
[119] Vgl. oben, S. 62 f.

im Fall des invertierten Spektrums einzusehen ist, verbürgt Identität
der Struktur keineswegs Identität des Inhalts. Diese Unterbestimmt-
heit war auch eine Voraussetzung der im vorherigen Abschnitt diskutierten Argumentation Schlicks: Weil eben ein und dieselbe Struktur
mit verschiedenen Inhalten aufgefüllt werden kann – dieser Inhalt
sich aber jeder intersubjektiven Nachprüfung entzieht – kann in der
Kommunikation Inhalt keine Rolle spielen, Bedeutung erschöpft sich
in Strukturangaben.

Andererseits ist von vornherein klar, dass eine eindeutige Definition unserer anschaulichen Begriffe auch durch externe Relationen
nicht geleistet werden kann, auch wenn zumindest an einer Stelle in
F&C Derartiges ausgedrückt zu sein scheint:

It is clear that in speaking of colours or other "qualities" we can refer to them
only as *external* properties of something: we have to define a certain flavour as
the sweetness *of sugar*, a certain colour as the green *of a meadow*, a certain sound
as the sound produced *by a tuning fork* of a particular description, and so on. [120]

Obwohl hier das Wort „definieren" auftaucht, kann ja nicht gemeint
sein, dass der qualitative Inhalt durch solche Angaben eindeutig bestimmt ist. Denn das Sinnesdatum kann inhaltlich ja wieder je nach
Subjekt verschieden sein usw. Halten wir also – wie ich glaube in
Übereinstimmung mit Schlick – fest, dass anschauliche Begriffe weder durch interne noch durch externe Strukturangaben im strengen
Sinn definierbar sind. Alles, was sich angeben lässt, sind Strukturbeziehungen, entweder interne, die die logischen Beziehungen von
Rot zu anderen, gleichfalls unausdrückbaren Qualitäten beschreiben,
oder externe, die empirische Beziehungen beschreiben.

Der These von der Unmöglichkeit einer Realdefinition einfacher
Erlebnisbegriffe ist m. E. zuzustimmen; im letzten Kapitel werden
wir – unabhängig von der Form/Inhalt-Dichotomie – nochmals ausführlicher darauf zurückkommen. [121] Doch hier beschäftigen wir uns
mit dem radikalen Schlick von F&C:

---

[120] F&C, erste Vorlesung, S. 162 f.

[121] Siehe unten, S. 270 ff.

It would be nonsense to regard the inexpressibility of content as a wonderful discovery or as a new deep insight. On the contrary, that [sic!] nobody seriously denies it. [...] Even the man in the street would not try to explain to a blind person the essence of colour. The man in the street knows that the content which e. g. he believes to be indicated by the word "fear" cannot be communicated but must be learned by the experience of being afraid (one of Grimm's fairy tales treats of this subject), and so forth. [122]

Hier sind zwei Dinge ausgedrückt: Erstens, dass man die Erlebnisqualitäten eben nur durch eigenes Erleben kennen kann. Eine Antwort auf die Frage „Was ist (worin besteht) ein Rot-Erlebnis?" kann nicht gegeben werden, man ist hier auf die Anschauung, das je eigene Erleben verwiesen. Zweitens schließt Schlick von dieser Unmöglichkeit einer Realdefinition auf die Unmöglichkeit der Mitteilung dieses qualitativen Inhalts. Wie wir also kurz sagen können, macht Schlick hier den Schritt von der Undefinierbarkeit der Erlebnisqualitäten zu deren Unsagbarkeit. Die Prämisse des Arguments ist meiner Meinung nach korrekt, nicht jedoch die Konklussion; m. a. W., ich halte den Übergang von der Undefinierbarkeit zur Unsagbarkeit für einen Fehlschluss. Betrachten wir dies nun genauer.

Ich, der ich fähig bin, ein Rot-Sinnesdatum zu erleben und zu bemerken, kann nicht erklären, worin dieses Erlebnis besteht, d. h. ich kann keine Realdefinition des Erlebnisinhaltes angeben (während bei komplexen Begriffen eine Realdefinition gerade in der Rückführung auf solche Sinnesdaten-Begriffe besteht). Ich brauche es mir aber auch gar nicht zu erklären; indem ich ein Rot-Sinnesdatum bemerke, verstehe ich unmittelbar den Begriff. Es ist ein unmittelbares Begriffsverstehen, das nicht weiter rückführbar ist: Wer Roterlebnisse hat und diese bemerkt, versteht, was Rot ist; wer keine solchen Fähigkeiten hat, versteht es nicht.

Einen Begriff verstehen, heißt zumindest auch, ihn anwenden können, die Kompetenz zu haben, zu erkennen, ob ein (hinreichend genau bekannter) Gegenstand unter diesen Begriff fällt oder nicht.

[122] F&C, erste Vorlesung, S. 168

Zum Wesen von Begriffen gehört sicherlich die Fähigkeit zu differenzieren; ja man kann vielleicht sogar sagen, dass der Kern des Begriffsverstehens darin liegt, in bestimmter Hinsicht differenzieren zu können. Der Normalsehende kann zwischen Gegenständen hinsichtlich ihrer Farbe unterscheiden, der Farbenblinde dagegen nicht; Ersterer versteht die Farbbegriffe, Letzterer nicht. Derartiges diskriminatorisches Wissen ist sicherlich propositionalen Charakters,[123] ich kann zwar nicht angeben, was Rot, was eine Farbe ist (in welcher Hinsicht ich differenziere), aber ich kann angeben, dass ich jetzt ein bestimmtes Erlebnis habe, dass dieses Erlebnis verschieden ist von anderen Erlebnissen, ähnlich ist einem Orange-Sinnesdatum, heller ist als ein vor kurzem erlebtes Rot, etc. Solches propositionales Wissen ist nun nach Schlick rein strukturell und wird ausgedrückt in Sätzen, die

assert, for instance, that it is a bright green, or a rich green, or a bluish green, that it is similar to this, less similar to that, equally dark as that, and so on; in other words, they try to describe the green by *comparing* it to other colours. Evidently it belongs to the intrinsic nature of our green that it occupies a definite position in a range of colours and in a scale of brightness, and this position is determined by relations of similarity and dissimilarity to the other elements (shades) of the whole system.[124]

Aber hier fällt sofort auf, dass überhaupt nicht zu sehen ist, wie das Inhaltliche, von dem hier die Rede ist, eliminiert werden kann: So ist hier von „heller" die Rede, und generell muss man ja fragen, Ähnlichkeit in Bezug auf was? In irgendeiner Hinsicht ist alles allem ähnlich, es kommt eben darauf an, in welcher Hinsicht Ähnlichkeit

[123] Während man von dem Wissen um den qualitativen Inhalt von einem „Wissen, wie" sprechen könnte. Aber Schlick würde dem schon rein terminologisch nicht zustimmen: Für ihn ist nur propositionales Wissen echtes Wissen. Deswegen auch seine Kritik an Russell, dem er zwar zugesteht, als einer der wenigen klar den Unterschied zwischen Erkennen und Erleben erkannt zu haben (AE, S. 294, Anm. 26), der aber trotzdem laut Schlick irreführend von „knowledge by aquaintance" spricht (F&C, zweite Vorlesung, S. 190).

[124] F&C, erste Vorlesung, S. 161 f.

vorliegen soll; der Begriff der Ähnlichkeit scheint nur als Beziehung auf einer inhaltlichen Basis verständlich zu sein, im gegenwärtigen Fall eben als Farb-Ähnlichkeit, also als inhaltliche Ähnlichkeit. Und schlussendlich können wir ohne Bezugnahme auf Inhaltliches nicht einmal angeben, was dieses „System" ist, von dem im Zitat die Rede ist: der Begriff der Farbe (im Allgemeinen) ist natürlich ebenso ein inhaltlicher wie der einer bestimmten Farbe.

In rein strukturellen Aussagen darf natürlich nichts Derartiges mehr vorkommen. Aber ohne vorausgesetztes inhaltliches Verständnis werden solche Strukturangaben reine Leerformeln, in denen Unbekanntes in logischen Beziehungen zu anderem Unbekannten steht. Und ohne vorausgesetztes inhaltliches Verständnis scheint mir auch kein Zusammenhang von Strukturaussagen angebbar zu sein, reine Strukturaussagen würden beziehungslos nebeneinanderstehen. Wir könnten ja nicht einmal sagen, dass verschiedene Strukturaussagen Aussagen über ein und dasselbe sind, über dieselbe Farbe handeln: Wenn wir über ein bestimmtes Grün urteilen, dass es eine Farbe ist, die im Farbsystem zwischen Gelb und Blau liegt, und ein zweites Urteil fällen, wonach es heller ist als ein anderes, früher erlebtes Grün – wie können wir überhaupt wissen, dass wir in beiden Urteilen von ein und derselben Farbe sprechen?[125]

Der grundlegende Einwand besteht, nochmals und allgemeiner ausgedrückt, darin, dass reine Strukturaussagen Leerformeln sind, mit ihnen wird nichts Bestimmtes ausgesagt. Aussagen müssen einen referentiellen Bezugsbereich besitzen, der angeben werden kann z. B.

---

[125] Chisholm scheint in eine zumindest ähnliche Richtung zu argumentieren, wenn er meint, dass die Deutung aller Urteile als Relationen betreffend „eine absurde These über die Natur des Denkens oder der Prädikation voraus[setzt]", denn diese These besagt, „dass, um in Bezug auf ein bestimmtes Ding x zu behaupten oder zu glauben, dass x eine bestimmte Eigenschaft F hat, man x mit irgendeinem anderen Ding y *vergleichen* muss, und daher auch behaupten oder glauben, dass x etwas mit dem anderen Ding y gemeinsam habe. Aber natürlich können wir nicht aus ‚x ähnelt y' ableiten, dass ‚x F ist', ohne dass wir, unter anderem, auch *nicht-komparativ* sagen oder glauben können, das [sic] y F ist." (Chisholm, *Erkenntnistheorie*, S. 52)

durch deiktische Ausdrücke wie „ich" oder „dies", Eigennamen, Kennzeichnungen usw. Nun gibt es zwei Möglichkeiten: Entweder werden solche Ausdrücke als bezugnehmend auf Inhaltliches verstanden, was offensichtlich nichts anderes als die Preisgabe des Strukturalismus ist. Der einzig gangbare Weg für einen Vertreter dieser Doktrin ist also der einer strukturellen Kennzeichnung der referentiellen Bereichs. Wir werden hier gar nicht darauf eingehen, wie eine solche Analyse aussehen könnte, es genügt der Nachweis, dass eine solche Analyse – egal wie sie im Detail aussehen mag – nicht zu dem erwünschten Ergebnis führen kann; es ist unmöglich, nur mittels struktureller Angaben auf Bestimmtes zu referieren. Rxy sei eine solche Strukturaussage, damit besteht das Problem in der Angabe der Referenz der Variablen x und y, zwischen denen die Relation R (die bestimmte logische Eigenschaft, d. h. Struktureigenschaften aufweist) besteht. Die Frage, für welchen Gegenstand x (und y) steht, kann offensichtlich nur durch die Angabe weiterer Strukturbeziehungen beantwortet werden, etwa der Art, dass es sich bei x um etwas handelt, dass in bestimmten Beziehungen zu anderen Gegenständen steht. Zur Illustration: Wir gehen aus von einer Aussage wie „Gelb ist heller als blau" (wobei wir des Arguments wegen zugestehen, dass die Relation „heller" durch ihre Struktureigenschaften wie Transitivität, Asymmetrie etc. erschöpfend bestimmt ist). Was „Gelb" bedeutet, kann dann wieder nur durch Strukturaussagen bestimmt werden, z. B. solchen, die die Beziehung von Gelb zu anderen Farben wie etwa Rot angeben. Wenn wir für die wiederum ansonsten unbekannte Qualität Rot eine Variable z einführen, dann ergibt sich folgende Situation: Um die Referenz von x in der ursprünglichen Aussage Rxy zu erklären, gehen wir über zu einer anderen Strukturaussage Sxz. Aber wenn die ursprüngliche Strukturausage Rxy nichts Bestimmtes aussagte, dann tut das natürlich auch Sxz nicht.

Gegen die vorgebrachte Argumentation, wonach reine Strukturaussagen leer bzw. notwendigerweise unbestimmt sind, ließe sich vorbringen, dass mit Hilfe einer Existenzquantifikation eine eindeutige Referenz bestimmbar ist: $(\exists x)(\exists y)Rxy$ ist doch eine Aussage, die eindeutig auf eine ganz bestimmte strukturelle Gegebenheit Bezug nimmt. [126] Aber auch dieser logische Kunstgriff führt nicht zum Ziel: Dem Strukturalismus zufolge kann ja die Referenz von x bzw. y wieder nur durch Strukturangaben bestimmt werden. Die Existenzquantifikation ermöglicht es zwar, wahrheitswertfähige Aussagen über Aussagefunktionen zu bilden, aber nicht, den Referenzbereich einer Aussagefunktion (d. h. einer reinen Strukturaussage) festzulegen; worüber wir mit reinen Strukturaussagen sprechen, bleibt notwendigerweise im Dunkeln.

Solche Grundsatzargumente, die die Inadäquatheit der Beschränkung auf rein Strukturelles zeigen sollen, müssten natürlich weiter ausgebreitet werden; beschränken wir uns daher wieder auf die Fragestellung, wie die Undefinierbarkeit (Kenntnis des Inhalts nur durch eigenes Erleben) mit der Strukturthese (Unsagbarkeit des Inhalts) zusammenhängt. Und hier ergibt sich, so glaube ich, für Schlick ein unlösbares Problem: Wenn eine rein strukturelle Analyse im Sinne Schlicks adäquat wäre, dann wird Schlicks Auffassung inkohärent. Der springende Punkt dabei ist, dass es für das Verständnis eines Sinnesdaten-Begriffs keineswegs ausreichend ist, ein entsprechendes Erlebnis zu haben, sondern das jeweilige Subjekt muss dieses Erlebnis auch bemerken (wie wir schon oben eher beiläufig sagten); erforderlich ist nicht nur die Erlebnisfähigkeit, sondern auch die Fähigkeit, ein entsprechendes Sinnesdatum zu bemerken. Ein solches Bemerken, ein Erkennen, kann nach dem Strukturalismus aber wieder nur die Struktur des Erlebnisses zum Gegenstand haben, ein Subjekt erkennt demnach auch von seinen eigenen Erlebnissen nur deren Struktur, nicht aber den qualitativen Inhalt. Strukturen sind alles, was es überhaupt festzustellen gibt. Dann brauche ich aber auch nicht die eigene Erfahrung zu konsultieren, um herauszufinden, was Rot ist. Denn auch wenn ich selbst ein Farb-Erlebnis habe, etwas anderes als die Struktur des Erlebnisses kann ich selbst ja nicht erkennen. Wenn

---

[126] Auf diese mögliche Entgegnung wurde ich von J. C. Marek aufmerksam gemacht.

nur die Struktur erkennbar ist, dann fehlt jeder Grund, warum ich überhaupt für das Verständnis anschaulicher Begriffe auf das eigene Erleben angewiesen bin; Struktur ist ja gerade das Mitteilbare, Intersubjektive. Aber dann kann alles, was ich an meinem eigenen Erleben bemerken kann, mir prinzipiell ebenso gut von jemand anderem mitgeteilt werden. Schlicks Strukturalismus lässt keinen Platz für einen Beitrag, den das eigene Erleben zum Verständnis der anschaulichen Begriffe liefern soll; der Verweis an die eigene Erfahrung ist damit nicht zu vereinbaren.

In diesem Licht betrachtet, ergibt sich, dass die Schlick'sche Argumentation von Undefinierbarkeit zu Unsagbarkeit (so wie sie hier rekonstruiert wurde) nicht nur nicht zwingend ist, ja der (von mir akzeptierte) Ausgangspunkt der Undefinierbarkeit der Erlebnisbegriffe verwandelt sich eigentlich zu einem Argument gegen die Strukturthese. Verstehen kann man Begriffe von Inhaltlichem nur, wenn man entsprechende Erlebnisse hat und diese auch bemerkt. Diese Prämisse des Arguments besagt gerade, dass wir im Fall des Bemerkens eines Erlebnisses unmittelbar verstehen, was Rot ist. Und wenn wir das verstehen, warum sollen wir dann nicht mitteilen können, dass wir ein solches Erlebnis haben? Ob der andere eine entsprechende Mitteilung verstehen kann, hängt natürlich davon ab, ob er ebenfalls einschlägig erlebnis- und bemerkensfähig ist; ist das der Fall, steht einer Kommunikation nichts im Wege. Hier würde wohl wieder der Einwand einsetzen, dass ja die Erlebnisse des anderen in ihrem qualitativen Charakter für dritte prinzipiell unverifizierbar sind – die Argumentation, die auf intersubjektiver Verifizierbarkeit aufbaut, haben wir im vorherigen Abschnitt behandelt und als nicht zwingend zu erweisen versucht. Hier sollte der Nachweis erbracht werden, dass aus der Undefinierbarkeit der anschaulichen Begriffe keineswegs deren Unsagbarkeit folgt. [127]

[127] Wie bereits angemerkt, werden wir auf diese Themen im Schlusskapitel noch zurückkommen.

Eigenpsychisches

Die Erkenntnis des Vorliegens von eigenen Sinnesdaten ist sicherlich ein, wenn nicht der entscheidende Punkt, an dem sich Schlicks Strukturalismus beweisen muss, was m. E. nicht gelingt. Holen wir noch einmal etwas aus. Ein Einwand gegen die These der Unerkennbarkeit und Unsagbarkeit von Inhalten lässt sich folgendermaßen formulieren: [128]

Wir unterscheiden zwischen Tönen und Farben (eine Farbe ist notwendigerweise etwas anderes als ein Ton); daher sind Begriffe von Farben und Tönen verschieden, meinen Unterschiedliches; daher sind Farb-Tatsachen verschieden von Ton-Tatsachen. Wenn ich jemandem eine Tatsache wie „X ist rot" mitteile, so meine ich eben das Vorliegen einer Farbe und nicht das eines Tones. Der andere hat mich verstanden, wenn er glaubt, dass ich eine Farb-Tatsache (und keine Ton-Tatsache) meine. Wenn der andere aber Töne hört, wo wir Farben sehen, jedoch in den Lern-Situationen gelernt hat, für seine Töne „Farbe" zu sagen, so muss er glauben, ich habe eine Ton-Tatsache gemeint, obwohl er seinen Glauben sprachlich mit Termini wie „Farbe", „färbig" usw. ausdrückt. In diesem Glauben irrt er aber, er hat mich missverstanden, trotz der allfälligen Strukturgleichheit zwischen Farben und Tönen, und es lassen sich Situationen ausdenken, wo sich das Missverständnis nie aufklärt. Die Strukturgleichheit reicht also für Verstehen und Mitteilung nicht aus.

Wie könnte Schlick diesem – von einem externen Standpunkt aus formulierten – Einwand begegnen? Zum einen ist hier relevant, was wir oben in der Gegenüberstellung der strukturalistischen Ansätze von Schlick und Carnap ausgeführt haben. Schlick behauptete in der dort zitierten Stelle, [129] dass Strukturaussagen gar keine Aussagen, sondern Aussagefunktionen sind; erst durch die je eigene „Auffüllung"

---

[128] Dieser Einwand stammt von H. Rutte, in mündlichem Austausch mit dem Autor.

[129] Siehe oben, S. 134.

von leeren Strukturen mit unvergleichlichen Inhalten werden aus diesen Aussagefunktionen echte Aussagen. Das heißt, dass in einer Mitteilung gar nicht von bestimmten Tatsachen die Rede ist, sondern nur die Form von solchen, eben deren Struktur mitgeteilt wird. Und insofern wäre der vorgebrachte Einwand entkräftet, da dieser darauf aufbaute, dass der Sprecher etwas Bestimmtes meint, das zwar eventuell strukturell identisch ist mit dem, was der Hörer darunter versteht, aber trotzdem eine davon verschiedene Tatsache darstellt.

Diese mögliche Entgegnung führt allerdings zu fundamentalen Unklarheiten bezüglich des Begriffs des Verstehens bzw. dem der Mitteilung.[130] Verstehen kann ja dann nicht mehr heißen, dass sich zwei Individuen auf dieselbe Tatsache beziehen, da mit einer Aussage (die nur Strukturen mitteilt) überhaupt keine bestimmte Tatsache gemeint ist. Was heißt dann noch, zwei Individuen würden einander verstehen? Wenn sich erst durch die jeweils unvergleichlichen Füllungen der mitgeteilten Struktur durch die eigenen Erlebnisinhalte eine Bedeutung ergibt – aus der Aussagefunktion eine Aussage wird – scheint der Begriff der Mitteilung seinen Sinn zu verlieren. Irgendwie verschwimmt hier alles; der Strukturalismus, eingeführt mit dem Ziel, die intersubjektive Verständlichkeit unserer Aussagen zu gewährleisten, führt zum paradoxen Ergebnis, dass überhaupt keine intersubjektiv invarianten Aussagen mehr übrig bleiben.

Doch man kann hier noch weiter fragen: Wie kann ein Subjekt selbst wissen, was es eigentlich meint? Es sei hier nochmals auf die Schlick'sche Gleichsetzung von Erkennbarkeit und Mitteilbarkeit verwiesen:

All *genuine knowledge is Expression*. This is, of course, not a mere coincidence, not just an interesting fact, but it constitutes the very essence of scientific as well as everyday knowledge.[131]

[130] Das Folgende ist eine Radikalisierung des von Friedman aufgeworfenen Problems; siehe oben, S. 134.

[131] F&C, zweite Vorlesung, S. 187

Alles, was ein Subjekt von seinen eigenen Erlebnissen bzw. Sinnesdaten feststellen kann, ist wieder auf die Struktur beschränkt. Daraus ergibt sich aber sofort, dass auch ein Subjekt, das über das Vorliegen eines Sinnesdatums urteilt, eigentlich nichts Bestimmtes meinen kann. Es gibt keinen Weg mehr, um von einer Aussagefunktion zu einer echten Aussage zu gelangen. Nicht nur kann ich nicht wissen, ob der andere eine Struktur mit Seh- oder Ton-Erlebnissen „füllt", ich kann das auch im eigenen Fall nicht wissen; die Qualität der Erlebnisse ist ganz einfach kein möglicher Gegenstand weder von Ausdruck noch von Erkenntnis. Es ist also auch bei Eigenpsychischem zu sagen: „Ich stelle fest, dass ein Erlebnis mit der und der Struktur vorliegt; ob dieses Erlebnis ein Farb-Erlebnis oder ein Ton-Erlebnis ist, kann ich nicht wissen." Ich kann nicht sehen, wie Schlick sich diesem Ergebnis entziehen kann.[132]

Bei alledem haben wir noch gar nicht betrachtet, wie Schlick versucht, die Strukturthese in Bezug auf Eigenpsychisches zu plausibilisieren. Diesen Versuch unternimmt Schlick im mit „Communication with one's self" betitelten 13. Abschnitt der ersten Vorlesung von F&C, einer der m. E. dunkelsten Passagen im sonst so um argumentative Klarheit bemühten Œuvre Schlicks, die erhebliche interpretatorische Schwierigkeiten aufwirft.

Im Allgemeinen lässt sich Schlicks dort verfolgte Strategie in der strukturellen Analyse von Urteilen über Eigenpsychisches durch die weitestgehende Angleichung an solche über Fremdpsychisches charakterisieren. Letztere – aus denen Schlick ja sein Hauptargument gewinnt – geben das Modell ab, das Eigenpsychische erscheint dann als eine Art Restproblem. Dies wird schon deutlich, wenn Schlick

---

[132] Angesichts der Probleme, die der Begriff der Füllung aufwirft, nimmt es nicht Wunder, dass Schlick später derartigen Ausdrucksweisen kritisch gegenübersteht. So etwa in „Über die Beziehung zwischen den psychologischen und den physikalischen Begriffen", wo Schlick sich gegen die Auffassung wendet, wonach Naturwissenschaft „nur ein Fragment [liefere], das ergänzt werden müsse, nur einen leeren raum-zeitlichen Rahmen, der mit Inhalt zu erfüllen sei." (Ebd., S. 275)

im Falle des Eigenpsychischen vom Erinnerungsurteil ausgeht, das er als Kommunikation eines früheren mit einem späteren Selbst beschreibt;[133] es soll auch überhaupt keine Annahme über eine Kontinuität eines Selbst gemacht werden, für die Analyse des Erinnerungsurteils ist es irrelevant, ob das frühere Ich oder jemand anders mit mir kommuniziert. In dieser Hinsicht gibt es – wie auch Reichenbach bemerkte[134] – eine gewisse Parallelität zwischen Erinnerung (innersubjektiver Kommunikation im Zeitablauf) und intersubjektiver Kommunikation.

Die Bedeutung eines Erinnerungsurteils kann gemäß dem Verifikationismus nicht unabhängig sein von der Art der Prüfung. Ein Urteil von der Art „Das Buch sieht heute genau so (oder ähnlich) rot aus wie gestern" ist verschiedener Methoden der Verifikation fähig. Solche Methoden wären etwa eine Wiederholung der Beobachtung; die Erwägung einer zwischenzeitlichen Farbänderung des Objekts; der Vergleich meines gegenwärtigen Erlebnisses mit Aufzeichnungen, mit denen ich gestern meine Erlebnisse beschrieben habe; der Vergleich mit Beschreibungen anderer Personen.[135] Aus diesen verschiedenen Möglichkeiten der Verifikation folgert nun Schlick:

> The criterion of the truth of the judgment is the agreement of all these different propositions; and if we say that the colour is *truly* the same, that my memory has not deceived me, we mean nothing but that there is this formal agreement between the descriptions based on memory and on observation. This is entirely a matter of structures; we cannot speak of a repetition or comparison of "content".[136]

So weit scheint mir eine klare und einleuchtende Position vertreten zu sein: Erinnerungsurteile werden geprüft anhand von Urteilen der äußeren Wahrnehmung (und vorausgesetzten Hypothesen über

---

[133] F&C, erste Vorlesung, S. 178

[134] „Wenn wir aber die Wahrnehmungen zweier Menschen unvergleichbar nennen, dann müssen wir die Wahrnehmungen einer Person zu verschiedenen Zeiten auch unvergleichbar nennen." (*Erfahrung und Prognose*, S. 158)

[135] F&C, erste Vorlesung, S. 178 f.

[136] Ebd., S. 179

psychophysische Zusammenhänge und solchen über das Verhalten physischer Gegenstände). Der Prüfprozess besteht nicht nur in der Feststellung der logischen Kohärenz dieser Aussagen untereinander – das wäre zuwenig –, sondern in einer Art Übereinstimmung à la „Ich erinnere mich, an dieser Kreuzung ein Verkehrszeichen gesehen zu haben" mit der Beobachtungsaussage „Ich sehe an dieser Kreuzung jetzt ein Verkehrszeichen"; und der Ausdruck „formal agreement" im letzten Satz des Zitats kann durchaus dementsprechend genommen werden. Schlick fährt unmittelbar anschließend fort:

If we knew of a case in which there were nothing else with which the judgment of our memory could be compared, we should, in this case, have to declare it impossible to distinguish between a trustworthy and a deceptive memory; we therefore could not even raise the question whether it was deceptive or not: there would be no sense in speaking of an "error" of our memory. It follows that a philosopher would be uttering a meaningless question if he were to ask: "Is it not possible that the colour I am seeing now *seems* to me to be green, while actually it is red?" The sentence "I am seeing green" *means* nothing but "there is a colour which I remember has always been called green". This recollection, this datum of my memory, is the one and only criterion of the truth of my statement. I recall it so, and that is final; in our supposed case I cannot go on asking: do I remember correctly? for I could not possibly explain what I meant by such a question.

Gibt es überhaupt keine Möglichkeit, ein Erinnerungsurteil zu prüfen, so ist es sinnlos, überhaupt von Wahrheit oder Falschheit zu sprechen. Dies ist nicht nur die Anwendung der verifikationistischen Maxime, wonach die Bedeutung einer Aussage ihrer Methode der Verifikation entspricht. Wir meinen ja im Allgemeinen, wenn wir von einer Erinnerungstäuschung sprechen, dass wir das entsprechende Urteil zurückziehen aufgrund gegenläufiger Evidenz; aufgrund von Gegengründen, die vor allem aus der Wahrnehmung stammen. So weit, so klar, hoffe ich (bzw. ich hoffe, dass ich Schlick hier richtig verstehe). Aber der überraschende Schritt ist Schlicks Behauptung, dass diese Analyse Urteile über gegenwärtig Wahrgenommenes mit einbezieht, dass also auch Urteile über gegenwärtig Wahrgenommenes als Erinnerungsurteile zu interpretieren sind. Es scheint mir klar zu sein, dass hier ein Fehler vorliegt, „Ich sehe etwas Grünes" ist kein Erin-

nerungsurteil über früher gesehenes Grünes oder frühere gleichartige
Benennungen.

Wir unterbrechen hier die weitere Untersuchung zu diesem Punkt:
Schlick selbst knüpft in seiner Konzeption der Konstatierungen an
diese Analyse an; dementsprechend werden wir später (Kapitel V,
Abschnitt 2) den Faden wieder aufnehmen.

Das Problem des Selbstwiderspruchs

Von Inhalten kann nicht gesprochen werden, „not even by the philosopher"[137]. Ein Grundproblem von Schlicks Ansatz ist natürlich,
dass diese These von Schlick selbst permanent unterlaufen wird:
Wenn man aussagt, dass eine bestimmte Erlebnisqualität nicht aussagbar ist, so hat man ja über diese Qualität etwas ausgesagt, sie zum
Gegenstand einer Aussage gemacht. Diese Situation ist gleichermaßen paradox wie unvermeidbar, und natürlich bemerkt Schlick dieses
Grundsatzproblem selbst, allerdings erscheinen seine Bemerkungen
kaum zufriedenstellend. Einerseits betont er immer wieder den tautologischen Charakter seiner Thesen und meint, seine Analyse bringe
nur klar ans Licht, was der Mann von der Straße ohnehin wisse. Eine zweite Strategie besteht darin, den Anspruch der eigenen Sätze
zurückzunehmen: „[...] my words are not intended to communicate
anything"[138]. Der Anspruch ist also nicht, etwas auszusagen, sondern „the creation of a certain mental attitude"[139]. Man sieht sich
hier unweigerlich an Wittgensteins Leiter-Metapher des *Tractatus*
erinnert[140], allerdings gibt es auch an diesem Punkt Schlick'sche

---

[137] F&C, erste Vorlesung, S. 159; man vergleiche vor allem die oben, S. 114, zitierte Stelle, wo Schlick explizit jede, auch noch so indirekte Bezugnahme auf
Inhaltliches ablehnt.

[138] F&C, erste Vorlesung [erste Version], Inv.-Nr. 181, A. 203a, Bl. 26

[139] Ebd.

[140] „Meine Sätze erläutern dadurch, daß sie der, welcher mich versteht, am Ende
als unsinnig erkennt, wenn er durch sie – auf ihnen – über sie hinausgestiegen
ist. (Er muß sozusagen die Leiter wegwerfen, nachdem er auf ihr hinaufgestiegen
ist.)" (*Tractatus* 6.54)

Besonderheiten, wenn er – im Gegensatz zur gewöhnlichen Funktion der Sprache, der (von Schlick so genannten) Ausdrucksfunktion – von einer kausalen Funktion seiner eigenen Sätze spricht, sie Stimuli nennt, die eine bestimmte Wirkung im Leser hervorrufen sollen. Diese Idee findet sich allerdings nur in der ersten Version der ersten Vorlesung von F&C, später wird diese „causal function of language"[141] nicht mehr erwähnt. Die beiden Antworten Schlicks (salopp ausgedrückt: „Meine Thesen sind Tautologien" bzw. „Meine Thesen wollen nichts ausdrücken") sind möglicherweise nicht unvereinbar – schließlich sind ja nach Schlicks (von Wittgenstein übernommener) Auffassung auch die Tautologien keine eigentlichen Sätze, sondern strenggenommen sinnlos. Wie dem auch sei, derartige Manöver sind kaum dazu geeignet, Zweifler zufriedenzustellen, schon gar nicht jene vom „linken Flügel" des Kreises, wo die Rede vom Unsagbaren von jeher auf erbitterten Widerstand stieß. So etwa bei Neurath, der in Bezug auf Wittgensteins Leiter-Metapher und den daran anschließenden berühmten Schlusssatz des *Tractus* schreibt:

Falls man sich wirklich ganz metaphysischer Stimmung enthalten will, so „schweige man", aber nicht „über etwas".
Wir brauchen keine metaphysische Erklärungsleiter.[142]

Eine detaillierte Auseinandersetzung mit F&C innerhalb des Wiener Kreises konnte natürlich schon allein deswegen nicht erfolgen, als es sich um eine unpublizierte Arbeit handelte; es gibt keinerlei Hinweise darauf, dass Schlick das Manuskript nach dem Vortrag in London anderen Zirkelmitgliedern zugänglich gemacht hätte. Die Grundthese der Unsagbarkeit der Erlebnisinhalte allerdings war sehr wohl bekannt, nicht nur aus Arbeiten wie „Erleben, Erkennen,

---

[141] Wie es im nachträglich erstellten Inhaltsverzeichnis zur ersten Version der ersten Vorlesung heißt; Inv.-Nr. 181, A.202, Bl. 3
[142] „Soziologie im Physikalismus", S. 535

Metaphysik", sondern auch aus den Zirkeldiskussionen. [143] In der Diskussion mit Zilsel, der in einer dem Schlick'schen Standpunkt sehr ähnlichen Weise von unsagbaren Erlebnissen spricht, [144] hält Carnap die Ähnlichkeit zu Formulierungen Schlicks fest und bringt den selbstwidersprüchlichen Charakter dieses Standpunktes klar zu Ausdruck:

In den genannten Formulierungen (von Zilsel und aus unserem Kreis) steckt ein innerer Widerspruch: einerseits sagt man, über die „Erlebnisinhalte selbst", über die „eigentliche Qualität" oder „das Quale" der „Erlebnisinhalte (Empfindungsinhalte usw.)" könne man nicht sprechen; andererseits aber verstößt man gerade in der These selbst durch die Verwendung der Ausdrücke „die Qualität der Erlebnisinhalte" oder ähnlicher (oder einzelner Beispiele wie „das Blau selbst", „die Qualität der Bitterkeit, so wie sie jeder kennt, ohne sie mitteilen zu können") gegen das eigene Verbot. Der Begriff „unsagbar" ist leer. Man kann über alles sprechen. [145]

Diese Angriffe wiederholt Carnap in der 1934 erschienenen *Logischen Syntax der Sprache*, wenn er dort schreibt, dass „Sätze, in denen das Wort ‚unsagbar' oder ähnliche vorkommen, besonders gefährlich sind"; darin stecke eine *„Mythologie des Unsagbaren"*. [146] Mehrere der dort angeführten *„abschreckende[n] Beispiele"*, die Carnap im Folgenden anführt, sind eindeutig auf Schlick gemünzt. [147] Ver-

---

[143] Ayer zufolge, der im Winter 1932/33 an den Zirkelsitzungen teilnahm, wurde die Form/Inhalt-Dichotomie zwischen Schlick und Neurath diskutiert; „Der Wiener Kreis", S. 20.

[144] „Bemerkungen zur Wissenschaftslogik"; in dieser Hinsicht gehört Zilsel offenbar nicht zum linken Flügel, dem er gewöhnlich beigerechnet wird (im gleich folgenden Zitat wird er von Carnap sogar überhaupt nicht dem Wiener Kreis zugerechnet). Zu dieser Einteilung in einen rechten und einen linken Flügel siehe unten, S. 171, Anm. 8.

[145] „Erwiderung auf die vorstehenden Aufsätze von E. Zilsel und K. Duncker", S. 181.

[146] *Logische Syntax der Sprache*, § 81

[147] „Die Qualitäten, die als Inhalte des Bewusstseinsstromes auftreten, lassen sich nicht aussagen, beschreiben, ausdrücken, mitteilen, sondern nur im Erlebnis aufzeigen." Bzw. „Das gegebene Erleben besitzt zwar eine sagbare Struktur, aber

sucht man, derartige Sätze in die formale Redeweise zu übertragen – und eine derartige Übersetzbarkeit ist für den Carnap dieser Phase der Prüfstein aller philosophischen Sätze – so wird der Widerspruch manifest, wie Carnap am Beispiel „Es gibt unaussprechliche Gegenstände" vorführt. Dieser Satz bedeutet nach ihm so viel wie „Es gibt Gegenstände, für die es keine Gegenstandsbezeichnung gibt", und die Übersetzung in die formale Redeweise lautet: „Es gibt Gegenstandsbezeichnungen, die keine sind." [148]

Diese fast durchgängige Ablehnung, auf die Schlick stieß, könnten seine Entscheidung, den Text nicht zu publizieren, durchaus mitbeeinflusst haben. Ebenfalls zu berücksichtigen ist dabei die rasche Entwicklung von Wittgensteins Denken. Der Begriff des Bildes spielt bei diesem zwar auch späterhin eine Rolle, aber den zentralen Gedanken der Bildtheorie, die Isomorphie von Bild (Satz) und Abgebildetem, wonach beiden die gleiche logische Form gemeinsam ist, gibt Wittgenstein auf. So heißt es in der um 1932 entstandenen *Philosophischen Grammatik*:

Ist aber die Bildhaftigkeit eine Übereinstimmung? In der *Abhandlung* habe ich so etwas gesagt wie: sie ist eine Übereinstimmung der Form. Das ist aber irreführend. [149]

Die Sinnhaftigkeit von Sätzen beruht also nicht mehr auf einer metaphysischen Harmonie zwischen Sprache und Welt; der Sinn von Sätzen ist nunmehr allein durch sprachimmanente Gebrauchsregeln garantiert, „die Sprache muß für sich selbst sprechen" [150]. Allerdings

außerdem noch einen unsagbaren und trotzdem uns sehr wohlbekannten Inhalt." In weiteren Beispielen prangert Carnap auch Formulierungen von Wittgenstein und Russell an.

[148] Diese Kritik Carnaps am Unsagbaren kann auch als Selbstkritik gesehen werden: Laut *Aufbau* müssen alle wissenschaftlichen Aussagen in Strukturaussagen übersetzbar sein, da alles Materiale subjektiv ist (vgl. das Zitat oben, S. 50); auch hier ist ja von etwas (zumindest wissenschaftlich) nicht Ausdrückbarem die Rede.

[149] Ebd., S. 163

[150] Ebd., S. 40

ist hierbei zu beachten – wie nun schon mehrfach betont –, dass Schlick in F&C zwar ebenfalls die Bildtheorie vertritt, aber in seiner Ausgestaltung des Strukturalismus eben eine ganz andere Art der Unsagbarkeit (nämlich des Inhalts) als im *Tractatus* zentral ist; insofern ist trotz wichtiger Berührungspunkte mit diesem Werk die Eigenständigkeit Schlicks gegenüber Wittgenstein zu unterstreichen. [151]

So weit zu möglichen externen Faktoren; inwieweit die in diesem Kapitel aufgeworfenen internen Schwierigkeiten Schlick hierbei beeinflussten, bzw. inwieweit er diese selbst als echte Probleme ansah, lässt sich nicht feststellen; von den Mühen, die ihm die Abfassung (bzw. Überarbeitung) dieser Schrift machte, war im ersten Abschnitt bereits die Rede. In der in diesem Kapitel mehrfach herangezogenen Vorlesung des Wintersemesters 1933/34 *Die Probleme der Philosophie in ihrem Zusammenhang* wird die Form/Inhalt-Dichotomie noch vertreten, [152] aber bereits in der ein Jahr später gehaltenen Vorlesung „Logik und Erkenntnistheorie" [153] – einem ähnlich umfassenden Überblick über seinen erkenntnistheoretischen Standpunkt – ist dazu nichts mehr zu finden.

Gone from his thought are the disastrous notions of form and content, banished to the dustbin of obsolete philosophical conceptions. Expelled, too, is the implausible, counterintuitve, and ultimately inconsistent Thesis of the Incommunicability of Contents. [154]

Die Abkehr Schlicks vom strukturalistischen Ansatz (die hier bei Oberdan m. E. richtigerweise festgehalten, allerdings leider nicht

---

[151] Daneben – aber dies ist reine Spekulation – könnte natürlich auch die Heftigkeit, mit der Wittgenstein auf eine gewissermaßen unautorisierte Verwendung seiner Ideen reagierte (zum Plagiatsstreit mit Carnap siehe oben, S. 99, Anm. 69), Schlick von einer Veröffentlichung abgehalten haben. Später wurde neben anderen auch Waismann Opfer von Wittgensteins Empfindlichkeit.

[152] Zum Charakter dieser Vorlesung als Schnittstelle siehe auch unten, S. 170.

[153] Inv.-Nr. 38, B. 18a

[154] Oberdan, *Protocols, Truth and Convention*, S. 94; dieser Autor ist übrigens meines Wissens nach der einzige, der die letztgenannte (im Gegensatz zu erstgenannten noch unveröffentlichte) Vorlesung berücksichtigt.

näher belegt wird) lässt sich in seiner weiteren Entwicklung vor allem in zwei zentralen Punkten zeigen, die im Folgenden behandelt werden. Zum einen ist das seine spätere Analyse von Urteilen über gegenwärtig Wahrgenommenes: Die Theorie der Konstatierungen ist mit F&C nicht vereinbar.[155] Und, damit zusammenhängend, beschreitet Schlick schließlich in seiner Behandlung des Problems der Mitteilbarkeit gänzlich neue Wege.[156]

[155] Siehe Kapitel V, Abschnitt 2.
[156] Siehe Kapitel VI, Abschnitt 2.

IV. Eine Zwischenbetrachtung

> I am not going to have any meetings of the "Wiener Kreis" this winter.
> Some of our old members have grown too dogmatic and might discredit
> the whole movement; so I am now trying to form a new circle
> out of younger men who are still free from prejudices. [1]

Ohne Zweifel stellt das „Scheitern" mit F&C eine Zäsur in Schlicks
Denkweg dar. Schon ein näherer Blick auf die Publikationen Schlicks
bzw. deren genauer Entstehungszeit legt dies nahe. Fast zeitgleich
mit „Positivismus und Realismus" erschienen 1932 noch drei Aufsätze, die ihr Entstehen dem Aufenthalt in Berkeley 1931/32 verdankten und die nach Schlicks eigenen Worten „nichts Neues" enthalten, [2] sowie „Gibt es ein materiales Apriori?", eine Arbeit, die in
einem bereits 1930 gehaltenen Vortrag wurzelt. Von Ende 1932 bis
zu einem nicht näher zu bestimmenden Zeitpunkt im Jahr 1934 arbeitete Schlick an F&C; seine nächste Publikation, [3] der im Sommer

---

[1] Moritz Schlick an David Rynin, 4. November 1933; es ist nicht klar, ob es tatsächlich zu einem Aussetzen der Zirkeltreffen kam, in einem Schreiben Schlicks an
Rudolf Carnap vom 20. Januar 1935 heißt es dann jedenfalls, daß die Donnerstag-
Abende dieses Semester wieder stattfinden würden.

[2] Moritz Schlick an Rudolf Carnap, ASP-RC 029-29-13. Zwei dieser Aufsätze
(„The Future of Philosophy" und „Causality in Everyday Life and in Recent
Science") rekapitulieren in neuem Gewand bereits früher (etwa in „Die Wende
der Philosophie" oder „Die Kausalität in der gegenwärtigen Physik") publizierte
Thesen und Ergebnisse. Die dritte Arbeit („A New Philosophy of Experience")
ist eine Einführung in neopositivistische Grundthesen anhand des Gegensatzes
Rationalismus/Empirismus.

[3] Abgesehen von der sehr kurzen Rezension der fünften Auflage von Bavinks
Ergebnisse und Probleme der Naturwissenschaften, die 1933 erschien.

dieses Jahres erschienene Aufsatz „Über das Fundament der Erkenntnis" läutet die so abrupt endende, überaus publikationsreiche letzte Phase in Schlicks Entwicklung ein, die vor allem im Zeichen der Binnendiskussion innerhalb des Wiener Kreises steht. Direkt an dieser Schnittstelle steht die posthum publizierte Vorlesung des Wintersemesters 1933/34, *Die Probleme der Philosophie in ihrem Zusammenhang.* Bezeichnenderweise veröffentlichte Schlick diese Vorlesung ebenfalls nicht selbst, obwohl er diesen Plan zumindest kurzfristig verfolgte.[4] In diesem umfassenden Überblick über Schlicks Erkenntnistheorie finden sich sowohl der Standpunkt von F&C als auch im Kern bereits die Thesen, die er in folgenden Arbeiten weiter ausarbeitete und die – so wird im Folgenden versucht zu zeigen – einer weiteren Entwicklungsstufe von Schlicks Denken zugehörig und mit F&C nicht zu vereinbaren sind.

Die These von einer Zäsur wird auch erhärtet, betrachtet man den optimistischen Ton, der in manchen von Schlicks Arbeiten aus der Früh- bzw. Blütezeit des Neopositivismus klassischen Ausdruck gefunden hat, so etwa in der bekannten, bezeichnenderweise „Die Wende der Philosophie" betitelten Arbeit, wo es heißt, dass „die Lage wirklich einzigartig und die eingetretene Wendung wirklich endgültig ist", nunmehr sei man imstande, sich „im Prinzip aller philosophischen Streitigkeiten zu entheben"[5]. Und auch noch in F&C kommt dieser Optimismus klar zum Ausdruck, wenn es am Anfang der dritten Vorlesung rückblickend heißt:

We have raised ourselves to such a height, or at least to such a favourable standpoint that for us the traditional problems have lost their formidable aspect entirely, and can be overcome without difficulty, although, perhaps, in an unexpected way.[6]

Derartige Stellen wird man in Schlicks Schriften der letzten Periode vergeblich suchen, wo eine nüchterne, problemorientierte Ein-

[4] Siehe dazu oben, S. 112, Anm. 13.

[5] „Die Wende der Philosophie", S. 215

[6] F&C, S. 218

170

stellung dominiert. Die logisch-semantische Grundlegung – das von Schlick selbst festgestellte Manko der AE[7] – führte eben nicht zu einer Beilegung der philosophischen Kontroversen. Die Wende zur Sprache brachte nicht die gewünschte Einigkeit, dieser gemeinsame Ausgangspunkt garantierte keineswegs gleiche Ergebnisse, der linke Flügel des Zirkels gelangte nach Schlicks Ansicht zu rationalistischen, konventionalistischen und physikalistischen Ansichten, die Schlicks grundlegenden und zeitlebens vertretenen empiristischen Intentionen zum Teil diametral widersprachen.[8] Diese Auseinandersetzung schärfte zweifellos Schlicks Standpunkt, und in noch stärkerem Maße als bisher geschehen müssen diese Gegenstandpunkte für eine angemessene Würdigung der Arbeiten Schlicks dieser letzten beiden Jahre berücksichtigt werden, zumal auch Schlick selbst in fast jeder der im Folgenden zu behandelnden Arbeiten auf die Thesen der Gegenseite eingeht. Der Name „Protokollsatzdebatte", der sich für diese Auseinandersetzung eingebürgert hat, ist insofern etwas unglücklich, als sich diese nicht nur auf die Frage nach der Basis des Erkenntnisgebäudes beschränkt. Die beiden anderen grundsätzlichen Streitpunkte betreffen das psychophysische Problem (Physikalismus) sowie den Wahrheitsbegriff.[9]

---

[7] Siehe oben, S. 43.

[8] Zum linken Flügel des Kreises werden üblicherweise Carnap, Frank, Hahn, Neurath und Zilsel gerechnet. Abseits des politischen Aspekts ist das keine sonderlich homogene Gruppe: Wie schon gesagt, stand etwa Zilsel in mancherlei Hinsicht Schlick näher als den hier Genannten; siehe dazu oben, S. 164. Zu den im weiteren Verlauf aufbrechenden Kontroversen zwischen Carnap und Neurath siehe in diesem Kapitel Anm. 17, sowie weiters S. 230, Anm. 129. Schlick war übrigens die Einteilung in einen rechten und einen linken Flügel sehr zuwider: „[...] wir sollten derlei dem Neurath'schen Jargon entnommenen Ausdrucksweisen vermeiden, um uns nicht lächerlich zu machen" (Moritz Schlick an Rudolf Carnap, 20. Januar 1935).

[9] Damit sind natürlich nicht alle strittigen Punkte innerhalb des logischen Empirismus genannt; besonders hervorzuheben sind etwa noch die Philosophie der Mathematik sowie Kausalität und Wahrscheinlichkeit. Die Kontroversen, die Schlick anhand der letztgenannten beiden Themen mit Reichenbach führte, veranlas-

Zum Wahrheitsbegriff werde ich im Folgenden nicht mehr viel sagen. Schlick hält auch unabhängig vom Strukturalismus (mit der Behauptung der strukturellen Identität von Satz und Wirklichkeit) an der Korrespondenztheorie fest, allerdings sind auch bei ihm die Fragen nach Wahrheitsbegriff und Wahrheitskriterium eng miteinander verbunden: Die korrespondenztheoretische Wahrheitsauffassung erfordert nach Schlick die Angabe des Ortes, an dem der Vergleich mit der Realität stattfindet, insofern scheinen Wahrheits- und Basisdiskussion bei ihm miteinander verkoppelt.[10] Diese Koppelung von Wahrheitsbegriff und Wahrheitskriterium findet sich auch bei Neurath. Dieser leugnet jedoch die Möglichkeit eines Vergleichs mit der Wirklichkeit; da unsere Aussagen an keinem Punkt mit einer unabhängigen Wirklichkeit verglichen werden können (schon die Rede von „der Wirklichkeit" ist nach Neurath Metaphysik), ist alles, was feststellbar ist, die Kohärenz unserer Aussagen untereinander. Damit ist Neurath auch in diesem Punkt der Antipode Schlicks, der Wahrheit als Kohärenz der Aussagen untereinander auffasst; an einer diesbezüglich besonders eindeutigen Stelle heißt es etwa:

Wenn eine Aussage gemacht wird, wird sie mit der Gesamtheit der vorhandenen Aussagen konfrontiert. Wenn sie mit ihnen übereinstimmt, wird sie ihnen

sten ihn einmal zu einer geradezu vernichtenden Beurteilung (in einem Schreiben an das Preußische Ministerium für Wissenschaft, Kunst und Volksbildung vom 15. Februar 1931): „Seine Grundgedanken zur Analyse der Kausalität und der Wahrscheinlichkeit (hiermit beschäftigen sich seine Untersuchungen vorwiegend) halte ich für verfehlt. Es ist, als ob Reichenbach auf diesem Gebiete durch ein eigentümlich starres Festhalten an gewissen Ideen gehindert würde, in diesen Fragen in die letzte Tiefe zu dringen [...] als Forscher hat er die sehr großen Hoffnungen, die man vor zehn Jahren auf ihn zu setzen berechtigt war, nicht erfüllt." Anzufügen ist noch, dass zumindest beim Thema Wahrscheinlichkeit Schlick schließlich (in der 1936 erschienenen Arbeit „Gesetz und Wahrscheinlichkeit") versuchte, die vertretenen Wahrscheinlichkeitsbegriffe gewissermaßen zu synthetisieren; die Ablehnung einer auch von Reichenbach in diesem Zusammenhang vertretenen mehrwertigen Logik hielt Schlick allerdings zeitlebens aufrecht.

[10] Besonders deutlich in „Über das Fundament der Erkenntnis"; auf diesen Punkt komme ich im nächsten Kapitel, S. 243, noch einmal zurück.

angeschlossen, wenn sie nicht übereinstimmt, wird sie als „unwahr" bezeichnet und fallengelassen oder aber der bisherige Aussagenkomplex der Wissenschaft abgeändert, so daß die neue Aussage eingegliedert werden kann; zu letzterem entschließt man sich meist schwer. *Einen anderen „Wahrheitsbegriff" kann es für die Wissenschaft nicht geben.*[11]

Trotz derartiger Stellen wird in jüngerer Zeit gelegentlich angezweifelt, dass Neurath eine Kohärenztheorie der Wahrheit vertreten habe.[12] Da es uns hier nicht vorrangig um Neurath geht, werden wir dieser Frage nicht weiter nachgehen. Festzuhalten ist jedenfalls, dass Hempel in seiner Darstellung des Carnap/Neurath'schen Standpunktes explizit von einer Form der Kohärenztheorie spricht;[13] übrigens bezweifelte Schlick selbst keineswegs, dass Neurath sich selbst nicht als Anhänger einer Kohärenztheorie sah, hielt aber fest, dass aus dessen Äußerungen „wenn man sie ernst nimmt, die Kohärenztheorie folge"[14]. Auch Hahn schloss sich dem Neurath'schen Standpunkt (bei eigener Terminologie) an; bei ihm heißt es:

Entgegen dieser metaphysischen Auffassung, Wahrheit bestehe in der – doch nicht feststellbaren – Übereinstimmung mit der Realität, bekennen wir uns zur *pragmatistischen* Auffassung: Wahrheit eines Satzes besteht in seiner Bewährung. Freilich wird dadurch die Wahrheit ihres absoluten, ewigen Charakters entkleidet, sie wird relativiert, sie wird vermenschlicht, aber der Wahrheitsbegriff wird

[11] „Physikalismus", S. 419; vgl. auch derselbe, „Protokollsätze", S. 581, oder *Einheitswissenschaft und Psychologie*, S. 593 f.

[12] So meinen etwa Cirera (*Carnap and the Vienna Circle*, Kap. 3, Abschnitt 23) und Uebel (*Vernunftkritik und Wissenschaft*, S. 38), dass Neurath überhaupt keine Wahrheitstheorie vertreten habe. Cirera meint dabei, dass bei Neurath an Stelle einer Wahrheitstheorie eine behavioristische Theorie des Akzeptierens von Sätzen trete, während Uebel glaubt, dass dieses Fehlen einer Wahrheitstheorie ein echtes Manko sei und eine Supplementierung von Neuraths Ansatz durch eine Redundanztheorie der Wahrheit à la Ramsey verlangt.

[13] „On the Logical Positivist's Theory of Truth", insbesondere S. 54 bzw. S. 56, Anm. 6; Jahrzehnte später gestand Hempel übrigens in informellem Gespräch ein, der Gedanke an diese seine frühe Arbeit lasse ihn „leicht erröten" (mündliche Mitteilung von H. Rutte).

[14] Moritz Schlick an Rudolf Carnap, 5. Juni 1934

anwendbar! Und welchem Zwecke könnte ein Wahrheitsbegriff dienen, der nicht anwenbar ist? [15]

Für Carnap bedeutete die Bekanntschaft mit Tarskis semantischer Wahrheitsdefinition einen echten Einschnitt, der zu seiner klaren Unterscheidung zwischen Wahrheitsdefinition und Kriterien der Feststellbarkeit (bzw. Bewährung, Bestätigung, wissenschaftliche Anerkennung etc.) maßgeblich beitrug. [16] Neurath hingegen blieb gegenüber der semantischen Wahrheitsdefinition zeitlebens skeptisch. [17] Von Schlick sind keine Äußerungen zu Tarskis Wahrheitsdefinition und dessen Unterscheidung von Objekt- und Metasprache bekannt; an manchen früheren Stellen schließt Schlick sich der These des *Tractatus* an, wonach über die Sprache nicht sinnvoll gesprochen werden kann. [18]

Die Physikalismusdebatte wurde bereits zumindest ansatzweise behandelt, [19] im speziellen die Forderung nach intersubjektiver Verifizierbarkeit, die hier eine maßgebliche Rolle spielt. Wie dargestellt,

---

[15] *Logik, Mathematik und Naturerkennen*, S. 169

[16] Vgl. Carnap, „Wahrheit und Bewährung"; zu Tarskis Einfluss auf Carnap siehe auch Carnaps Erinnerungen in *Mein Weg in die Philosophie*, Kap. II, Abschnitt 10, sowie (generell zum Verhältnis des Wiener Kreises zu Tarski) die Beiträge in Wolenski / Köhler (Hrsg.), *Alfred Tarski and the Vienna Circle*.

[17] Im Anschluss an die Veröffentlichung von Carnaps *Introduction to Semantics* 1942 entspann sich eine heftige briefliche Kontroverse zwischen Carnap und Neurath; Letzterer sah die Semantik als Einfallstor für metaphysische Bestrebungen und bezeichnete Carnap etwa als „Tarskisized with Aristotelian flavour (which I detest)" (zitiert nach Hegselmann, „Die Korrespondenz zwischen Otto Neurath und Rudolf Carnap 1934–1945", S. 283).

[18] Siehe dazu oben, S. 126.

[19] Frühe Kritik am Physikalismus übten auch schon Zilsel in seinem bereits erwähnten Aufsatz „Bemerkungen zur Wissenschaftslogik" und Duncker („Behaviorismus und Gestaltpsychologie"); Carnap antwortete im selben, Ende 1932 erschienenen Heft der *Erkenntnis* mit der Arbeit „Erwiderung auf die vorstehenden Aufsätze von E. Zilsel und K. Duncker". Weiters zu erwähnen sind die kritischen Bemerkungen von Vogel („Bemerkungen zur Aussagentheorie des radikalen Physikalismus") sowie insbesondere die sichtlich von Schlicks Ansichten

ist der Zugang Schlicks in F&C als „halb-physikalistisch" zu kennzeichnen, die radikalen Folgerungen Carnaps und Neuraths waren für Schlick nicht akzeptabel. Mit der Weiterentwicklung über F&C hinaus verschärfte sich Schlicks Ablehnung von deren semantisch konzipiertem Physikalismus.[20] Im Gegensatz zu dieser These sieht Schlick das Verhältnis von Psychischem und Physischem als Verhältnis zweier Begriffssysteme, die de facto, aber eben nicht notwendigerweise auf dasselbe referieren.[21] Damit greift Schlick auf seinen bereits in der AE vertretenen „psychophysischen Parallelismus" zurück,[22] freilich ohne diesen Ausdruck wieder zu verwenden. Und auch die Begründung für diese These – in heutiger Terminologie wohl als Variante der empirischen Identitätstheorie zu bezeichnen[23] – ändert sich. Unter dem Einfluss Wittgensteins dominiert nun die Methode

inspirierte Arbeit von Juhos, „Kritische Bemerkungen zur Wissenschaftstheorie des Physikalismus" (diese Arbeit erschien zwar erst kurz nach „Über das Fundament der Erkenntnis", Juhos gibt allerdings die Entstehungszeit mit Anfang 1933 an).

[20] Zum Folgenden siehe „Über die Beziehung zwischen den psychologischen und den physikalischen Begriffen"; im zweiten Abschnitt des letzten Kapitels werden wir etwas näher auf diese Arbeit eingehen.

[21] Bei Carnap liegt, wie Schlick bemerkt, eine gewisse Unentschiedenheit vor; siehe dazu unten, S. 267, Anm. 56.

[22] Vgl. AE, insbesondere §§ 32-34 (diese Paragraphen hebt Schlick in einem Schreiben an Bertrand Russell vom 6. Oktober 1925 übrigens als „rather important part in my conception of the world" hervor); erstmals formuliert hat Schlick diesen Standpunkt bereits 1916 in „Idealität des Raumes, Introjektion und psychophysisches Problem". Die hier von mir vertretene These der Kontinuität wird auch durch Waismann gestützt, der für seine kurze Charakterisierung des Standpunktes der AE zum psychophysischen Problem den in Anm. 20 genannten späteren Aufsatz heranzieht; Waismann, „Vorwort", S. XVIII f.

[23] Vgl. dazu Feigl / Blumberg, „Introduction", Abschnitt IV. Dagegen meint Kim, er könne in der AE kein „reasonably clear and unambiguous statement of the mind-brain-identity theory" finden. Aber auch dieser Autor betont Schlicks Vorwegnahme von auch heute noch intensiv diskutierten Fragestellungen zum psychophysichen Verhältnis; Kim, „Logical Positivism and the Mind-Body Problem" (Zitat S. 276).

der Beschreibung von Möglichkeiten. Mittels Gedankenexperimenten werden mögliche Welten entworfen, in denen keine Übersetzung von Aussagen über Psychisches in solche über Physisches mehr möglich ist.

Freilich hängen diese Teile der Protokollsatzdebatte (Wahrheit, Physikalismus, Erkenntnisbasis) alle zusammen. Sind nach dem Physikalismus auch die Aussagen eines Subjekts, die dessen Erlebnisse beschreiben und anhand deren alle übrigen verifiziert werden sollen, als Aussagen über Physisches (körperliches Verhalten bzw. Verhaltensdispositionen) aufzufassen, so folgt bereits daraus, dass diese Aussagen keine epistemologisch privilegierte Position einnehmen können. Gibt es keine derartigen privilegierten Basisaussagen als Instanzen, anhand deren die Wahrheit aller übrigen Aussagen feststellbar ist, so kann Verifikation von Hypothesen nicht in einer Beziehung zu einer ausgezeichneten Klasse von Aussagen (den Basissätzen) liegen, sondern nur in der Feststellung von Beziehungen innerhalb des Gesamtsystems der Aussagen, die epistemologisch insofern alle gleichwertig sind, als alle Aussagen ohne Ausnahme fallibel und damit revidierbar sind. [24] Verifizierbarkeit heißt dann nichts anderes als widerspruchsfreie Einfügbarkeit in ein akzeptiertes Aussagensystem. [25] Und weiter: Da physikalistisch verstandene Protokollsätze jeweils nur von physischen Individuen und deren Wahrnehmung von physischen Dingen bzw. Vorgängen handeln können, ist klar, dass derartige Aussagen nicht von einem reinen, vor aller Verarbeitung vorliegenden

[24] Freilich anerkennt auch z. B. Neurath, dass Beobachtungssätze relativ stabil sind, ohne freilich für diese relative Stabilität, die als bloßes Faktum hingenommen wird, eine erkenntnistheoretische Begründung zu liefern; vgl. z. B. „Pseudorationalismus der Falsifiktion", S. 642. Dieser Gedanke einer relativen Stabilität von Beobachtungssätzen wurde später (von Neurath beeinflusst) von Quine weiter ausgearbeitet; vgl. „Epistemology Naturalized", S. 85 ff.

[25] Auch die Feststellung der Verträglichkeit von Hypothesen mit privilegierten Basissätzen ist die Feststellung einer Art Kohärenz, sodass man nicht ohne Weiteres sagen kann, eine Kohärenztheorie der Wahrheit und eine fundamentalistische Erkenntnistheorie seien unvereinbar.

Gegebenen handeln können. Aussagen, die Wahrnehmungen der Außenwelt zum Ausdruck bringen, beinhalten eine unbestimmte Menge von Hypothesen, sind also immer schon durchtränkt von Theorien. Dass es keine theoriefreien Aussagen gibt, wurde bereits früh von Neurath vertreten;[26] es ist diese von Schlick abgelehnte Auffassung, von der oben als „rationalistischer" Tendenz die Rede war. Zu den ebenfalls von Schlick im Folgenden bekämpften konventionalistischen Zügen bedarf es nun wohl keiner ausführlichen Erläuterungen mehr. Dass im Prüfprozess der Faktor der willkürlichen Entscheidung Neurath zufolge nicht ausgeschaltet werden kann, geht schon aus dem oben, S. 173, angeführten Zitat klar hervor; auch Carnap hebt dieses konventionelle Moment klar hervor, z. B. mit seiner These, dass das Verifikationsverfahren bei Sätzen endet, „die man durch Beschluß anerkennt"[27].

Nun steht in dieser Arbeit nicht diese Debatte selbst im Mittelpunkt, wenn auch, wie gesagt, immer wieder auf die Gegenstandpunkte eingegangen werden muss.[28] Hier steht die Entwicklung von Schlicks Denken per se im Fokus. Wenn oben von einer Zäsur in Schlicks Denken die Rede war, so ist natürlich nicht gemeint, dass es zu einem gänzlichen Neubeginn kam; im Gegenteil, wie schon anhand des psychophysischen Problems geschildert, greift Schlick zum Teil wieder Thesen der AE auf, freilich nicht genau in der alten Form, sondern bemüht, sie in (vor allem in logisch-semantischer Hinsicht) ausgereiftere Form zu bringen; offensichtlich sucht Schlick diese Verbesserung durch die Einbeziehung der neuen Ideen Wittgensteins zu erreichen.

[26] Vgl. dazu Rutte, „Über Neuraths Empirismus und seine Kritik am Empirismus", S. 369 f.

[27] „Über Protokollsätze", S. 222; die gleiche Auffassung vertritt auch Popper; vgl. *Logik der Forschung*, Kap. V, Abschnitt 30.

[28] Einen recht ausführlichen Überblick über die Protokollsatzdebatte bietet etwa Uebel, *Overcoming Logical Positivism from within*; zum Gegensatz Schlick/Neurath siehe vor allem Rutte, „Moritz Schlick und Otto Neurath".

Rutte charakterisiert Schlicks relativ singuläre Stellung im Wiener Kreis als Versuch der Synthese von linguistischem und positivistischem Standpunkt.[29] Man kann F&C als Höhepunkt in der Entwicklung des linguistischen Ansatzes sehen; ein Höhepunkt, der freilich nicht frei von gewissen Überspannungen ist. Obwohl Schlick (unter dem fortwährenden Einfluss Wittgensteins) den linguistischen Standpunkt nicht verlässt, steht in der letzten Phase seines Denkens die Verteidigung des positivistischen bzw. empiristischen Moments gegen die „Fehlentwicklungen" innerhalb des linken Flügels im Mittelpunkt. Dies geschieht freilich nicht mehr „in einem Wurf", sondern manchmal etwas tastend und nicht immer vollständig konsistent. Schlick war es nicht mehr vergönnt, die sich abzeichnenden Teile zu einem geschlossenen Ganzen zu verbinden. Dem Basisproblem und damit der vermutlich originellsten (und mit Sicherheit bekanntesten) Schöpfung Schlicks in seiner letzten Phase, der Theorie der Konstatierungen, ist das nächste Kapitel gewidmet.

[29] „Moritz Schlick und Otto Neurath", S. 378

V. Konstatierungen

> If all the scientists in the world told me that under certain
> experimental conditions I must see three black spots, and if
> under those conditions I saw only one spot, no power in the
> universe could induce me to think that the statement "there
> is now only one black spot in the field of vision" is false. [1]

Zumeist wird Schlicks Theorie der Konstatierungen als Gegenposition zu den physikalistisch verstandenen Wahrnehmungssätzen des linken Flügels des Wiener Kreises gesehen. Diese Perspektive ist sicherlich richtig, [2] doch in vorliegender Arbeit geht es auch und vor allem um die immanente Entwicklung von Schlicks Denken, und unter diesem Blickwinkel sind die Konstatierungen ein neuer Anlauf zur Lösung einer Problematik, die schon im Frühwerk Schlicks auftritt, nämlich der Frage nach der Verbindung von (teils hochabstrakten) wissenschaftlichen Theorien und subjektiver Erfahrung.

Im Anschluss an die Kant'sche Fragestellung und in inhaltlicher Opposition zu dessen Lösung weist Schlick von jeher ein synthetisches Apriori zurück. Es bleiben demnach nur die beiden Klassen der analytischen Urteile (die nichts über die Wirklichkeit aussagen) und der synthetischen Urteile aposteriori. Letztere, die einzigen Urteile, die echte Wirklichkeitserkenntnis enthalten, „bleiben letzten Endes Hypothesen, ihre Wahrheit ist nicht schlechthin verbürgt" [3].

---

[1] „Facts and Propositions", S. 574

[2] Zudem wird diese Sicht der Dinge von Schlick selbst bestätigt, schreibt er doch kurz nach der Niederschrift von „Über das Fundament der Erkenntnis", dass es vor allem die Diskussionsbemerkungen Neuraths im Zirkel waren, die „wohl auch den Anlass zu meinem Aufsatz bildeten" (Moritz Schlick an Rudolf Carnap, 13. Mai 1934, ASP-RC 029-28-15).

[3] AE, S. 279

Eine Ausnahme gibt es allerdings: die einfache Feststellung von beobachteten Tatsachen, die Schlick in der AE „historische Urteile" nennt. Diese betreffen aber nur solche Tatsachen, „die im Moment der Gegenwart unmittelbar erlebt werden"[4]. Wegen dieser reinen Augenblicksgeltung können derartige Urteile auch nicht Eingang in das System der Wissenschaft finden; diesem können sie nur als erinnerte Urteile – und damit unter Verlust ihrer Sicherheit – einverleibt werden. In diesem Sinn nicht zum Bestand des Urteilssystems zählend, erfüllen sie doch eine grundlegende Funktion für dasselbe: sie sind die Stellen, an „denen es sich unmittelbar auf die wirklichen Tatsachen stützt"[5]. Hält man sich diese Charakterisierung vor Augen, wird klar, dass es sich bei diesen historischen Urteilen um Vorläufer der Konstatierungen handelt;[6] in deren Konzeption spielen dann die Merkmale der (nur im Augenblick bestehenden) sicheren Geltung und des unmittelbaren Realitätsbezugs die zentrale Rolle. Doch in der AE selbst ist über den genaueren Charakter dieser historischen Urteile nichts zu lesen.

Noch ohne den Terminus „Konstatierung"[7] zu verwenden, tritt die Konzeption dann auf in der Vorlesung des Wintersemesters 1933/34.[8] Dort sind bereits die wichtigsten Eckpunkte in nuce enthalten, die Schlick wenig später in „Über das Fundament der Erkenntnis" – wo dann der Terminus „Konstatierung" eingeführt wird – weiter ausarbeitet; weitere Klärungen und Ergänzungen finden sich

[4] Ebd., S. 278

[5] Ebd., S. 285

[6] Erkannt haben dies bereits Haller (*Neopositivismus*, S. 105) und Koterski („Béla von Juhos and the Concept of ‚Konstatierungen'", S. 163).

[7] Der Ausdruck findet sich übrigens bereits in Külpes *Die Realisierung*; bei diesem ist damit „ein ausdrückliches Feststellen und Wissen des wahrgenommenen Gegenstandes" gemeint (ebd., S. 54). Auf dieses Werk nimmt Schlick in der AE mehrfach Bezug.

[8] *Die Probleme der Philosophie in ihrem Zusammenhang*, S. 162

in „Facts and Propositions" sowie in „Über Konstatierungen".[9] Wir beginnen die Diskussion mit der für Schlick grundlegenden Unterscheidung von Erkennen und Erleben, eine Unterscheidung, die durch Urteile dieser Art fragwürdig zu werden scheint.

1. Zwischen Erkennen und Erleben

Die Problematik der Dichotomie Erkennen/Erleben lässt sich am besten demonstrieren anhand von einfachen Urteilen der Form „Dies ist rot", im Sinne eines Urteils über das Vorliegen einer Empfindung bzw. eines Sinnesdatums. Es ist zweifellos eine empirische, kontingente Tatsache, dass zu einem bestimmten Zeitpunkt bei einem bestimmten Subjekt ein derartiges Sinnesdatum auftritt, und dieser empirische Sachverhalt wird mit dem Urteil zum Ausdruck gebracht. Ist das Urteil wahr, so besteht der Sachverhalt (das Vorliegen einer Rot-Empfindung), und wir haben einen Fall von Erkenntnis. Zweifellos kann man andere Menschen bezüglich der eigenen gegenwärtigen Empfindungen belügen; eine Lüge ist die Mitteilung eines Sachverhaltes, von dem der Sprecher glaubt, dass er nicht vorliegt. Und das setzt voraus, dass ich selbst einen Glauben über das Vorliegen meiner Empfindungen haben kann, der wahrheitswertfähig ist. Das sind alles eher triviale Feststellungen, aber an dieser Stelle ist es wichtig festzuhalten, dass Urteile wie „Dies ist rot" echte Urteile sind, die, sofern wahr, Erkenntnis beinhalten; dementsprechend heißt es auch ganz klar bei Schlick: „The sentence ‚this is blue' expresses real knowledge [...]".[10]

Insofern steht dieser Satz als Ausdruck eines Urteils, einer Erkenntnis, in scharfem Kontrast zum bloßen Erleben eines Blau-

---

[9] Für den 1935 erschienenen Sammelband *Sur le fondement de la connaissance*, in dem diese drei Texte in französischer Übersetzung vereinigt sind, verfasste Schlick weiters eine ebenfalls einschlägig relevante Einleitung (im Folgenden zitiert nach der englischen Übersetzung als „Introduction").

[10] F&C, zweite Vorlesung, S. 195; vgl. dazu auch oben, S. 31 ff. und dort insbesondere Anm. 29.

Sinnesdatums. Erkenntnis ist (mindestens) zweigliedrig, setzt symbolische Repräsentation voraus und besteht im In-Beziehung-Setzen dieser Symbole. Reine, unverarbeitete Anschauung hingegen ist eine bloße Präsenz, das Auftreten eines Sinnesdatums ist eine Tatsache so wie jede andere, ein Blau-Erlebnis ist keine Erkenntnis – wer solches glaubt, vertritt eine „*mystical conception of knowledge*"[11].

So weit die bereits in Kapitel I vorgestellte Unterscheidung von Erleben und Erkennen. Aber angesichts des Stellenwerts dieser Unterscheidung und der Rigorosität, mit der Schlick immer wieder auf diese Dichotomie zurückkommt, ist man verwundert, wenn man in der AE an anderer Stelle[12] auf die These „von der Unmöglichkeit der Unterscheidung zwischen einem Bewusstseinsinhalt und seinem Wahrgenommenwerden" stößt,[13] wonach keine Unterscheidung möglich ist zwischen „Empfindungen und ihrem Bemerktwerden"[14], bzw. wonach gelten soll, dass „bemerktsein ist identisch mit bewußtsein"[15]. Man könnte geneigt sein, die Bedeutung dieser Stellen im Hinblick auf ihren Kontext (der Ablehnung eines Unbewussten) zu relativieren; aber auch in Passagen, die gerade den Unterschied zwischen Erkennen und Erleben betonen, zeigt sich bei näherem Hinsehen die Problematik dieser Dichotomie:

Ferner ist zu überlegen, daß überall dort, wo etwas über eine Intuition ausgesagt wird, schon ein diskursiver Erkenntnisprozeß, wenn auch primitiver Art, vorliegen muß. [...] Durch die Intuition werden wir mit dem Gegenstande bekannt; aber erst dann, wenn man über dieses Bekannte etwas formulieren, aussagen kann, wird es ein Erkanntes. Die bloße Innewerdung eines Gegenstandes oder Zustandes muß

[11] F&C, zweite Vorlesung, S. 194; vgl. auch die ebd., S. 197, gelieferte tabellarische Auflistung solcher und weiterer Unterschiede (die allerdings zum Teil auf den dort vertretenen Strukturalismus Bezug nehmen).

[12] In § 20, in dem Schlick gegen den Begriff der inneren Wahrnehmung und damit zusammenhängend gegen den Begriff eines unbewussten Psychischen argumentiert.

[13] AE, S. 411

[14] Ebd., S. 416

[15] Ebd., S. 414

am Anfang stehen, denn es muß ja ein Inhalt gegeben sein, von dem aus man zu Erkenntnissen fortschreiten kann. Im Prinzip aber hat das unmittelbar Gegebene mit dem, was Erkenntnis ist, nicht das geringste zu tun. [16]

Dieses „Innewerden" oder „Bemerken" (wir werden uns an letzteren Terminus halten) scheint nicht wirklich Platz in Schlicks Einteilung zu haben. Einerseits soll es sogar begrifflich ununterscheidbar sein vom Erlebnis selbst, also ganz zur Sphäre des Erlebens gehören. Andererseits ist ein Bemerken doch sicher ein Glauben, eine Art von Urteil: Wie bei einem Urteil ist ein Bemerken immer Bemerken eines Sachverhalts, nämlich dass ein bestimmter Sachverhalt (ein Sinnesdatum) vorliegt. Inhalt eines solchen Bemerkens ist nicht einfach „blau", sondern dass jetzt ein Blau-Sinnesdatum vorliegt. Und wenn ich etwas wahrheitsgemäß bemerkt habe, dann weiß ich doch etwas, nämlich dass ein entsprechender Sachverhalt vorliegt.

Die Zwischenstellung dieses Bemerkens zwischen Erkennen und Erleben zeigt sich auch in mehreren Formulierungen, in denen Schlick den Endpunkt der Verifikation beschreibt. Verifikation soll dabei Feststellung der Wahrheit bedeuten, was im Sinne der Korrespondenztheorie Vergleich mit der Wirklichkeit bedeutet. Auch an diesem Punkt bietet sich die AE als Ausgangspunkt an; dort wird Verifizierbarkeit freilich noch nicht als Prinzip der Sinnbestimmung genommen, sondern als einziges Wahrheitskriterium empirischer Sätze: Um eine beliebige Hypothese zu verifizieren, wird aus dieser Hypothese (unter Hinzuziehung weiterer Prämissen, die ebenfalls hypothetischen Charakter haben) eine Prognose abgeleitet der Form „An dem und dem Ort, an dem und dem Zeitpunkt, unter den und den Umständen wird ein Beobachter ein Erlebnis X haben"; und bei einem Beobachter, bei dem sich in Erwartung des prognostizierten Erlebnisses dasselbe einstellt, tritt ein Identitätserlebnis auf, welches die ursprüngliche Hypothese

[16] *Die Probleme der Philosophie in ihrem Zusammenhang*, S. 103

verifiziert. [17] Von allen Hypothesen gilt, „daß ihre Wahrheit durch ein Identitätserlebnis festgestellt wird, welches den Abschluss eines Verifikationsprozesses bildet" [18]. Derartige Formulierungen tauchen auch später noch bei Schlick auf, wenn es etwa heißt, dass wir, im Falle des Eintretens des prognostizierten Erlebnisses

ein Beobachtungsurteil [fällen], das wir *erwarteten*, wir haben dabei ein Gefühl der *Erfüllung*, einer ganz charakteristischen Befriedigung, wir sind *zufrieden*. [19]

Hier soll es nicht um den Versuch einer näheren Charakterisierung eines solchen Erlebnisses gehen, [20] sondern um die vorgelagerte Frage, ob dieser Endpunkt tatsächlich als ein Erleben oder doch als ein Erkennen zu bestimmen ist. Und auch in bestimmten Formulierungen des zu Beginn der dreißiger Jahren voll ausgereiften Verifikationismus spricht Schlick manchmal davon, dass der Endpunkt der Verifikation das

Auftreten eines bestimmten Sachverhaltes [ist], das durch Beobachtung, durch unmittelbares Erlebnis konstatiert wird. [21]

Diese auf den ersten Blick recht harmlose Formulierung wirft bei genauerer Betrachtung die Frage auf, wie das Verhältnis von Erleben und Erkennen hier bestimmt wird. Das Auftreten eines Erlebnisses

[17] Freilich nicht im strengen Sinn beweist, wie Schlick in aller Klarheit sieht; dazu noch später.

[18] AE, S. 433

[19] „Über das Fundament der Erkenntnis", S. 507; in diesem Sinn sind auch die bildhaften Schlusssätze dieses Aufsatzes mit der Flammen-Metapher zu verstehen, die Neurath als Lyrik abqualifizierte; siehe „Radikaler Physikalismus und ‚Wirkliche Welt'", S. 623.

[20] Mit dem Eintreten eines solchen „Evidenzgefühls" – wie Schlick dieses Identitätserlebnis nennt – sieht er allerdings kein untrügliches Kriterium der Wahrheit gegeben; vgl. AE, S. 431 f.

[21] „Die Wende der Philosophie", S. 217; vgl. auch „Positivismus und Realismus", S. 340, wo Schlick von einem sinnvollen Satz spricht, wenn dieser „durch ein unmittelbares Erlebnis verifizierbar ist".

ist ja vorderhand ein Sachverhalt wie jeder andere; nun scheint aber die Feststellung dieses Sachverhalts, das Urteil, dass ein so-und-so geartetes Erlebnis eintritt, schon durch das Erlebnis selbst geleistet zu sein.

Das letzte Zitat macht bereits rein terminologisch den Schritt zu Schlicks Theorie der Konstatierungen (da ja hier bereits das Verbum „konstatieren" verwendet wird), und genau dieselbe Spannung zwischen Erleben und Erkennen tritt uns schon beim sprachlichen Ausdruck der Konstatierungen entgegen: „Hier jetzt rot" ist natürlich kein wohlgeformter Satz, es fehlen sowohl Subjekt als auch Verb, „since putting it in would push things too far in the direction of judgment"[22]. Diese Spannung ist es auch, die Neurath – wenn ich ihn recht verstehe – in seinem Bericht einer Zirkelsitzung vom Frühling 1933 anspricht:

Als von der „endgiltigen" Erlebnisfeststellung gesprochen wurde, meinte ich, entweder Satz oder Nichtsatz, wenn Satz dann wahr oder falsch, und nicht unbedingt „endgiltig", wenn aber kein Satz, dann weiss ich nicht was „endgiltig" bedeutet? Kann ein Ziegel endgiltig sein[?][23]

Diese Kritik Neuraths ist m. E. nicht unberechtigt. Und wenn Schlick noch 1935 von den Konstatierungen als „simple experiences"[24] spricht, so handelt es sich um eine bestenfalls recht ungenaue Ausdrucksweise.

Eine Konstatierung (das Bemerken) ist ein Urteil, das, wie jedes Urteil, einen propositionalen Inhalt hat und wahrheitswertfähig ist.[25] Derartige Merkmale können Erlebnisse nicht aufweisen; schon

[22] Davidson, „Empirical Content", S. 476; wie im Folgenden klar wird, glaube ich allerdings, dass sich viel mehr zur Verteidigung von Schlicks Position vorbringen lässt, als Davidson meint.

[23] Otto Neurath an Rudolf Carnap, 13. März 1933, ASP-RC 029-11-20

[24] „Facts and Propositions", S. 574

[25] Unter anderen sieht auch Feigl die Notwendigkeit einer derartigen Unterscheidung, die er in dem Begriffspaar „acquaintance" versus „knowledge by acquaintance" ausdrückt; Feigl, „The ‚Mental' and the ‚Physical'", S. 450.

allein daraus folgt, dass das Haben und das Bemerken eines Erlebnisses – entgegen der AE – begrifflich zu unterscheiden sind. Es sind verschiedene Begriffe, und damit handelt es sich beim bloßen Vorliegen eines Erlebnisses und dem Bemerken desselben notwendigerweise um verschiedene Zustände.

Trotz dieser begrifflichen Unterscheidbarkeit (wie gesagt, in diesem Punkt ist Schlick m. E. nicht zu folgen) lässt sich das Grundanliegen Schlicks weiter aufrechterhalten, das man formulieren kann als die These der wechselseitigen Implikation des Vorliegens eines Erlebnisses und des Bemerken desselben. Diese wechselseitige Implikation kann trotz verschiedener Begriffe vorliegen, aus wechselseitiger Implikation folgt nicht Gehaltgleichheit. An zwei Beispielen sei das illustriert:

- Ein wahres Urteil und die entsprechende Tatsache implizieren einander: Aus der Tatsache folgt die Wahrheit des Urteils (das eben diese Tatsache zum Inhalt hat), umgekehrt folgt aus einem wahren Urteil die entsprechende Tatsache. Trotzdem sind Urteil (oder wahres Urteil) und Tatsache notwendigerweise verschieden.[26]

- Ein reiches Feld von Beispielen liefert das Feld der Mathematik. Die Begriffe „gleichseitiges Dreieck" und „gleichwinkeliges Dreieck" sind sicher verschieden; trotzdem besteht hier das Verhältnis der wechselseitigen Implikation.

Es kann also durchaus gesagt werden (so wie Schlick das tut), dass der Endpunkt der Verifikation im Auftreten eines Erlebnisses besteht, da das Bemerken dieses Erlebnisses darin schon enthalten ist. Umgekehrt folgt aus der Konstatierung (die ein Urteil ist) das Vorliegen des Erlebnisses.

In diesem Sinn ist Schlicks Unterscheidung von Erkennen/Erleben mit der Konzeption der Konstatierungen verträglich; freilich finden sich auch noch späte Stellen bei Schlick, in denen er eine Gehaltgleichheit auszudrücken scheint, etwa in „Meaning and Verification",

---

[26] Dieses Beispiel verdanke ich – wie überhaupt die Anregung zu der These, zu deren Veranschaulichung es dient – Gesprächen mit H. Rutte.

S. 719, wo ganz im Sinne der AE „being aware of a datum" gleichgesetzt wird mit „the mere presence of a feeling, a color, a sound". Anderseits revidiert Schlick seine erste explizite Formulierung der Konstatierungen und spricht in der weiteren Folge nicht mehr von „Hier jetzt rot", sondern verwendet Ausdrücke wie „Dies ist rot", womit ganz klar ein Urteil gemeint ist.

Der bisherige Gang der Überlegungen sollte erstens zeigen, dass die Konstatierungen als Urteile anzusehen sind, und zweitens, dass diese Konzeption nicht unbedingt mit der Grundunterscheidung Erkennen/Erleben in Widerspruch steht. Freilich bedarf das Verhältnis von Konstatierung und Erlebnis genauerer Explikation; im Detail kommen wir darauf im dritten Abschnitt dieses Kapitels zurück. Zuvor noch einmal zurück zur AE: Wie bereits erwähnt, ist in Schlicks Hauptwerk über den Charakter des unmittelbaren Bemerkens der Erlebnisse wenig zu finden.[27] Wir haben dafür argumentiert, dass die Behauptung einer begrifflichen Ununterscheidbarkeit von Erlebnis und Bemerken nicht aufrechtzuerhalten ist. Daneben ist unklar, wie die auch schon in der AE zu findende Bestimmung der Irrtumssicherheit dieses Bemerkens in den Rahmen des dort entwickelten Erkenntnisbegriffs integriert werden kann – was möglicherweise auch der Grund für deren dortige stiefmütterliche Behandlung ist. Eine der zentralen positiven Charakteristika des Erkennens (neben der negativen, die in der Opposition zum Erleben besteht) sieht Schlick ja im Wesen des Erkennens als ein Wiedererkennen.[28] Erkenntnis soll also immer das Ergebnis eines Vergleichsprozesses sein. Damit scheint von vornherein die Möglichkeit des Irrtums eingeschlossen zu sein, da das implizierte Erinnerungsurteil natürlich nur hypothetische Geltung beanspruchen kann. Sollen die Konstatierungen irrtumssicher sein, können sie kein Wiedererkennen sein in dem Sinn, in dem Schlick dies von allen Erkenntnissen fordert.

---

[27] Siehe oben, S. 180.

[28] Vgl. Kapitel I, Abschnitt 1.

Damit haben wir zwei der in der AE entwickelten Grundmerkmale des Erkenntnisbegriffs (Erkennen/Erleben und Erkennen als Wiedererkennen) kurz in ihrer Beziehung zu den Konstatierungen besprochen, worauf noch zurückzukommen sein wird. Die dritte zentrale Bestimmung des Erkenntnisbegriffs in der AE war diejenige, wonach Erkennen immer in einem Bezeichnen, einer symbolischen Zuordnung besteht. Diese symbolische Zuordnung war in der AE insofern recht weit gefasst, als dass z. B. auch Vorstellungen und nicht nur sprachliche Zeichen im engen Sinn die Rolle der Symbole einzunehmen imstande waren; in diesem Sinn ist der Erkenntnisbegriff der AE zeichentheoretisch, aber eben noch nicht linguistisch (man könnte von einem quasi-linguistischen Ansatz sprechen). Mit der Wende zur Sprache radikalisiert Schlick seinen Ansatz. Wir werden nicht mehr genauer der Frage nach dem Verhältnis des Erkenntnisbegriffs der AE zum Konzept der Konstatierungen nachgehen; stattdessen werden wir die Konstatierungen mit den radikaleren Thesen von F&C konfrontieren.

2. Strukturalismus und Konstatierungen

Die Unterscheidung Erleben/Erkennen hält Schlick nicht nur zeitlebens aufrecht, sie erfährt mit Schlicks Wende zur Sprache eine Radikalisierung: Nicht nur wird der Irrtum der Metaphysik auf eine diesbezügliche Verwechslung zurückgeführt, d. h. die metaphysische Bemühung als in sich widersprüchlicher Versuch der intuitiven Erkenntnis des Transzendenten charakterisiert,[29] sondern auch

---

[29] Diese Radikalisierung der bereits 1913 in „Gibt es intuitive Erkenntnis?" gezogenen Unterscheidung findet sich in „Erleben, Erkennen, Metaphysik", S. 48 ff., und F&C, zweite Vorlesung, S. 197 ff.; diese Charakterisierung der Metaphysik mag als zu eng erscheinen, insofern als wohl nicht alle einschlägigen Bestrebungen in der Geschichte der Philosophie dadurch erfasst werden. Schlicks Ablehnung der Metaphysik baut jedoch nicht nur auf diesem Grund auf: Abgesehen vom Verifikationsprinzip (wonach metaphysische „Behauptungen" sinnlos, weil nicht empirisch prüfbar sind) wird durch die Auffassung des Logisch-Analytischen als

den Inhalt des Erlebens selbst betrachtet Schlick in seiner neopositivistischen Phase – ausführlich ausgearbeitet eben in F&C – nun sogar als unsagbar. Die Unterscheidungen Form/Inhalt und Erkennen/Erleben sieht Schlick als „dieselbe Sache, von verschiedenen Seiten betrachtet"[30]. Wenn die Konstatierungen schon in den Rahmen der AE nicht gut integrierbar sind, so gilt dies in noch stärkerem Maße für den Ansatz von F&C. Für eine Verschärfung der Problemlage verantwortlich ist vor allem, dass im strukturellen Ansatz die Beziehung zwischen Erlebnisbasis und Erkenntnisgebäude auf radikale Weise gekappt ist. Nur Strukturen sind erkennbar und ausdrückbar, Inhaltliches dagegen – das qualitative Substrat der ausgedrückten Strukturen – ist unsagbar und nicht erkennbar. Gemäß dieser Konzeption können auch die Konstatierungen nur Erkenntnis von Strukturen liefern, und zwar, da die Konstatierungen kontingente Sachverhalte ausdrücken, Erkenntnis von „externen" Relationen.

Wir können hier unmittelbar an die in Kapitel III, Abschnitt 4, vorgestellte Analyse Schlicks von Urteilen über gegenwärtig Wahrgenommenes in F&C anschließen, wonach ein Urteil, das ein Subjekt über das Vorliegen eines Sinnesdatums (etwa einer Grün-Farbempfindung) fällt, analysiert wird als

(A) Es gibt eine Farbe, die stets grün genannt zu haben ich mich erinnere.[31]

Auffallend bei dieser Analyse ist sofort das neutrale „es gibt". Und es ist klar, dass „es gibt" oder „es existiert" für sich allein noch

inhaltsleer auch jede rationalistische Metaphysik von vornherein abgelehnt. Und zu guter Letzt bringt Schlick noch einen neuen Gesichtspunkt zur Geltung, wenn er – wie exemplarisch am Begriff der Ganzheit ausgeführt – das typisch metaphysische Missverständnis auf eine Verwechslung von Tatsachenfragen mit Fragen der passenden Beschreibung, der zweckmäßigen Definitionen zurückführt; vgl. „Über den Begriff der Ganzheit", insbesondere S. 698.

[30] *Die Probleme der Philosophie in ihrem Zusammenhang*, S. 198

[31] Für das englische Originalzitat siehe oben, S. 161.

kein Urteil ist, sondern zu ergänzen ist durch eine Eigenschaft, die das Existierende hat.[32] Die Eigenschaft, die zusammen mit diesem Präfix ein Urteil ergibt, ist die Erinnerung einer strukturellen Übereinstimmung oder Ähnlichkeit mit früher als „Grün" Bezeichnetem. Die Farbe wird als das – und nur als das – erkannt, was früher mit einem bestimmten Ausdruck benannt wurde. Darin besteht das Strukturelle des Analyseergebnisses, der qualitative Inhalt soll dabei in keiner Weise ins Spiel kommen. Das Bemerken des Vorliegens eines Grün-Sinnesdatums bedeutet also nur, dass etwas vorliegt, was anderen Vorkommnissen derselben Art ähnlich ist, oder: dass eine Erinnerung besteht an eine Ähnlichkeit, oder gar nur: dass eine Erinnerung an eine gleichartige Benennung besteht.[33] Aber diese Analyse ist schon aus dem Grund inadäquat, als dass damit einfach übergangen wird, „daß hier alles auf den Charakter der Gegenwärtigkeit ankommt"[34]. Gemeint ist ja nicht, dass Sinnesdaten einer bestimmten Art existieren, sondern dass dem wahrnehmenden Subjekt gerade jetzt ein derartiges Sinnesdatum präsent ist. Auf diese Sinnesdaten bezieht sich das Subjekt direkt hinweisend, was sich im sprachlichen Ausdruck der Konstatierungen durch die Verwendung deiktischer Termini wie „dies", „hier" und „jetzt" ausdrückt. Schon in diesem Punkt korrigiert Schlick also seine frühere Analyse, und verbessert seinen Analysevorschlag zu

---

[32] Vgl. dazu Schlicks Analyse von Existenzurteilen in „Positivismus und Realismus", S. 348.

[33] Dieser Analysevorschlag ähnelt übrigens demjenigen, den Reichenbach nur wenig später und wohl unabhängig von Schlick vorbrachte (freilich ohne Bezug auf den spezifisch Schlick'schen Strukturalismus); Urteile über gegenwärtig Erlebtes involvieren auch Reichenbach zufolge Erinnerungsurteile, ohne einen Vergleich mit Erinnertem wäre ein solches Urteil leer, der Gehalt besteht gerade in der Behauptung einer „Ähnlichkeit zwischen dem jetzigen und dem früher gesehenen Objekt; dadurch wird das gegenwärtige Objekt gerade beschrieben" (*Erfahrung und Prognose*, S. 112).

[34] „Über das Fundament der Erkenntnis", S. 512

(B) Dies ist die Farbe, die immer „grün" genannt zu haben ich mich jetzt erinnere.[35]

In dieser Form steht dieser Satz nicht mehr ausschließlich für ein Erinnerungsurteil, aber er enthält ein solches. Nun könnte es scheinen, dass hier noch keine Abkehr von der Strukturthese zu sehen ist, für die Wahrheit des ganzen Urteils sei es eben nach wie vor erforderlich, dass auch das Erinnerungsurteil – das eben nach F&C Einordnung in einen strukturellen Zusammenhang ist – wahr ist. Aber in seinen Erläuterungen zu dieser Analyse macht Schlick klar, dass er die Sache anders sieht: Es ist für die Wahrheit der Konstatierung völlig irrelevant, ob der Erinnerungsglaube wahr ist oder nicht:

> Vielleicht trifft es gar nicht zu, daß ich die Farbe immer „gelb" nannte; dann liegt eben eine Erinnerungstäuschung vor, aber auch in diesem Falle bleibt die Konstatierung *wahr* (wenn es sich nicht etwa um eine Lüge handelt). Es kommt für ihre Wahrheit nicht darauf an, wie ich die Worte sonst wirklich verwendet habe, sondern nur darauf, wie ich in diesem Augenblick *glaube*, sie verwendet zu haben.[36]

Obwohl Schlick keinen expliziten Zusammenhang mit seinem früher vertretenen Strukturalismus herstellt, wird aus dem nun vertretenen Standpunkt die Ablehnung desselben klar: Eine Konstatierung ist ein wahres Urteil. Für die Wahrheit dieses Urteils spielt es keine Rolle, ob die im Erinnerungsurteil enthaltene strukturelle Beziehung besteht oder nicht. Ergo ist eine Konstatierung kein Urteil über eine strukturelle Beziehung und es bleibt nur übrig, dass sich das Urteil auf Inhaltliches bezieht.

In dieser Darstellung von Schlicks Analyse zeigt sich eine weitreichende Ähnlichkeit zu Überlegungen, wie sie A. J. Ayer später an-

---

[35] Im Wortlaut („Über Konstatierungen", S. 235): „Wenn der Satz ‚Hier ist gelb' für eine Konstatierung steht, dann bedeutet ‚gelb': ‚die Farbe, die immer „gelb" genannt zu haben ich mich jetzt erinnere.'" Schlick bezieht sich hier allerdings nicht auf seinen früheren Analysevorschlag; dass es sich um eine von ihm intendierte Verbesserung des früheren Vorschlags handelt, ist meine Annahme.

[36] „Über Konstatierungen", S. 235

gestellt hat,[37] wobei Schlicks Ausführungen nicht ganz ohne Einfluss geblieben sein dürften. Es ist zuzugeben, dass ein Ausdruck wie „grün", wenn korrekt angewendet, für eine Qualität steht, die mit anderen Qualitäten in notwendigen Beziehungen steht; also in Schlicks früherer Ausdrucksweise: in internen Beziehungen zu anderen Qualitäten steht (und die Rechtfertigung für die Verwendung unserer Ausdrücke besteht letztlich in Erinnerungsurteilen). Aber das ist ein Beitrag zur Grammatik unserer Farbbegriffe, ein analytischer Satz. Dagegen ist es ein Fehler, ein einfaches Urteil der Form „A ist grün" (oder „Dies ist grün") derart zu analysieren, als ob dieses Urteil eine Beziehung zu anderen, früher erlebten Qualitäten derselben Art enthielte. Ob überhaupt andere Grün-Erlebnisse vorliegen (oder vorlagen), ist eine empirische Behauptung, eine Tatsachenfrage, die sicher nicht aus einem solchen Urteil folgt: „[...] from the statement that this piece of blotting paper is green it cannot be deduced that anything else exists at all."[38]

Von vornherein ist klar, dass die Konstatierungen – sollen sie immun gegen Irrtum sein – keinerlei Beziehung zu nicht gegenwärtig wahrgenommenen Sachverhalten implizieren dürfen. Jedes sprachlich formulierte Urteil bringt nicht nur die Glaubenseinstellung über dasjenige, worüber geurteilt wird, zum Ausdruck, sondern enthält implizit auch einen Glauben über die Worte, die zum Ausdruck dieser Glaubenseinstellung verwendet werden. Wie Schlicks Ausführungen zeigen, darf beides nicht miteinander verwechselt werden: Verwende ich im Ausdruck einer Konstatierung den Terminus „gelb" inkorrekt (also nicht gemäß meiner bisherigen Verwendungsweise, die von einer

---

[37] Vgl. Ayer, „Basic Propositions", sowie *The Problem of Knowledge*, S. 67 f.

[38] Ayer, „Basic Propositions", S. 343; zum gleichen Ergebnis kommt auch Rutte („Physikalistische und mentalistische Tendenzen im Wiener Kreis", S. 205): „Wenn ich ein Objekt als etwas Grünes auffasse, so drücke ich damit nicht aus, daß das Objekt mit irgendwelchen anderen Objekten hinsichtlich des ‚Grün' ähnlich ist – ich drücke damit u. a. nur aus, daß das Objekt eine bestimmte Farbe hat, welche Ähnlichkeitsbeziehungen zu anderen Farben aufweist, u. dgl. mehr, ohne etwas über die Existenz solcher andersfarbiger Objekte auszusagen."

Sprachgemeinschaft geteilt wird), so folgt daraus nur ein sprachlicher Irrtum, aber kein sachlicher. Indem ich einen Satz (welcher Art auch immer) formuliere, mache ich notwendigerweise Annahmen über die Bedeutung der verwendeten Ausdrücke, aber diese Annahmen sind etwas ganz anderes als der Glaubensinhalt, den ich mittels dieses Satzes ausdrücken will. Sachliches und Sprachliches sind zu unterscheiden; der sprachliche Ausdruck der Konstatierungen mag fehlerhaft sein (d. h. Wörter können abweichend von der üblichen Verwendung gebraucht sein), aber der Sprachirrtum ist kein Sachirrtum. Mit besonderer Klarheit hat Chisholm diesen Punkt herausgestellt:

Wir müssen den Glauben, den ein Sprecher bezüglich der Worte hat, die er verwendet, unterscheiden von dem Glauben, er drücke mit diesen Wörtern etwas aus. Was für das erstere zutrifft, muss nicht für das letztere zutreffen. Ein Franzose, der glaubt, dass „Kartoffeln" das deutsche Wort für Äpfel ist, mag mit dem Satz „In diesem Korb sind Kartoffeln" seinen Glauben, dass in diesem Korb Äpfel sind, ausdrücken wollen. Aus der Tatsache, dass er einen irrigen Glauben über „Kartoffeln" und „Äpfel" hat, folgt nicht, dass er einen irrigen Glauben über Kartoffeln und Äpfel hat.[39]

So kommt Schlick der Auffassung recht nahe, wie sie später z. B. eben von Chisholm und in der Gegenwart von Chalmers vertreten wird, wonach Sinnesdaten-Begriffe einen Sinn haben unabhängig von irgendeinem Vergleich.[40] Es ist diese nicht-komparative Verwendung von Begriffen, wie sie in Urteilen in der Art der Konstatierungen auftritt. Ein Punkt der Differenz besteht freilich darin, dass Schlick auch in seiner verbesserten Analyse auf einen Erinnerungsglauben rekurriert (auch wenn dieser nicht wahr sein muss); hier scheinen mir die AE-Thesen vom Erkennen als Zuordnen, Bezeichnen und vom Erken-

---

[39] Chisholm, *Erkenntnistheorie*, S. 52

[40] Chisholm, *Erkenntnistheorie*, Kap. II, Abschnitt 10; ein im selben Abschnitt zu findendes Grundsatzargument gegen die These, dass alle Urteile komparativen Charakter haben, wurde bereits oben, S. 153, Anm. 125, herangezogen.
Chalmers, der selbst die Verbindung zu Chisholm sieht, spricht von einem „pure phenomenal concept"; „The Content and Epistemology of Phenomenal Belief", S. 226 ff.

nen als Wiedererkennen weiterzuleben und damit auch die Schwierigkeiten, die wir dabei festgestellt haben (vor allem bezüglich des erstmaligen Bemerkens einer Qualität).[41] Die Tatsache, dass jemand etwas konstatiert, impliziert weder, dass etwas Ähnliches schon früher einmal bemerkt wurde, noch (wie Schlick hier anscheinend meint), dass zumindest ein derartiger Glaube auftreten muss. Kurzum, konsequenterweise sind die Konstatierungen gänzlich ohne Bezugnahme auf etwas Erinnertes oder auf einen Erinnerungsglauben zu verstehen. Und trotz diesem unnötigen Beharren auf einem Erinnerungsglauben vertritt ja auch Schlick die These, dass es für die Wahrheit der Konstatierung unerheblich ist, ob tatsächlich eine Reidentifizierung in dem Sinn stattgefunden hat, dass dasselbe Zeichen (derselbe Begriff) wie früher bei Gelegenheit einer Konstatierung erneut zugeordnet wird. Eine Konstatierung beinhaltet die Erkenntnis, dass ein empirischer, kontingenter Sachverhalt vorliegt, unabhängig von der Wahrheit des Erinnerungsglaubens, der nach Schlick impliziert ist. Da die Konstatierung wahr ist, muss dem konstatierten Sachverhalt eine Tatsache entsprechen. Und da eben unabhängig vom Bestehen der Struktur (die nach F&C Gegenstand des Erinnerungsglaubens ist), kann die entsprechende Tatsache nur das Sinnesdatum per se, die phänomenale Qualität, d. h. der Inhalt selbst sein.

Mein Argument hat freilich eine Schwachstelle: Gezeigt wurde strenggenommen nur, dass die früher von Schlick vorgebrachte Analyse eines Urteils über gegenwärtig Wahrgenommenes mit den Konstatierungen nicht vereinbar ist, nicht aber, dass überhaupt eine strukturelle Analyse unmöglich ist. Allerdings bin ich außerstande zu sehen, wie eine solche Strukturanalyse aussehen könnte, die nicht von vornherein die Irrtumssicherheit der Konstatierungen untergraben würde, also etwa Versuche, den strukturellen Erinnerungsglauben zu ersetzen etwa durch Strukturangaben, die eine Farbempfindung durch ihre Relation zu den sie typischerweise verursachenden Außenobjekten zu definieren versucht etc. (also etwa der Form: „rot

---

[41] Siehe wiederum Kap. I, Abschnitt 1.

ist etwas, das unter Normalbedingungen durch den Anblick einer reifen Tomate verursacht wird"). [42]

Gehen wir noch einmal zurück zu Schlicks Analysevorschlag (B). Im Lichte der nun ausgebreiteten Unterscheidung von Sachlichem und Sprachlichem ist es naheliegend, das Urteil in zwei voneinander unabhängige Teilurteile zu zerlegen: der erste Teil „Dies ist eine bestimmte Farbe" entspricht einer Konstatierung. Der zweite Teil besteht im Glauben an den korrekten Sprachgebrauch; dieser zweite Glaube ist ein Erinnerungsglaube. Im Gegensatz dazu behauptet etwa Stegmüller, dass,

da im intersubjektiven wissenschaftlichen Verkehr nur Sätze relevant sind und nicht unformulierte Urteilsakte, muss das gesamte System der sprachlichen Gebrauchsregeln als bekannt vorausgesetzt werden. Diese Gebrauchsregeln wurden jeweils in der Vergangenheit gelernt. [...] Wenn man daher von den sprachlichen Formulierungen der Urteile ausgeht, so gelingt die Ausschaltung des Hypothetischen und damit des möglichen Irrtums nicht dadurch, daß man sich auf Aussagen über das unmittelbar Gegebene beschränkt; denn Hypothesen über die „Richtigkeit" in der Verwendung der sprachlichen Ausdrücke bleiben bestehen. [43]

Hier wird gegen die eben vorgeschlagene Zerlegung in zwei unabhängige Teilurteile (und damit die Unterscheidung von sach- und sprachbezogenem Glauben) argumentiert, da eben immer bereits vom sprachlichen Ausdruck und nicht vom unformulierten Glauben auszugehen ist. Und auch bei Schlick selbst findet dieser Gedanke Ausdruck; so etwa auf eher unspezifische Art, wenn er davon spricht, dass die traditionelle Erkenntnistheorie durch Analyse der Sprache ersetzt wird, [44] oder, mit explizitem Bezug auf Wittgenstein, dass wir „aus der Sprache nicht herauskönnen" [45]. Spezifischer ist die The-

---

[42] Für eine m. E. überzeugende Kritik derartiger Versuche siehe z. B. Ayer, *Die Hauptfragen der Philosophie*, S. 165 f., oder wiederum Chalmers, op. cit., Abschnitt 2.

[43] *Metaphysik, Skepsis, Wissenschaft*, S. 331 f.; an späterer Stelle (S. 349 f.) wird diese Kritik auf Schlicks Konstatierungen bezogen.

[44] „Die Wende der Philosophie", S. 216

[45] „Über das Fundament der Erkenntnis", S. 496

se von F&C, wonach jede echte Erkenntnis immer schon sprachlicher Ausdruck ist.[46] Wie wir gesehen haben, revidiert Schlick nunmehr diesen Standpunkt: Niedergeschriebene oder ausgesprochene Sätze sind keine Konstatierungen mehr, im wissenschaftlichen System kommen nicht diese selbst vor, sondern nur Protokollsätze, die natürlich nur hypothetische Geltung beanspruchen können. Die Kritik Stegmüllers übersieht den Unterschied zwischen Konstatierung und dem in sprachlicher Form ausgedrückten Ergebnis der Konstatierung, seine Kritik bezieht sich nur auf Letzteres und berührt die Konstatierung eigentlich nicht. Freilich, um ihre Funktion im Prüfprozess erfüllen zu können, müssen Konstatierungen protokolliert werden (und sei es auch nur im Gedächtnis),[47] und hierbei sind alle Arten von sprachlichen (aber auch nichtsprachlichen) Irrtümern möglich, wie auch Schlick ausdrücklich festhält.[48] Andererseits sind diese Protokolle ja nur deshalb von Belang, weil wir sie als auf Konstatierungen beruhend verstehen. Insofern kann es missverständlich sein, wenn (auch von Schlick selbst) immer wieder betont wird, dass die Konstatierungen selbst im Erkenntnissystem nicht vorkommen können. In der Tätigkeit des Wahrnehmens kommen sie immer vor, im wissenschaftlichen System natürlich nicht, dort werden in Form von Protokollen die Resultate dieser Tätigkeit festgehalten.[49]

Von den zuletzt berührten Fragen wieder zurück zum gegenwärtigen Thema: Wir haben hier – wie ich glaube weitgehend in Einklang

[46] Siehe das Zitat oben, S. 158.

[47] Auf die damit zusammenhängenden Probleme kommen wir in Abschnitt 4 dieses Kapitels zu sprechen.

[48] „Über das Fundament der Erkenntnis", S. 490 ff.

[49] Ich betone diesen Punkt auch deswegen, weil zuweilen versucht wurde, wegen dieses Nicht-Vorkommens der Konstatierungen im Erkenntnissystem – und der daraus resultierenden These, dass alle dort auftretenden empirischen Sätze nur hypothetischen Charakter haben können – den Unterschied zwischen Schlick und seinen Gegenspielern im Kreis zu relativieren; so etwa bei Hilpinen, „Schlick on the Foundations of Knowledge", S. 73.

mit Schlicks Erörterungen – versucht zu zeigen, dass die Konstatierungen nicht mit dem strukturellen Ansatz von F&C verträglich sind. Schlick inkludiert zwar auch in seiner Verbesserung des ursprünglichen Analysevorschlags eine strukturelle Beziehung (wie ich meine: unnötigerweise), macht aber unmissverständlich klar, dass für die Wahrheit der Konstatierung das Bestehen dieser Beziehung irrelevant ist. Da eine Konstatierung ein wahres Urteil ist, kann sie also nicht eine Struktur ausdrücken, sie bezieht sich nur auf das Vorliegen von „Inhalt". Aus diesem einfachen Bemerken folgt weder, dass früher etwas Ähnliches bemerkt wurde, noch, dass früher etwas gleich benannt wurde.

Bislang knüpften wir an Schlicks eigene Analyseversuche an und versuchten dabei die immanente Abkehr vom Strukturalismus nachzuweisen. Diese Abwendung von der strikten Form/Inhalt-Dichotomie lässt sich auch an Schlicks Äußerungen über die Natur der hinweisenden Ausdrücke festmachen, die wesentlich im sprachlichen Ausdruck der Konstatierungen vorkommen, also Zeichen, „für deren Bedeutung Ort und Zeit ihres Vorkommens relevant sind"[50]. In F&C hält Schlick fest, dass das durch „jetzt" Bezeichnete, der gegenwärtige Moment, überhaupt keine Struktur hat: „It is pure content."[51] Diesen etwas dunklen Punkt werde ich nicht weiter verfolgen,[52] hier begnügen wir uns mit der schlichten Feststellung, dass nach diesem Standpunkt die Konstatierungen, da sie wesentlich auf den gegenwärtigen Zeitpunkt bezogen sind, auf Inhaltliches und eben nicht nur auf Strukturelles Bezug nehmen.

Und schließlich ist auch noch folgender, grundsätzlicher Aspekt zu beachten. Gemäß dem Strukturalismus sind es nur Strukturen, die wir erkennen und mitteilen können. Diese Strukturen sind gewissermaßen leer, sie müssen durch die jeweiligen Erlebnisse eines Sub-

---

[50] „Über Konstatierungen", S. 237

[51] F&C, erste Vorlesung [erste Version], Inv.-Nr. 181, A. 203a, Bl. 13

[52] Damit meine ich, dass nicht klar ist, ob Schlick hier etwas über die Undefinierbarkeit von „jetzt" Hinausgehendes meint.

jektes „aufgefüllt" werden, wobei die Natur dieser Erlebnisse selbst eben nicht erkennbar und aussagbar sein soll. Um Erkenntnis der realen Welt zu erreichen, oder, was dasselbe ist, um aus Leerformeln echte Aussagen zu erhalten, gibt es nur einen Weg: die Auffüllung der leeren Strukturen durch Wahrnehmung, d. h. durch die Erlebnisinhalte eines Subjekts. [53] Womit einerseits die Notwendigkeit der Bezugnahme auf den Erlebnisinhalt ausgedrückt ist, andererseits aber auch an dessen Unausdrückbarkeit und Unerkennbarkeit festgehalten wird; die füllenden Erlebnisinhalte der einzelnen Subjekte sind absolut unvergleichbar (daher ihre Nicht-Mitteilbarkeit), und auch innersubjektiv nur erlebbar, nicht erkennbar.

Die Unverträglichkeit mit dem Konzept der Konstatierungen ist augenscheinlich. Der Berührungspunkt von Erkenntnis und Wirklichkeit ist nach dieser Konzeption selbst nicht erkennbar, was aber nichts anderes heißt, als dass auch ein Subjekt auch in Bezug auf seine eigenen Sinnesdaten nur deren Struktur, nicht aber deren Qualität feststellen kann. Die Konstatierungen sind nun gerade Urteile, die diese „unerschütterlichen Berührungspunkte von Erkenntnis und Wirklichkeit"[54] darstellen. In ihnen wird die Beziehung zu den Erlebnisinhalten hergestellt, die unser Erkenntnissystem an die Realität anbindet („content is reality" heißt es bei Schlick früher)[55]. Es genügt ja nicht, dass Erlebnisinhalte vorliegen müssen (was auch nach Schlicks strukturalistischer Konzeption erforderlich ist): Wenn diese Anbindung an die Wirklichkeit (d. h. das Erlebnis) prinzipiell nicht erkennbar ist, dann verliert die empiristische Grundthese, wonach alle Wirklichkeitserkenntnis auf Erfahrung rekurriert, ihren Sinn.

[53] Vgl. insbesondere das Zitat oben, S. 134.

[54] „Über das Fundament der Erkenntnis", S. 514

[55] F&C, zweite Vorlesung, S. 206

3. Die Natur der Konstatierungen

In welcher Weise sind die Konstatierungen epistemologisch ausgezeichnet und wie lässt sich diese Sonderstellung rechtfertigen? Die erste Frage haben wir bereits vorweg beantwortet, indem wir von Irrtumssicherheit (Infallibilität) gesprochen haben. Das ist zweifellos die Charakterisierung, auf die es Schlick ankommt;[56] wiederholt spricht er von den Konstatierungen als den einzigen synthetischen Sätzen, die keine Hypothesen sind, deren Wahrheit verbürgt ist, die unmöglich falsch sein können – was alles verschiedene Ausdrucksweisen für die These der Irrtumssicherheit sind. Andererseits finden sich auch Charakterisierungen, die anderes aussagen, etwa wenn Schlick davon spricht, dass Konstatierungen „endgültig, unbezweifelbar, unkorrigierbar"[57] sind. Mit „Endgültigkeit" ist wohl die Stellung der Konstatierungen als Endpunkt der Verifikation gemeint;[58] es bleiben also die drei Bestimmungen Irrtumssicherheit, Unbezweifelbarkeit, Unkorrigierbarkeit, die alle strenggenommen etwas Verschiedenes beinhalten. Zuerst zur Unkorrigierbarkeit: Da der Begriff der Korrektur Verneinung bedeutet oder jedenfalls voraussetzt, kann diese Bestimmung expliziert werden als: Es ist unmöglich, dass ein Subjekt sich in unmittelbarer, direkter Form (d. h. in Konstatierungsform)[59] auf ein Erlebnis bezieht und gleichzeitig verneint, es zu haben. Damit ist genau genommen nicht gesagt, dass dem geglaubten Erlebnis-Sachverhalt wirklich eine Tatsache entspricht. Zusammen mit der Augenblicksgeltung der Konstatierungen wird die Bestimmung der Unkorrigierbarkeit eine triviale Angelegenheit: Wie soll etwas verneint werden, das es gar nicht mehr gibt? Schlick selbst

---

[56] Vgl. dazu insbesondere „Introduction", S. 406 f.

[57] „Über Konstatierungen", S. 236

[58] Freilich nur als momentan, im Erlebnisaugenblick gültiger Endpunkt

[59] Diese Beifügung ist wichtig, denn bei indirekter Referenz gilt diese Bestimmung nicht: Es kann natürlich der Fall sein, dass ich Schmerzen habe, aber gleichzeitig bezweifle, dass J. F. (oder auch: die einzige Person, die jetzt in Zimmer 509 des Philosophischen Instituts in Graz sitzt) Schmerzen hat.

sieht diesen Punkt sehr deutlich, wenn er schreibt, dass es völlig klar
ist,

daß nicht einmal das Bedürfnis zu einer derartigen Korrektur überhaupt auftreten
kann. Sie wäre gänzlich überflüssig, da es offenbar stets genügt, die durch die
Konstatierungen angeregten Aussagen als Illusionen zu erklären [...] oder als
Gedächtnistäuschungen [...] [60]

Analog kann die Bestimmung der Unbezweifelbarkeit expliziert werden als: Es ist unmöglich, dass ein Subjekt sich in Konstatierungsform auf ein Erlebnis bezieht und gleichzeitig bezweifelt, es zu haben.
Auch diese Bestimmung beinhaltet strenggenommen nicht, dass der
geglaubte Sachverhalt eine Tatsache ist; die bisherigen Bestimmungen besagen nur, dass (bei Bezugnahme in Konstatierungsform) ein
Erlebnis-Sachverhalt weder bezweifelt noch verneint werden kann.
Logisch verträglich ist mit beiden Bestimmungen die Möglichkeit des
Irrtums; diese wird erst durch die Bestimmung der Irrtumssicherheit
ausgeschlossen. Ich expliziere diese Bestimmung so: Es ist unmöglich,
dass sich ein Subjekt in Konstatierungsform auf ein Erlebnis bezieht
(glaubt, das Erlebnis zu haben) und dabei etwas Falsches glaubt.
M. a. W.: aus einem Glauben in Form einer Konstatierung folgt, dass
dem geglaubten Sachverhalt eine Tatsache entspricht. [61]

Bei all diesen Explikationsversuchen handelt es sich natürlich nur
um Vorschläge. [62] Anzumerken ist jedenfalls, dass Schlick in diesem
Zusammenhang nicht oder nur selten von Glauben (bzw. Urteilen)
spricht, sondern meistens von Aussagen; wie auch später hoffentlich
noch klar werden wird, ist die Glaubens-Terminologie allerdings geeigneter für derartige Explikationen.

[60] „Über Konstatierungen", S. 236

[61] Notwendige (analytische) Sachverhalte sind dagegen notwendigerweise wahr,
unabhängig davon, ob ein Subjekt sich (ob direkt in Konstatierungsform oder
indirekt) auf solche bezieht.

[62] Für eine genauere (und sachlich nicht immer gleiche) Explikation dieser und
weiterer Bestimmungen der epistemischen Sonderstellung von Urteilen in der Art
der Konstatierungen siehe Alston, „Varieties of Privileged Access".

Zurück zur Irrtumssicherheit: Diese Bestimmung stellt die innigst mögliche, nämlich logische Beziehung zwischen Glaube und Wirklichkeit her. In diesem Sinn ist auch zu verstehen, wie unser Aussagensystem mit der Wirklichkeit verbunden ist: die Konstatierungen sind diejenigen ausgezeichneten Urteile, die direkt mit der Wirklichkeit in Berührung stehen. Und zwar nicht im Sinn eines Vergleichs zweier unabhängig voneinander gegebenen Glieder, des Urteils auf der einen und der Wirklichkeit auf der anderen Seite. Eine derartige Konzeption würde ja wiederum ein Urteil erfordern, in dem der Vergleich zwischen ursprünglichem Urteil und Wirklichkeit gezogen wird.[63] Aus einer Konstatierung folgt unmittelbar die Existenz dessen, worüber geurteilt wird, die Konstatierung impliziert logisch die Tatsache.

In diesem Sinn ist es m. E. irreführend, von einem Vergleich der Konstatierung mit dem Erlebnis zu sprechen; natürlich muss ein Erlebnis bemerkt sein, um verglichen werden zu können, und damit läuft dieser vermeintliche Vergleichsprozess auf eine bloße Wiederholung der Konstatierung hinaus. Der Vergleich in einem Prüfprozess findet statt zwischen prognostiziertem Erlebnis und Konstatierung.[64] Und da die Konstatierung irrtumssicher ist – also das Erlebnis impliziert – ist dies auch schon der Vergleich von prognostiziertem Erlebnis mit dem tatsächlich eingetretenen. In diesem Sinn geht der Vergleich über den rein sprach- bzw. urteilsimmanenten Bereich hinaus. Eine solche Sprachimmanenz wurde insbesondere von Neurath und im Anschluss an diesen von Hempel vertreten: "But statements

---

[63] Eine derartige Vorstellung scheint es zu sein, die Neurath immer wieder kritisiert: „Wir können nicht als Aussagende gewissermaßen eine Position außerhalb des Aussagens einnehmen und nun gleichzeitig Ankläger, Angeklagter und Richter sein."(„Soziologie im Physikalismus", S. 536; vgl. auch die ganz ähnliche, explizit auf Schlick bezogene Kritik in „Radikaler Physikalismus und ‚Wirkliche Welt'", S. 617 ff.)

[64] Der genaueren Analyse der Rolle der Konstatierungen im Prüfprozess ist der nächste Abschnitt gewidmet.

are never compared with a 'reality', with 'facts'." [65] Schlicks Arbeit „Facts and Propositions" stellt die Antwort auf Hempels Kritik dar, worauf dieser seinen Einwand neu formulierte: Der von Schlick behauptete Vergleich mit der Realität sei nichts anderes als ein Vergleich von Prognose mit Konstatierung, also von zwei Sätzen. [66] Und eine kurze Bemerkung Schlicks, in der dieser auf diese erneuerte Kritik reagiert, kann ganz im Sinn der hier gelieferten Rekonstruktion interpretiert werden: [67] Die Berührung mit der Wirklichkeit findet in der Konstatierung statt, und da diese notwendigerweise wahr ist, ist der Vergleich von Prognose mit Konstatierung zugleich der Vergleich von Prognose mit der Wirklichkeit.

An dieser Stelle knüpfen wir noch einmal kurz an das im ersten Abschnitt dieses Kapitels Ausgeführte an. Im Fall einer Konstatierung folgt aus dem Urteil das Vorliegen des Erlebnisses bzw. des Sinnesdatums. Zur Stützung der früher von Schlick behaupteten begrifflichen Ununterscheidbarkeit der Empfindung und dem Bemerken derselben reicht das natürlich nicht aus: die Mindestbedingung für eine derartige begriffliche Identität besteht in einer wechselseitigen Implikation. Irrtumssicherheit ist eine einseitige Implikation; mit dieser

---

[65] Hempel, „On the Logical Positivist's Theory of Truth", S. 50; bei Neurath heißt es („Radikaler Physikalismus und ‚Wirkliche Welt'", S. 619): „In logischer Hinsicht kann man einen Protokollsatz nur mit einem anderen Satz vergleichen [...] wir haben aber keine Möglichkeit, einen Vergleichssatz zu bilden, der in ähnlicher Weise den Protokollsatz (die Erkenntnis) mit der Wirklichkeit vergleicht." Man könnte natürlich auch an die von Carnap propagierte formale Redeweise denken; andererseits gesteht Carnap zu, dass die inhaltliche Redeweise nicht per se fehlerhaft oder widersprüchlich sei – und Schlick bezieht sich auch in seiner Antwort auf Hempel auf ein solches Zugeständnis Carnaps; vgl. „Facts and Propositions", S. 570, bzw. Carnap, *Logische Syntax der Sprache*, § 81.

[66] „Some Remarks on ‚Facts' and Propositions", S. 94

[67] „Facts and Propositions", S. 569 f., textkritische Anm. a; diese Bemerkung in Form einer Fußnote fügte Schlick anlässlich seiner eigenen Übersetzung der ursprünglich auf Englisch geschriebenen Arbeit hinzu; vgl. den editorischen Bericht in MSGA I/6, S. 564 f.

Bestimmung ohne weiteres verträglich ist die Annahme von Erlebnissen, die nicht bemerkt werden, also ohne entsprechende Konstatierung auftreten. Die Identität von Erlebnis und Erkenntnis desselben erfordert auch die logische Implikation in umgekehrter Richtung, was zusätzlich zu den drei diskutierten Bestimmungen eine vierte ergibt, die unter Benutzung eines von Meinong stammenden Terminus „Selbstpräsentation" genannt werden kann.[68] Diese Bestimmung kann folgendermaßen expliziert werden: Es ist unmöglich, dass ein Erlebnis vorliegt, und ein Subjekt nicht in Konstatierungsform glaubt, dass dieses Erlebnis vorliegt. M. a. W.: Aus dem Erlebnis-Sachverhalt folgt der Glauben an diesen Sachverhalt. Nur die Bestimmungen der Irrtumssicherheit und Selbstpräsentation zusammen ergeben die Minimalbedingung für die früher von Schlick geforderte begriffliche Ununterscheidbarkeit.

Diese Bestimmung der Selbstpräsentation spielt in der Diskussion über die Konstatierungen (weder bei Schlick noch im weiteren Verlauf der vorliegenden Arbeit) praktisch keine Rolle. Es handelt sich um eine überaus starke Forderung, wird doch damit unbemerktes Psychisches (also Unbewusstes) ausgeschlossen – die Ablehnung von unbewusstem Psychischen ist auch der Zusammenhang, in dem Schlick für diese Ununterscheidbarkeit plädiert.[69] Lehnt man die These der Selbstpräsentation ab (wofür m. E. sehr viel spricht), so ist von vornherein die (begriffliche) Unterscheidung von Erlebnis und Bemerken des Erlebnisses sichergestellt, da dann nur eine einseitige Implikation besteht: Konstatierungen implizieren das tatsächliche Vorliegen des Erlebnisses, von dem sie handeln, aber nicht umge-

---

[68] Meinong, *Über emotionale Präsentation*, § 1; J. C. Marek hat mich darauf aufmerksam gemacht, dass die folgende Explikation dieses Begriffes nicht das trifft, was Meinong selbst darunter versteht. Ich orientiere mich dabei vor allem an Chisholm, der diesen Terminus wieder in die zeitgenössische analytische Diskussion eingebracht hat (vgl. etwa *Erkenntnistheorie*, Kap. II); ähnlich wie Chisholm verfährt Alston, der dafür den Ausdruck „Omniscience" verwendet; loc. cit., S. 389 f.

[69] Siehe oben, S. 182.

kehrt. Konstatierungen sind also eine hinreichende Bedingung für die Existenz des entsprechenden Erlebnisses; umgekehrt ist das Auftreten eines Erlebnisses keine hinreichende, sondern nur eine notwendige Bedingung für die entsprechende Konstatierung.

Nachdem wir den epistemologischen Status nun näher expliziert haben, kommen wir zum zweiten Teil der eingangs gestellten Frage: Wie lässt sich diese nun als Irrtumssicherheit gekennzeichnete Sonderstellung der Konstatierungen rechtfertigen? Schlick beginnt die Diskussion dieser Frage anhand der analytischen Urteile. Skeptische Einwände gegen die Sicherheit solcher Urteile, die darauf abzielen, dass der Vollzug solcher Urteile auf nicht sicheren Voraussetzungen basiert (z. B. muss die Bedeutung der verwendeten Wörter richtig erinnert werden, in einer logischen oder mathematischen Ableitung kann ein Rechenfehler geschehen etc.), verkennen nach Schlick die wahre Natur solcher Urteile. Dabei greift Schlick auf die bereits in der AE entwickelte Charakterisierung analytischer Urteile zurück:

Die Frage, ob ein Urteil wahr sei, hat nur Sinn für ein Bewußtsein, das die Definitionen der darin vorkommenden Begriffe vollziehen und verstehen kann. Für ein solches ist sie aber eben damit auch schon beantwortet. [...] Ein Bewußtsein, das einen analytischen Satz überhaupt verstehen kann, hat eben damit eo ipso die Fähigkeit, seine Wahrheit einzusehen, zu verifizieren, denn beides geschieht durch dieselben Prozesse.[70]

Aus dem Verstehen der Bedeutung einer analytischen Aussage folgt unmittelbar die Einsicht in ihre Wahrheit, es gilt, dass

---

[70] AE, S. 435 f.; vgl. auch „Gibt es ein materiales Apriori?", S. 457 f., und „Über das Fundament der Erkenntnis", S. 510 ff. Ich habe hier auch deswegen die AE zitiert, um herauszustreichen, dass Schlick diesen Punkt bereits vor der Bekanntschaft mit Wittgenstein vertrat; bei diesem heißt es (in Bezug auf analytische Urteile): „Wenn Sie mich fragen: Woher weiß ich das? so erwidere ich einfach: Daher, daß ich den Sinn der Aussage verstehe." (*Wittgenstein und der Wiener Kreis*, S. 78)

der Vorgang des Verstehens zugleich der Vorgang der Verifikation ist; mit dem Sinn erfasse ich zugleich die Wahrheit[71].

Und genau dies soll auch von den Konstatierungen gelten. Die eigentliche Schlick'sche Evidenzformel für die Konstatierungen lautet also: Aus Sinnverstehen folgt Einsicht in die Wahrheit (d. h. wahres Glauben). Bei allen anderen synthetischen Urteilen fallen die Feststellung der Bedeutung und die Feststellung der Wahrheit auseinander: Ich muss gemäß dem Verifikationsprinzip wissen, wie die Wahrheit einer Aussage feststellbar ist, verstehe die Bedeutung aber bereits, ohne die Verifikation wirklich durchgeführt zu haben. Wesentlich für Konstatierungen ist, wie bereits ausgeführt, die hinweisende Referenz auf ein Erlebnis (bzw. ein Sinnesdatum), die in Ausdrücken wie „dies" (oder „hier" und „jetzt") ihren Niederschlag findet. Worauf sich „dies" bezieht, erschließt sich nur in einer Art hinweisenden Geste. Um also zu wissen, was mit „dies" gemeint ist, muss dieser Akt einer hinweisenden Referenz auf Sinnesdaten durchgeführt werden, oder, wie Schlick sich auch ausdrückt, die Regeln, die die Bedeutung eines solchen hinweisenden Ausdrucks konstituieren, verlangen, dass die Verwendung solcher Worte von einer Erfahrung begleitet wird, auf die sich die Aufmerksamkeit richtet.[72] Konstatierungen teilen mit analytischen Sätzen die Irrtumsimmunität, beinhalten aber wie alle empirischen Sätze echte Wirklichkeitserkenntnis. Sie sind die einzigen empirischen Sätze, die endgültig und vollständig verifizierbar sind, sie sind verifiziert in dem Moment, in dem sie korrekt gebildet sind. Klarerweise kann diese Geltung nur momentanen Charakter haben, nur gegenwärtig Erlebtes kann irrtumssicher bemerkt werden. Die Referenz auf Vergangenes, und sei es auch nach einer winzigen

---

[71] „Über das Fundament der Erkenntnis", S. 512

[72] „Über das Fundament der Erkenntnis", S. 511 f. Olaf Müller spricht davon, dass damit die Sicherheit der Konstatierungen „auf der Semantik der eingesetzten Ausdrücke beruht" („Ich sehe was, was Du nicht siehst", S. 254). Allerdings wird auch in dieser Arbeit m. E. nicht genügend zwischen Konstatierungen und sprachlichem Ausdruck derselben unterschieden.

Zeitspanne, erfolgt nicht in der unmittelbaren, direkten Weise der Konstatierungen; jedes Erinnerungsurteil ist der Möglichkeit nach falsch.

So weit die Eckpunkte von Schlicks Konzeption; mit seinem Insistieren auf den Konstatierungen als irrtumssichere synthetische Sätze geriet Schlick innerhalb des Wiener Kreises in eine ziemlich isolierte Position, einzig Juhos scheint ihm dabei gefolgt zu sein.[73] Klarerweise sind die Konstatierungen mit dem semantischen Physikalismus unverträglich, da sie sich auf Privates, nur dem jeweiligen Subjekt Zugängliches beziehen, also dem Intersubjektivitätspostulat der Verifikation nicht entsprechen.[74] Die Einwände gegen ein irrtumssicheres, auf gegenwärtige Erlebnisse bezugnehmendes Wissen sind überaus zahlreich; ich werde mich im ersten Schritt auf Einwände beschränken, die im Wiener Kreis (und dessen Umfeld) gegen die Konstatierungen erhoben wurden, und auf diese und andere Probleme anschließend mehr systematisch zurückkommen.

Einwände gegen die Konstatierungen

1.) Carnap und Neurath beziehen sich u. a. direkt auf die Analogie der Konstatierungen zu den analytischen Urteilen. Bei beiden soll gelten: Aus dem Verstehen folgt die Einsicht in die Wahrheit. Nun gilt dies nach Carnap schon für den Bereich des Analytischen nicht, hier sieht Carnap einen Irrtum Schlicks:

Er [Schlick] begründet diese Meinung durch den richtigen Hinweis darauf, daß der analytische Charakter eines Satzes nur auf den Verwendungsregeln für die vorkommenden Wörter beruht und daß man einen Satz nur versteht, wenn man sich

---

[73] Siehe vor allem Juhos, „Empiricism and Physicalism", sowie – für eine ausführliche Ausarbeitung – dessen späteres Werk *Die Erkenntnis und ihre Leistung.* Russell und Ayer (Letzterer nur zeitweise) halten ebenfalls an einer sicheren Erkenntnisbasis fest.

[74] Allerdings sind die Konstatierungen bei Schlick als subjektlos formuliert; darauf und auf die damit in Zusammenhang stehenden Probleme der intersubjektiven Verständlichkeit werde ich im nächsten Kapitel zurückkommen.

über diese Verwendungsregeln klar ist. Das Entscheidende ist jedoch, daß man sich über die Verwendungsregeln klar sein kann, ohne gleichzeitig alle ihre Konsequenzen und Zusammenhänge zu überblicken. Die Verwendungsregeln der im *Fermat*schen Satz vorkommenden Symbole kann man jedem Anfänger leicht klar machen; also versteht er den Satz; ob dieser Satz analytisch oder kontradiktorisch ist, weiß trotzdem bis heute niemand.[75]

Nun hatte Schlick, wie aus einem Schreiben an Carnap hervorgeht, diesen (wie Schlick schreibt) „naheliegenden Einwand" keineswegs übersehen:

Ich glaube nämlich nach wie vor, dass man in einem bestimmten wichtigen Sinn z.B. von einem mathematischen Satz nur dann sagen kann, man habe ihn *verstanden*, wenn man ihn *bewiesen* hat. Zur Erläuterung müsste ich allerdings sehr weit ausholen und Wittgenstein's neue Gedanken auseinandersetzen.[76]

Auf die intensiv geführte Diskussion über die Grundlagen der Mathematik kann ich hier (nicht nur aus ökonomischen Gründen) nicht weiter eingehen.[77] In die gleiche Richtung geht auch ein Einwand Neuraths, dessen konsequenter Fallibilismus auch die absolute Sicherheit von logischen und mathematischen Sätzen ausschließt. Wir überblicken die diesen Sätzen zugrundeliegenden Regeln normalerweise eben nicht vollständig, bzw. wir können uns nicht sicher sein, ob wir die Regeln in einem konkreten Fall wirklich korrekt angewendet haben,

ich habe doch kein Mittel, endgültig festzustellen, ob ein Satz von mir verstanden wurde oder nicht.[78]

[75] Carnap, „Ein Gültigkeitskriterium für die Sätze der klassischen Mathematik", S. 167

[76] Moritz Schlick an Rudolf Carnap, 14. November 1935

[77] Hier wäre auch auf die Ergebnisse von Kurt Gödel einzugehen; die Relevanz von Gödels Arbeit hat Schlick jedenfalls erkannt, wie auch aus einer (im Übrigen in ziemlich gereiztem Ton verfassten) Antwort Wittgensteins auf ein verlorengegangenes Schreiben Schlicks hervorgeht; Ludwig Wittgenstein an Moritz Schlick, 31. Juli 1935.

[78] „Radikaler Physikalismus und ‚Wirkliche Welt'", S. 615

Und im Aufbau eines axiomatischen Systems gibt es keine Garantie dafür, ob diese Axiome nicht einen versteckten Widerspruch enthalten (man denke etwa an Russells Entdeckung der Mengen-Antinomie).[79]

2.) Ein weiterer Einwand zielt auf die Komplexität und die Vagheit mancher Sinnesdaten hin. So lässt sich einwenden, dass manche Sinnesdaten in komplexer Konfiguration auftreten, die nicht in einem erfassbar ist. Der Fall der „gefleckten Henne" ist ein Beispiel dafür:[80] Die Henne hat eine bestimmte Zahl von Flecken, und dasselbe muss wohl auch für das entsprechende Sinnesdatum gelten. So auch laut Schlick:

Wenn wir von der Undeutlichkeit anschaulicher Gebilde reden, so ist das nicht so zu verstehen, als seien psychische Erlebnisse nicht etwas vollkommen bis ins kleinste Bestimmtes; als reale Vorgänge sind sie vielmehr in jeder Hinsicht durchaus bestimmt – jedes Wirkliche ist in eindeutig bestimmter Weise genau so wie es ist und nichts anderes [...][81]

Ein „Gefleckt-Sinnesdatum" hat also eine bestimmte Anzahl von Flecken, der Beobachter ist aber in solchen Fällen in der Regel unfähig, anzugeben, wie viele Flecken er wahrgenommen hat. Derartige Fälle werden von Schlick im Zuge der Diskussion über die Konstatierungen nicht erörtert, in seinen Beispielen ist immer nur von einfachen Qualitäten (meist Farben) die Rede.

---

[79] Hier trifft sich Neurath übrigens mit Karl Menger (den er auch zitiert): „Vor dem Auftreten von Widersprüchen ist der Mathematiker im allgemeinen nicht gefeit. Ob er den Wolf des *Poincaré*schen Vergleichs nicht in den Zaun mit der Herde eingeschlossen hat, weiß er nicht." (Menger, „Die neue Logik", S. 119)

[80] Die in diesem Punkt behandelte Problematik samt diesem Beispiel wurde genau genommen nicht im Wiener Kreis, aber schon sehr bald nach dessen Ende intensiv diskutiert; vgl. Ayers 1940 erschienenes Buch *The Foundations of Empirical Knowledge*, Kap. II, Abschnitt 11, sowie insbesondere im Anschluss daran Chisholm, „The Problem of the Speckled Hen".

[81] AE, S. 200

Mit dem Problem der Komplexität verwandt ist das Problem der Vagheit unserer anschaulichen Begriffe; z. B. kann ein Subjekt in einem gegebenen Fall unsicher sein, ob die gerade erlebte Qualität noch ein Fall von gelb ist oder doch schon so weit ins Grünliche geht, dass eben schon letztere Bezeichnung gerechtfertigt wäre. Beide Punkte scheinen eine Herausforderung für die These der Irrtumssicherheit der Konstatierung darzustellen, bei den illustrierenden Beispielen handelt es sich um Fälle, in denen gegenwärtig vorliegende Sinnesdaten nicht (jedenfalls nicht vollständig) erkannt werden können. Wir kommen darauf (und auf Schlicks Behandlung des Problems der Vagheit) zurück.

3.) In fundamentale Differenz gerät Schlick mit der Theorie der Konstatierungen zu Wittgenstein. In den Hauptzügen hatte dieser bereits spätestens 1934 die These entwickelt, wonach es im Fall einer gegenwärtigen Selbstzuschreibung von Erlebnissen keinen Sinn hat, von Wissen zu sprechen; so etwa im *Blauen Buch,* wo es heißt: „[...] statt ‚Ich weiß, daß ich Schmerzen habe‘, kann ich einfach sagen ‚Ich habe Schmerzen‘."[82] Für diese These der Nicht-Kognitivität von Zuschreibungen psychischer Eigenschaften im Modus der Gegenwart (also kurz gesagt: von Sätzen in der Art der Konstatierungen) finden sich vor allem folgende Begründungen:[83]

Für Sätze, in denen sich ein Subjekt ein gegenwärtiges Erlebnis zuschreibt, gibt es keine Verifikation bzw. keine Kriterien der Rechtfertigung. Zum einen gibt es keinen Weg, wie man herausfinden kann, ob ein gegenwärtiges Erlebnis (etwa eine Schmerzempfindung)

---

[82] Ebd., S. 90; die zentrale Stelle in Wittgensteins *Philosophischen Untersuchungen* ist § 246: „Von mir kann man überhaupt nicht sagen (außer etwa im Spaß), ich *wisse,* daß ich Schmerzen habe. Was soll es denn heißen – außer etwa, daß ich Schmerzen *habe?*"

[83] Es ist hier natürlich nicht möglich, Wittgensteins Behandlung dieser Thematik und die vielfachen Beziehungen zu anderen Elementen seiner Spätphilosophie eingehend zu behandeln; eine gründliche Untersuchung liefert Hacker, *Einsicht und Täuschung,* Kap. IX.

vorliegt oder nicht, die Frage „Woher weißt du, dass du Schmerzen hast" ist sinnlos. Und eine Rechtfertigung der Art „Ich weiß, dass ich Schmerzen habe" wäre einfach eine Wiederholung des enthaltenen Teilsatzes: Ich weiß es, weil ich Schmerzen spüre; aber Schmerzen spüren heißt nichts anderes als Schmerzen haben, und so ergibt sich nach Wittgenstein eine Scheinrechtfertigung der Art „Ich weiß, dass p, weil p."[84] Diese Argumentation kann zusammengefasst werden: Die in Frage stehenden Sätze sind nicht kognitiv (drücken keine Erkenntnis aus), weil es keine Kriterien (bzw. keine Verifikation) gibt, anhand derer ein solcher Erkenntnisanspruch überprüft werden kann; und Selbstrechtfertigung ist sinnlos.[85]

Eine weitere Argumentationslinie Wittgensteins beruht darauf, dass ein echter Erkenntnisanspruch immer auch Möglichkeiten ausschließt. Aber es ist für ein Subjekt nicht sinnvoll bezweifelbar, ob dieses Subjekt gegenwärtig Schmerzen hat oder nicht. Wenn aber der Ausdruck eines solchen Zweifels sinnlos ist, muss auch sein Gegenteil sinnlos sein; die Negation eines sinnlosen Satzes ist wieder ein sinnloser Satz. „Ich weiß, dass ich Schmerzen habe" steht insofern auf einer Stufe mit „Ich zweifle (im Sinne von ‚weiß nicht'), ob ich Schmerzen habe"; beide sind sinnlose Sätze. Einer derartigen Argumentation scheint Schlick zeitweilig zu folgen. So spricht er in seiner Vorlesung 1933/34 in erkennbarer Anlehnung an Wittgenstein davon, dass die Begriffe „Wissen" und „Vermuten" korrelativ sind, Ersteres ist der Grenzfall von Zweiterem. Zu sagen, man könne etwas nur vermuten, aber nie wissen, ist eine Verletzung des normalen Sprachgebrauchs. Von Wissen und Vermuten zu sprechen „hat nur

---

[84] Vgl. Moore, „Wittgenstein's Lectures in 1930-33", Teil III, S. 12, sowie *Das Blaue Buch*, S. 109.

[85] Mit dieser Auffassung stellt Wittgenstein seine noch kurz zuvor vertretene Auffassung auf den Kopf: Seine frühere Ablehnung, Hypothesen als echte Sätze zu betrachten, beruhte ja auf der Unmöglichkeit einer vollständigen Verifikation (siehe dazu Kapitel II, Abschnitt 2), womit als echte Sätze eben nur solche über gegenwärtig Erlebtes übrig blieben.

dann Sinn, wenn man zugleich auch das Gegenteil sagen kann"[86]. Daraus scheint zu folgen, dass auch von Wissen nur gesprochen werden kann, wenn auch vermutet, also nicht sicher gewusst, d. h. gezweifelt werden kann. Schlick sagt solches zwar nicht in aller Deutlichkeit, aber seine Ausführungen an genannter Stelle legen einen derartigen Standpunkt zumindest nahe.[87] Wenn an dieser Stelle der Standpunkt Schlicks auch nicht ganz klar wird,[88] im Zuge der Ausarbeitung der Theorie der Konstatierungen wird die Diskrepanz zu Wittgenstein unübersehbar. Beide sind der Ansicht, dass ein Satz wie „Mir scheint, ich habe Schmerzen" keinen Sinn hat.[89] Aber die Konsequenzen, die beide daraus ziehen, könnten unterschiedlicher nicht sein: Wittgenstein schließt, dass es überhaupt keinen Sinn hat, in Bezug auf solche Aussagen von Wissen zu sprechen.[90] Schlick da-

[86] *Die Probleme der Philosophie in ihrem Zusammenhang*, S. 243

[87] Auf diese Argumentation werde ich nicht mehr zurückkommen; Diskussionen über den „normalen", den „Alltagsgebrauch" erscheinen mir im Grunde ziemlich belanglos. Im Übrigen setzen wir gerade im Alltag in der Regel „Wissen" mit „Gewissheit" gleich. Abgesehen davon scheint es mir reine Willkür zu sein, den Begriff des Wissens nur für hypothetisches Wissen zuzulassen.

[88] Wie bereits angemerkt (siehe oben, S. 180) vertritt Schlick in derselben Vorlesung der Sache nach auch die Konzeption der Konstatierungen; dies auch als weiterer Beleg für den angesprochenen Übergangscharakter dieser Vorlesung des Wintersemesters 1933/34; siehe dazu oben, S. 170.

[89] Vgl. wiederum Moore, „Wittgenstein's Lectures in 1930-33", Teil III, S. 12. In Schlicks Formulierung lauten solche Aussagen „Hier ist vielleicht gelb", „Hier scheint Gelb zu sein", „Hier ist gelb, wenn ich mich nicht täusche"; „Über Konstatierungen", S. 233.

[90] Die „positive" Seite von Wittgensteins Analyse besteht bekanntlich in der Expressivitätsthese, wonach solche Sätze als Bekundungen, Ausdrucksäußerungen des entsprechenden Erlebnisses aufzufassen sind. Diese in den *Philosophischen Untersuchungen* ausgebreitete These (vgl. etwa § 244) ist ebenfalls bereits im *Blauen Buch*, S. 109, ausgesprochen: „Der Unterschied zwischen den Sätzen ‚Ich habe Schmerzen' und ‚Er hat Schmerzen' ist nicht der Unterschied zwischen den Sätzen ‚L. W. hat Schmerzen' und ‚Schmidt hat Schmerzen'. Vielmehr entspricht er dem Unterschied zwischen einem Stöhnen und der Aussage, daß jemand stöhnt."

gegen zieht aus der Unsinnigkeit des Zweifels die Konsequenz, dass derartige Aussagen mit Sicherheit als wahr gewusst werden.

Weiterführende Diskussion der Einwände

Wir setzen die Diskussion bei den zuletzt unter 3.) vorgestellten Einwänden fort. Die These von der Bedeutungsgleichheit der beiden Ausdrücke „Ich habe Schmerzen" und „Ich weiß, dass ich Schmerzen habe" kann schon allein durch den Verweis auf die obige Diskussion über Bedeutungsgleichheit und (ein- oder wechselseitige) Implikation zurückgewiesen werden: Auch wenn aus dem Schmerzen-Haben das Schmerzen-Bemerken und umgekehrt folgt (und für die Konstatierungen ist eigentlich nur die Implikation vom Bemerken zum Haben wesentlich), folgt keine Bedeutungsgleichheit. Der Anschein einer solchen entsteht, weil die Aussage „Ich weiß, dass ich Schmerzen habe" redundant ist: Mit „Ich habe Schmerzen" drücke ich bereits mein Wissen aus, ich brauche das nicht mehr extra zu formulieren.

Ebenfalls nicht stichhaltig ist m. E. Wittgensteins Zurückweisung des Erkenntnisanspruchs der Konstatierungen aufgrund eines mangelnden Kriteriums. Freilich, das Kriterium für die Richtigkeit einer Konstatierung besteht nicht in anderen Meinungen. Es gibt in diesem Fall keinen nachfolgenden Prozess der Verifikation. Aber das heißt nicht, dass es kein Kriterium für die Wahrheit einer Konstatierung gäbe. Man könnte mit Schlick sagen, dass das Kriterium für die Wahrheit einer Konstatierung darin besteht, dass die Konstatierung *gemacht* wird.[91] Der Inhalt einer Konstatierung wird ja sozusagen erst durch einen hinweisenden Akt bestimmt, was sich sprachlich in der Verwendung von hinweisenden Ausdrücken niederschlägt. In die-

---

[91] Vgl. dazu Ambrus, „Juhos' Antiphysicalism and his Views on the Psychophysical Problem", S. 121; ich danke dem Autor an dieser Stelle für die Überlassung des Manuskripts und die Gelegenheit zur Diskussion.

sem Sinn könnte man sehr wohl von einer „Selbstrechtfertigung" der Konstatierung sprechen.[92]

Eine andere, direktere Strategie der Entgegnung auf Wittgensteins Einwand würde etwa folgendermaßen lauten: Die Rechtfertigung für einen Glauben besteht allgemein gesprochen in einem anderen Glauben, der einen höheren epistemischen Status hat als der zu rechtfertigende Glaube. Aber das ist im Falle einer Konstatierung nicht möglich, weil die Konstatierung als irrtumssicherer Glaube bereits den höchsten epistemischen Status hat. Eine Konstatierung lässt sich daher nicht rechtfertigen, aber aus demselben Grund ist sie auch keiner Rechtfertigung bedürftig: Ein Glauben, der nicht falsch sein kann, bedarf keiner Begründung.

Grundsätzlich ist noch zu bemerken, dass Wittgensteins These der Nicht-Kognitivität der fraglichen Sätze bzw. Urteile schwerwiegenden und (wie ich glaube) entscheidenden Einwänden ausgesetzt ist. Sicher kann jemand anderer im Zweifel darüber sein, ob ich jetzt Schmerzen habe. Reagiere ich auf eine entsprechende Frage mit „Ich habe Schmerzen", dann weiß er es. Ich bin also in der Position, seine Frage zu beantworten; es ist unverständlich, diese meine Position anzuerkennen und gleichzeitig zu behaupten, ich wüsste es nicht, da ich doch ihn mit dem entsprechenden Wissen versorge.[93] Damit verwandt ist ein Punkt, den wir im ersten Abschnitt des gegenwärtigen Kapitels eigentlich schon vorweggenommen haben: Ich kann natürlich mit einer solchen Mitteilung eine Lüge aussprechen. Aber lügen heißt etwas zu sagen, von dem man weiß (oder glaubt zu

---

[92] Folgende Bemerkung Schlicks, die man ebenfalls als Antwort auf den Einwand eines fehlenden Kriteriums lesen könnte, führt allerdings nicht weiter: „Konstatierungen werden im eigentlichen Sinne des Wortes *verifiziert*, nämlich dadurch wahr *gemacht*, daß in ihnen die richtigen (den Regeln entsprechenden) Zeichen verwendet werden."(„Über Konstatierungen", S. 237) Soll die richtige Sprachverwendung das Kriterium für die Wahrheit einer Konstatierung sein, tut sich natürlich wieder das Regressproblem auf (da die richtige Zeichenverwendung immer hypothetisch bleiben muss).

[93] Vgl. dazu Alston, „Varieties of Privileged Access", S. 378.

wissen), dass es falsch ist. Und daraus folgt, dass ich wissen kann, ob ich jetzt Schmerzen habe oder nicht. Weiters können solche Sätze in wahrheitsfunktionalen Operationen und als Prämissen in Schlüssen auftreten, was unmöglich wäre, wenn sie selbst ohne Wahrheitswert wären.[94] Außerdem scheint die Analyse von Erinnerungsaussagen wie „Ich erinnere mich, dass ich damals Schmerzen hatte" vorauszusetzen, dass ich es damals wusste.[95]

Ich habe hier Wittgensteins Einwendungen nicht nur deshalb relativ ausführlich behandelt, weil diese Einwendungen insofern fundamental sind, als die Frage, ob es hier überhaupt etwas zu erkennen gibt, natürlich der Frage nach der Art einer solchen Erkenntnis vorausgeht, sondern auch, um die Eigenständigkeit Schlicks gegenüber dem verehrten Denker herauszustellen. Und dass in dieser Frage Uneinigkeit herrschte, ist Schlick zweifellos nicht verborgen geblieben.[96]

Der Zusammenhang von Verstehen und Einsicht in die Wahrheit, von dem oben nun wieder die Rede war, ist allerdings nicht unproblematisch, womit wir bei der Diskussion des unter 1.) diskutierten Einwandes stehen; die strikte Analogie zu analytischen Urteilen scheint aufgrund der vorgebrachten Gründe – weil schon z. B. im Bereich der Mathematik nicht allgemein gültig – nicht zu halten; allerdings könnte man dafür argumentieren, dass zumindest elementare logische Operationen oder Prinzipien (wie z. B. die Verneinung des offensichtlich Widersprüchlichen oder das Widerspruchsfreiheitsprinzip) von

---

[94] Z. B. impliziert „Ich habe Schmerzen" den Satz „Jemand hat Schmerzen".

[95] Diese hier zuletzt kurz angeführten Argumente gegen Wittgensteins These der Nicht-Kognitivität finden sich (neben weiteren) in ausgebreiteter Form bei Hacker, *Einsicht und Täuschung*, insbesondere S. 361 ff., sowie in Kurzfassung bei Glock, *Wittgenstein-Lexikon*, S. 283 f.

[96] Neben den bisher herangezogenen Arbeiten Wittgensteins (und der Vorlesungsnachschriften Moores) ist auch noch ein im Schlick-Nachlass befindliches Diktat Wittgensteins von einschlägigem Interesse. Dort heißt es im Zusammenhang von Fremd- versus Selbstzuschreibungen von Empfindungen: „Ich wünsche das Wort ‚Wissen' aus diesem Zusammenhang auszuschließen." (Inv.-Nr. 183, D. 4, Bl. 2; zu diesem Diktat siehe oben, S. 54, Anm. 93.)

dieser Skepsis ausgenommen sind.[97] Besser ist aber wohl ein völliger Verzicht auf die Evidenzformel (aus Verstehen folgt wahrer Glaube) in Bezug auf analytische Aussagen: Wir haben hier eben keine Sicherheit hinsichtlich vollständigen oder endgültigen Verstehens; ein Skeptiker bzw. ein Fallibilist kann jederzeit bezweifeln, ob wir verstanden haben und damit den skeptischen Regress in Gang bringen. Nimmt man die Konstatierungen als sprachunabhängiges Glauben oder Bemerken, stellt sich hier kein Verstehensproblem. Hier geht es ja nicht um komplizierte, keinesfalls auf einen Blick überschaubare Beziehungen zwischen abstrakten Begriffen, sondern um einfaches Bemerken von Sinnesqualitäten. Das Verstehensproblem stellt sich nur beim sprachlichen Ausdruck der Konstatierungen, nicht bei diesen selbst.

Trotzdem scheint diese Formel bedenklich zu sein, und zwar im Hinblick auf die intersubjektive Verständlichkeit der Konstatierungen. Wenn man auch die Gültigkeit der Evidenzformel für das konstatierende Subjekt zugibt,[98] für fremde Subjekte scheint sie nicht zu gelten.

Hier ist Vorsicht angebracht: Wir müssen zwei Formulierungen auseinanderhalten, zwischen denen Schlick nicht genügend zu unterscheiden scheint. Die erste ist eben die Evidenzformel (Aus Verstehen folgt wahrer Glaube); die zweite Formulierung lautet, dass die Feststellung der Bedeutung und die Feststellung der Wahrheit zusammenfallen, *„ein und derselbe Prozeß sind"*[99]. Diese zweite Fomulierung besagt ja, dass eine Konstatierung nur verständlich ist, wenn sie unmittelbar verifiziert wird; das geht über das in der Evidenzformel Ausgedrückte hinaus. Und hier scheint die Motivation für die Zuspitzung der These von der nur auf den Augenblick beschränkten

---

[97] Vgl. Rutte, „Moritz Schlick und Otto Neurath", S. 359 f.

[98] Ich übergehe hier das Problem der inner-subjektiven Verständlichkeit im Zeitablauf, d. h. das Verständnis vergangener Konstatierungen.

[99] „Über das Fundament der Erkennntnis", S. 511; vgl. auch die beiden oben, S. 204, zitierten Stellen.

Geltung der Konstatierungen zu der These von der nur auf den Moment beschränkten Verständlichkeit derselben zu liegen – jedenfalls interpretiere ich Schlick so, wenn er davon spricht, dass „eine echte Konstatierung [...] nicht aufgeschrieben werden [kann]"[100].

Die These von der Verständlichkeit der Konstatierungen nur für das konstatierende Subjekt selbst bringt fatale Konsequenzen mit sich – und Schlick selbst rückte von dieser radikalen Position auch bald wieder ab[101]. Wir gehen hier davon aus, dass Fremdkonstatierungen verständlich sind; und auf dieser Basis muss die These von „ein und demselben Prozess" (der Bedeutungs- und der Wahrheitsfeststellung) aufgegeben bzw. auf das konstatierende Subjekt eingeschränkt werden. Person B kann die Konstatierung des A nicht machen (direkt verifizieren), aber die Möglichkeit des Verständnisses muss gegeben sein. Wie ist nun die ursprüngliche Evidenzformel im Hinblick auf den Fall einer Fremd-Konstatierung zu bewerten?

Die Konstatierung des A ist für B zwar (nach unserer Voraussetzung) verständlich, aber B kann die Konstatierung ja nicht unmittelbar verifizieren. Wenn B die Mitteilung von A („Dies ist rot") versteht, dann weiß er, dass A glaubt, unmittelbar ein Rot-Sinnesdatum zu bemerken. Während aber für A aus dem Verstehen ein wahrer Glaube folgt, scheint diese Implikation für B nicht zu gelten. Kann B nicht die Konstatierung des A verstehen, ohne ihr zuzustimmen? Wenn mir eine Person sagt, dass sie jetzt ein Rot-Sinnesdatum hat, warum soll es dann für mich sinnlos sein, zu bezweifeln (oder widersprüchlich sein, zu verneinen), dass es so ist? Es scheint also nicht zuzutreffen, dass das Verständnis einer Konstatierung die Einsicht in ihre Wahrheit impliziert; die Evidenzformel scheint in ihrer universellen Gültigkeit mit der intersubjektiven Verständlichkeit zu kollidieren.

---

[100] „Über das Fundament der Erkenntnis", S. 513

[101] Siehe unten, S. 245 f.; überhaupt stellen die hier angeschnittenen Punkte Privatheit und intersubjektive Verständlichkeit bereits einen Vorgriff auf das nachfolgende Kapitel dar.

Nun könnte man entgegnen, dass das Verstehen einer Fremd-Konstatierung nicht nur das Verständnis der objektiven Tatsache besagt, dass eine Person jetzt gerade ein bestimmtes Sinnesdatum hat, sondern eben darüber hinaus, dass diese Person selbst sich jetzt gerade auf dieses Sinnesdatum hinweisend bezieht. Jede affirmative Mitteilung drückt ja nicht nur einen Sachverhalt aus, sondern auch den diesbezüglichen Glauben des Sprechers. Und im Falle der Mitteilung einer Konstatierung ist dieser Glaube irrtumssicher; die Mitteilung einer Konstatierung ist erst dann wirklich geglückt, wenn B auch verstanden hat, dass A sich unmittelbar hinweisend und damit irrtumssicher auf sein Sinnesdatum bezieht. Das Verständnis einer Fremd-Konstatierung impliziert also die Akzeptanz der These der Irrtumssicherheit; und damit scheint die Gültigkeit der Evidenzformel auch für Fremd-Konstatierungen sichergestellt zu sein.

Aber auch dann folgt nicht, dass die Evidenzformel (Aus dem Verstehen folgt wahrer Glaube) auch für Fremd-Konstatierungen gilt; jedenfalls nicht im selben Sinn wie für das konstatierende Subjekt selbst. Folgendes Argument soll dies zeigen:

B erwirbt durch die Mitteilung des A einen Glauben der Form „A glaubt, dass p" (und er versteht, was mit p gemeint ist, d. h. er kennt die entsprechende Erlebnis-Eigenschaft aus eigenem Erleben), und B akzeptiert, dass A sich mit seiner Konstatierung nicht irren kann. Aber daraus folgt nur: B ist in höchstem Maß berechtigt, p zu glauben; denn aus den beiden Prämissen folgt logisch, dass p. Aber es folgt nicht, dass B tatsächlich zu irgendeinem Zeitpunkt einen derartigen Glauben hat. Wenn B rational ist (wovon wir hier ausgehen), dann hat B eine entsprechende Glaubensdisposition, aber diese Disposition muss nicht manifestiert sein. Für A folgt aus dem Verstehen, dass ein Glaubensakt auftritt, der notwendigerweise etwas Wahres trifft (da der Glaubensinhalt – das Referenzobjekt der hinweisenden Begrifflichkeit – erst durch das Bemerken, also einen Glauben konstituiert ist). In diesem Sinn gilt das nicht für B; für B gilt nur, dass sein potentieller Glaube an die Konstatierung notwendigerweise wahr ist; aber nicht, dass aus seinem Verstehen der Fremd-Konstatierungen ein aktueller Glaube logisch folgt.

Bei vorhergehender Argumentation wurde vorausgesetzt, dass Fremd-Konstatierungen verstanden werden können. Es bleibt dabei allerdings das bereits aufgeworfene Problem, dass es gänzlich hypothetisch bleiben muss, ob in einem konkreten Fall tatsächlich richtig verstanden wurde; diese Hypothese ist, wie eben auch Neurath betonte,[102] nicht endgültig zu verifizieren.

Was das Verständnis des konstatierenden Subjekts selbst angeht, scheint kein derartiges Problem zu bestehen. Allerdings wird genau das von den unter 2.) angesprochenen Einwänden behauptet, auf die es nun genauer einzugehen gilt – und ich möchte gleich vorwegnehmen, dass nachfolgende Diskussion keine Lösung bzw. keinen Lösungsvorschlag enthält, sondern nur weiter problematisiert. Wir beginnen mit dem Problem der Vagheit: Der Einwand gegen die Irrtumssicherheit der Konstatierungen lautet, dass aufgrund der Vagheit unserer anschaulichen Begriffe in Grenzfällen eben nicht sicher gewusst werden kann, ob „Dies ist grün" wahr ist: Denn dieses Urteil steht in Widerspruch zu „Dies ist gelb", das konstatierende Subjekt kann aber eben wegen der Vagheit nicht klar unterscheiden. „Hier ist gelb" kann aufgrund dieser Vagheit auch vom konstatierenden Subjekt bezweifelt werden. Es sind sogar Fälle denkbar, in denen es überhaupt zweifelhaft erscheint, ob noch eine Farbwahrnehmung vorliegt oder nicht (man denke etwa an die Wahrnehmungssituation bei fortgeschrittener Dämmerung). Andere Beispiele wären die verschwimmende Grenze zwischen einem leicht brennenden Gefühl und einem Schmerzgefühl; oder ein Sinnesdatum, das aufgrund seiner geringen Intensität an der Grenze der Wahrnehmbarkeit liegt (man denke an einen verklingenden Ton).

Es scheint mir allerdings zweifelhaft, ob dieser Einwand aufgrund der Vagheit wirklich zutreffend ist. Was in einem solchen Fall zwei-

---

[102] Siehe das Zitat oben, S. 207.

felhaft ist, ist ja nicht das richtige Bemerken des Sinnesdatums, sondern ob dieses Sinnesdatum richtig benannt wird. M. a. W., es handelt sich um ein Sprach- und kein Sachproblem. Wir können begrifflich unterscheiden zwischen einem reinen Grün und einem gelblichen Grün, zwischen einem lustneutralen Brennen und einem unlustvollen Schmerz etc. Was uns fehlt, sind die für alle beschriebenen Nuancen und Aspekte geeigneten Wörter; bzw. es sind die entsprechenden Bezeichnungen nicht ausreichend differenziert. Das Bemerken des Sinnesdatums selbst ist von diesem Bezeichnungsproblem unberührt. Und wir bemerken alle diese verschiedenen Sinnesdaten ja bevor wir sie benennen, im Allgemeinen geht dieses Bemerken ja überhaupt dem Spracherwerb voraus. Eine zumindest ähnliche Argumentation scheint auch Schlick zu verfolgen: „Hier ist vielleicht gelb" ist als Konstatierung betrachtet sinnlos, allerdings kann dieser Satz

den Sinn haben, daß eine Farbe vorliegt, die etwa ins grünliche oder rötliche hinüberspielt, oder eine Mischfarbe, für die kein gebräuchlicher Name existiert. Man kann dann entweder (einigermaßen künstlich) die Worte „vielleicht gelb" als Namen dieser Farbe auffassen: Dann stellt der Satz wirklich eine Konstatierung dar, und es wäre sinnlos, von Unsicherheit oder Zweifel zu sprechen. Oder aber – und dies wäre wohl eine natürlichere Interpretation – man betrachtet die Wortreihe als Ausdruck der Annahme, daß die meisten Menschen den Namen „gelb" eben für diese Farbe gebrauchen würden. [103]

Allerdings lassen sich die genannten Beispiele noch weiter radikalisieren, bei zunehmender Verdunkelung bis zu vollständiger Finsternis müsste man in Fortführung von Schlicks Vorschlag von „vielleicht-visuellem-Eindruck" sprechen etc. Die Aufrechterhaltung der Irrtumssicherheit scheint in solchen Grenzfällen nur durch zunehmende Unbestimmtheit des Inhalts einer Konstatierung zu erreichen zu sein, sodass als allgemein generalisierbar nur übrig bleibt, dass überhaupt irgendein Sinnesdatum vorliegt. [104] Damit wäre dann aber auch nur

---

[103] „Über Konstatierungen", S. 234

[104] Bei Külpe heißt es dazu: „Fragen wir uns zum Schluß, was denn eigentlich evident wahrgenommen wird, so kann zunächst darauf geantwortet werden: *daß*

festgehalten, dass eine Konstatierung nicht fehlreferieren kann in dem Sinn, dass die Entität, auf die Bezug genommen wird, überhaupt nicht existiert (wie im Falle von Urteilen der äußeren Wahrnehmung – man denke wieder an das Extrembeispiel der Totalhalluzination – immer prinzipiell möglich). Wird „dies" dazu verwendet, auf ein gegenwärtig vorliegendes Sinnesdatum zu referieren, so ist es notwendigerweise eine Tatsache, dass ein Sinnesdatum vorliegt; insofern jedenfalls ist kein Irrtum denkbar. Aber ob die notwendigerweise vorliegende Empfindung auch korrekt erkannt wurde, ist damit noch nicht gesagt.

Nicht minder schwierig scheint mir die Bewertung des Komplexitätseinwands zu sein. Ich gehe davon aus, dass das Sinnesdatum beim Anblick einer gesprenkelten Henne so wie diese selbst eine bestimmte Anzahl hat,[105] und dass das konstatierende Subjekt nicht in der Lage ist, diese Anzahl mit Sicherheit festzustellen. Daraus folgt, dass es Sinnesdaten gibt, die nicht in allen ihren Aspekten irrtumssicher bemerkt sind. Aber in dieser Form ist das nur ein schlagender Einwand gegen die These, dass aus einem Sinnesdatum ein vollständiges und irrtumssicheres Bemerken folgt – also gegen die Verbindung der Thesen der „Selbstpräsentation" und der Irrtumssicherheit.[106] Für die Konstatierungen ist nur die Implikation in der Richtung vom Glauben auf den Erlebnissachverhalt ausschlaggebend, also dass aus dem Bemerken das Vorliegen des Sinnesdatums folgt, eben die Irrtumssicherheit.

Und die Konsequenz, die (für einen Verteidiger der Konstatierungen) zu ziehen ist, lautet: Ein Urteil wie „Dies ist 59fach gepunktet" (auf ein Sinnesdatum bezogen) ist, da die Wahrheit nicht irrtumssi-

---

man ein Erlebnis hat." Gleich anschließend schränkt Külpe seinen skeptischen Standpunkt allerdings ein und meint, zumindest *gröbere Unterscheidungen* seien ebenfalls mit Gewissheit erkennbar; *Die Realisierung*, Bd. I, S. 60.

[105] Was etwa von Ayer verneint wird; siehe die oben, S. 208, Anm. 80, angeführte Arbeit.

[106] Siehe dazu oben, S. 203.

cher feststellbar ist, keine Konstatierung. Was auf den ersten Blick wie eine völlig willkürliche Einschränkung aussieht, ist durchaus argumentierbar. Nicht zielführend erscheint mir allerdings die naheliegende Berufung auf den Verifikationismus und darauf gründend die Leugnung, nicht nur dass ein derartiges Urteil eine Konstatierung ist, sondern dass es überhaupt ein sinnvoller Glaube ist; es gibt im fraglichen Fall aufgrund der bloßen Augenblicksgeltung keine Möglichkeit, die Wahrheit dieses Urteils festzustellen (bzw. involvieren denkbare Zählverfahren eine prinzipiell fallible Erinnnerung)[107]. Dagegen ist nämlich festzuhalten, dass die Unmöglichkeit der Feststellung im Erlebnismoment ja keine prinzipielle, sondern eine empirische Unmöglicheit ist; aber dem Verdikt der Sinnlosigkeit verfallen nur prinzipiell nicht feststellbare Urteile. Es ist eine psychologische Tatsache, dass wir in der Lage sind, ein Sinnesdatum auf einen Schlag (und wir wollen annehmen: irrtumssicher) zu bemerken, das zwei Flecken hat, aber nicht eines, das 59 Flecken aufweist. Und nicht nur Schlick betont explizit immer wieder die Bedeutung der Unterscheidung zwischen faktischer und logischer Unmöglichkeit der Verifikation.

Erfolgversprechender erscheint mir dagegen die folgende Strategie: Das fragliche Urteil ist deswegen keine Konstatierung, weil es den Begriff einer Zahl enthält. Egal, welche Definition des Zahlbegriffs man akzeptiert, in jedem Fall ist mit einer solchen eine ganze Theorie zumal der natürlichen Zahlen verbunden. Enthält also ein Urteil über ein gegenwärtig vorliegendes Sinnesdatum den Begriff einer bestimmten Zahl, so geht man damit jedenfalls über die Sphäre des gegenwärtig Erlebten hinaus, sodass Chisholm wohl zuzustimmen ist, wenn es bei ihm heißt:

In making an enumerative judgment about a sense-datum (*e.g.*, about the number of items in the presentation yielded by the speckled hen), we are refering beyond what can be presented at any time [...][108]

---

[107] Vgl. dazu die oben, S. 200, zitierten Ausführungen Schlicks.

[108] „The Problem of the Speckled Hen", S. 372

Was in einem solchen Fall irrtumssicher konstatierbar ist, ist, dass ein Sinnesdatum mit vielen Flecken vorliegt; diese Unbestimmtheit (die eben, wie hier vorausgesetzt wurde, eine Unbestimmtheit des Urteils und nicht des Sinnesdatums selbst ist) kann eingeschränkt werden („ungefähr 12", „mehr als 5"), aber nicht völlig ausgeräumt werden.

Mit diesen letzten, nur andeutenden Bemerkungen breche ich die Diskussion dieser Problematik hier ab und fasse zusammen: Nicht jedes Urteil, das sich direkt hinweisend auf ein Sinnesdatum bezieht, kann als irrtumssichere Konstatierung gelten: „Dies ist 59fach gefleckt" ist nicht irrtumssicher. Die Bildung von Konstatierungen ist demnach eingeschränkt; wenn auch Schlick selbst nie explizit von solchen Einschränkungen spricht, so wird das aber doch zumindest nahegelegt durch die Wahl seiner Beispiele, in denen durchgehend nur vom Bemerken einfacher Qualitäten die Rede ist.

Wir beenden hier die Untersuchungen zur Frage der Irrtumssicherheit der Konstatierungen. Die Konzeption der Konstatierungen ist jedenfalls ein höchst origineller und faszinierender Ansatz, wenngleich nicht alle Zweifel ausgeräumt werden konnten. Vom historischen Blickwinkel aus (d. h. die Entwicklung von Schlicks Denken betreffend) zeigten sich ebenfalls Probleme: Von den Schwierigkeiten, die Konstatierungen in den Rahmen des Erkenntnisbegriffs der AE einzubetten, war bereits die Rede; in Bezug auf den in F&C entwickelten Strukturalismus lässt sich – so versuchte ich herauszuarbeiten – eine Unverträglichkeit zeigen. Der Zusammenhang der Konstatierungen mit anderen Aspekten der Schlick'schen Spätphilosophie wird uns noch weiter beschäftigen.

Durch die bisherige Diskussion sollte auch klar geworden sein, warum man sich in der Diskussion der Konstatierungen besser einer Glaubens-Terminologie bedient als von Sätzen zu reden. Damit ist von vornherein zwischen sprachlichen und sachlichen (begrifflichen) Problemen unterschieden und die immer etwas umständliche Unterscheidung von Sprach- und Sachirrtum muss nicht nachgereicht werden. Und auch das Vagheitsproblem scheint auf einer nicht genügend beachteten Unterscheidung zu beruhen. Auch Schlick selbst formuliert hier gelegentlich etwas unglücklich, nämlich wenn er sagt, dass eine Konstatierung eine hinweisende Definition beinhaltet. Hier scheint mir eine Verwirrung enthalten zu sein: Zuerst muss das Bemerken eines Sinnesdatums kommen, anschließend kann (muss aber nicht) eine Nominaldefinition in Form einer hinweisenden Definition erfolgen, die man etwa als „etwas in der Art von diesem Sinnesdatum nenne ich (oder: nennt man) ‚rot'" formulieren kann.

Im gegenwärtigen Abschnitt haben wir uns fast ausschließlich mit Problemen beschäftigt, die die Konstatierungen als solche – d. h. isoliert betrachtet – betreffen. Weshalb Schlick derartige irrtumssichere Urteile für notwendig hielt und welche Rolle ihnen im Gesamtsystem unserer Erkenntnis zukommt bzw. zukommen soll, ist Thema des folgenden Abschnittes. Mit anderen Worten, nach der Frage „Was sind die Konstatierungen?" gehen wir über zur Frage „Was leisten die Konstatierungen?".

4. Die Rolle der Konstatierungen

Das hypothetisch-deduktive Modell

Ich verwende hier den Terminus „hypothetisch-deduktiv" in einem ähnlichen, aber doch etwas anderen Sinn als Schlick das an den wenigen Stellen tut, an denen er diesen Ausdruck gebraucht.[109] Sachlich entwirft Schlick dieses (auch etwa von Kraft oder Reichenbach so bezeichnete)[110] Modell klar und konzis in „Über das Fundament der Erkenntnis", Abschnitt VI, sowie in *Die Probleme der Philosophie in ihrem Zusammenhang*, Kap. 11. Auf jede der in der nachfolgenden Skizze angeführten Stufe werden wir – unter anderem auch mittels Rückgriff auf die AE, wo Einiges bereits vorweggenommen ist – im Folgenden näher eingehen.

> A) Am zeitlichen Beginn des Erkenntnisprozesses stehen die Konstatierungen, das unmittelbare Bemerken von Sinnesdaten. Angeregt von den Konstatierungen werden Wahrnehmungssätze über äußere Gegenstände gebildet; ein derartiger Satz enthält als Kern eine Konstatierung, geht aber in mehrfacher Hinsicht weit darüber hinaus (wie Schlick bereits früh klar herausstellte)[111].

---

[109] Im Anschluss an den italienischen Mathematiker Pieri verwendet Schlick diesen Terminus folgendermaßen: Zuerst wird ein axiomatisches System entworfen, das aus bloßen Aussagefunktionen besteht (deduktiver Teil); wenn die Variablen durch Zeichen ersetzt werden können, die für reale Entitäten stehen (hypothetischer Teil), werden aus den Aussagefunktionen wahre Aussagen; in Schlicks Worten (F&C, zweite Vorlesung, S. 204): "*If* the symbols of our system stand for entities for which the axioms hold, *then* all the propositions of the system will be true of those entities. Or, in other words: *If* entities can be found which satisfy the axioms of the system, *then* the system will be science of these entities."

[110] Vgl. etwa Kraft, *Die Grundformen der wissenschaftlichen Methoden*, insbesondere Kap. II, Abschnitte II und III; Reichenbach, *Der Aufstieg der wissenschaftlichen Philosophie*, insbesondere S. 198 ff..

[111] Siehe dazu oben, S. 81 f.

B) Von den Wahrnehmungssätzen[112] ausgehend stellen wir versuchsweise allgemeine Hypothesen auf, die einen naturgesetzlichen Zusammenhang zwischen den in den Wahrnehmungssätzen ausgedrückten Tatsachen der Außenwelt aussagen; auf dieser Stufe erfolgt also der Übergang von singulären zu allgemeinen Sätzen.

C) Die wichtigste Funktion dieser Naturgesetze ist deren Verwendbarkeit zur Prognose: Aus den allgemeinen Hypothesen wird das Auftreten von bislang nicht beobachteten Sachverhalten in der Außenwelt prognostiziert. Logisch gesehen ist das der Übergang von allgemeinen Sätzen zu singulären.

D) Von diesen prognostizierten Sachverhalten schließen wir auf das Auftreten von Sinnesdaten, die den Kernbestand der äußeren Wahrnehmung ausmachen. Und die Verifikation dieser Prognose, die tatsächliche Feststellung des Vorliegens dieser Sinnesdaten, geschieht durch Konstatierungen. Logisch gesehen ist damit ein Ende errreicht, im Sinne einer Anregung kann mit einer solchen Konstatierung das Spiel von Neuem beginnen.

Im Ganzen betrachtet fällt sofort die klare Unterscheidung zwischen der Frage nach der Genese von Hypothesen und der Frage nach der Geltung von Hypothesen auf. In keinem einzigen Schritt wird von induktiver Rechtfertigung Gebrauch gemacht; von jeher lehnt Schlick jeden Versuch ab, das Verfahren der Induktion logisch zu rechtfertigen.[113] Die Übergänge in den ersten beiden Stufen sind

---

[112] Hier und im Folgenden verzichte ich auf die Beifügung „äußere", alternativ spreche ich auch von Beobachtungssätzen; Schlick selbst verwendet die Termini „Wahrnehmung" und „Beobachtung" des öfteren uneinheitlich sowohl für Konstatierungen als auch für äußere Wahrnehmung.

[113] Die Kontinuität in dieser Auffassung (vgl. AE, § 41, bzw. die 1936 erschienene Arbeit „Gesetz und Wahrscheinlichkeit", insbesondere S. 790) ist nur insofern kurzfristig durchbrochen, als Schlick mit der Auffassung von Hypothesen als Regeln zur Bildung von Aussagen (und eben nicht als echte Sätze) auch das Indukti-

nicht logisch zu rechtfertigen, Schlick spricht hier von psychologischen und biologischen Anregungen,[114] die (in Stufe A) den Übergang von „Dies ist rot" zu „An Raum-Zeitstelle XY befindet sich ein roter Gegenstand" motivieren. Die Rolle der Konstatierungen besteht also zeitlich gesehen in der Stellung als Ausgangspunkt.[115] In dieser Rolle sind die Konstatierungen „logisch zu nichts nutze"[116].

So viel zum konstruktiven Teil des Schemas, dem „context of discovery"; nun zum zweiten Teil unseres Schemas (Punkte C und D), dem „context of justification".[117] Die Bedeutung der Konstatierungen liegt in ihrer Stellung als Endpunkt im Prozess der Rechtfertigung von (wie auch immer zustande gekommenen) Hypothesen. Hypothesen gelten

so lange als bestätigt, als nicht auch Beobachtungsaussagen auftreten, die zu aus den Hypothesen abgeleiteten Sätzen – und damit zu den Hypothesen selbst – im Widerspruch stehen. So lange das nicht eintritt, glauben wir ein Naturgesetz richtig erraten zu haben.[118]

Wie leicht zu sehen ist, stellt sich das Induktionsproblem, das im hypothetisch-deduktiven System bei der Aufstellung von Hypothe-

onsproblem als aufgelöst sieht; zu dieser in „Die Kausalität in der gegenwärtigen Physik" unter dem Einfluss Wittgensteins vertretenen, aber bald wieder fallengelassenen Auffassung siehe Kapitel II, Abschnitt 2.

[114] „Über das Fundament der Erkenntnis", S. 507 f.

[115] Im Übrigen könnte man auch „Störungen" im Erlebnisverlauf, d. h. unerwartet auftretende Konstatierungen, als Ausgangspunkt für das Erkenntnisbemühen sehen. John Dewey vertrat eine solche Auffassung (vgl. *Logic*, insbesondere S. 104 ff.), die – was diesen speziellen Punkt angeht – eine Ausdifferenzierung gegenüber Schlick und keinen Gegenstandpunkt darstellt.

[116] „Über das Fundament der Erkenntnis", S. 507

[117] Diese mittlerweile kanonische Terminologie wurde von Reichenbach eingeführt; siehe *Erfahrung und Prognose*, § 1 (in dieser Übersetzung werden die Ausdrücke mit „Entdeckungszusammenhang" bzw. „Rechtfertigungszusammenhang" wiedergegeben).

[118] „Über das Fundament der Erkenntnis", S. 505; wie aus dem Zusammenhang klar hervorgeht, meint Schlick hier mit „Beobachtungsaussagen" Konstatierungen.

sen umgangen wurde, hier wieder in voller Schärfe: Warum sollen bislang bewährte Hypothesen gegenüber Alternativhypothesen, die bislang nicht oder weniger bewährt sind, vorzuziehen sein? Die Tatsache, dass eine Gesetzesannahme bislang nicht falsifiziert ist, bietet ja nur dann eine Rechtfertigung für unseren Glauben an diese Hypothese, wenn wir voraussetzen, dass die vergangene Bewährung (das bisherige Überstehen der Falsifikationsversuche) einen Grund darstellt, auch an die zukünftige Bewährung (das zukünftige Überstehen von Falsifikationsversuchen) zu glauben; dies ist aber eine dem Induktionsprinzip (in Humes Worten ist das die Voraussetzung, „daß die Zukunft der Vergangenheit ähnlich sei"[119]) äquivalente Annahme – aber die Inanspruchnahme eines solchen nur zirkulär zu rechtfertigenden Prinzips sollte ja gerade vermieden werden. Kurz gesagt, der Rückschluss von gelungenen Prognosen auf die Gültigkeit einer Hypothese ist ein induktiver Schluss.[120] Doch dies nur am Rande; das Induktionsproblem wurde von zeitgenössischen Denkern wie Reichenbach oder Popper eindringlicher als von Schlick diskutiert (wobei sich allerdings gerade auch bei Poppers Ansatz das hier skizzierte Problem stellt). Abgesehen davon, dass ein hypothetisch-deduktiver Aufbau allein also noch keine Lösung des Induktionsproblems darstellt – was Schlick allerdings auch nie behauptet hat –, treten im deduktiven Teil Schwierigkeiten bzw. Komplikationen auf, auf die es näher einzugehen gilt.

Unterdeterminiertheit: das Problem der Zusatzhypothesen

Wir beginnen mit dem in Punkt C skizzierten Übergang von Gesetzeshypothesen zu prognostischen Beobachtungssätzen. Das grundsätzliche Problem besteht hier darin, dass sich aus einer Gesetzesaussage allein überhaupt kein Wahrnehmungssatz ableiten lässt. Aus

---

[119] Hume, *Eine Untersuchung über den menschlichen Verstand*, S. 56

[120] Wir sehen hier (wie überhaupt im ganzen gegenwärtigen Abschnitt) von Hypothesen ab, die in Form von singulären Sätzen die bloße Existenz bestimmter Sinnesdaten behaupten (wie z. B. „Es gibt Sinnesdaten der Art XY"; siehe dazu oben, S. 88, Anm. 45).

„Alle Schwäne sind weiß" folgt nichts über irgendwelche Beobachtungen, genauso wenig wie aus den Gesetzen der Planetenbewegung allein der Ort eines Planeten zu einem bestimmten Zeitpunkt folgt. Es müssen hier Zusatzprämissen, Randbedingungen hinzugefügt werden, um einen Beobachtungssatz ableiten zu können. Solche Zusatzhypothesen beinhalten ein schwer zu entwirrendes Knäuel von Bedingungen. Dieses Knäuel beinhaltet nicht nur (etwa für das letztere Beispiel) die Stellung der Planeten zu einem bestimmten Zeitpunkt, sondern z. B. auch – da es sich in diesem Fall um visuelle Beobachtungen handelt – die Gesetze der Optik.

Schlick selbst ist sich dieses Umstandes bereits in der AE in aller Deutlichkeit bewusst.[121] Da nun aus der ursprünglich nachzuprüfenden Gesetzeshypothese allein überhaupt kein Beobachtungssatz abgeleitet werden kann, kann diese Hypothese durch keine Beobachtung verifiziert werden. Es ist eben immer ein ganzes Bündel von (in der Regel unausgesprochenen) Hypothesen, das zusammen auf dem Prüfstand steht. Entspricht die tatsächlich gemachte Beobachtung nicht der prognostizierten, so heißt das eben nur, dass entweder die (gemäß Intention) zu prüfende Gesetzeshypothese falsch ist oder irgendwo im Geflecht der notwendigen Zusatzprämissen ein Fehler liegt. Der Fehler kann an beliebiger Stelle auftreten, es kann die Gesetzeshypothese falsch sein, die Beobachtungsbedingungen (bzw. experimentellen Anordnungen) können ungenügend formuliert sein, es kann sein, dass der Beobachtende kein „Normalbeobachter" (sondern etwa ein Farbenblinder ist) usw. Umgekehrt bedeutet eine erfolgreiche Prognose nicht zwangsläufig, dass die Hypothese (jedenfalls vorläufig) als bestätigt anzusehen ist: Die Möglichkeit, dass eine wahre Konklusion aus gänzlich oder zum Teil falschen Prämissen abgelei-

---

[121] Ebd., S. 425 f., vgl. dazu auch oben, Kapitel II, Abschnitt 3, insbesondere S. 92 f.

228

tet wird, ist nicht auszuschließen. [122] Und sollte die Prüfung negativ
ausfallen, kann durch den Einschub weiterer Zusatzprämissen der
Widerspruch prinzipiell immer aus der Welt geschaffen werden. [123]
Kurz gesagt, mit einer bestimmten Menge von Beobachtungssätzen
ist, wie Neurath (im Anschluss vor allem an Duhem) festhält, „eine nicht beschränkte Zahl gleichverwendbarer Hypothesensysteme
möglich" [124]. Im Prinzip handelt es sich hier um die heute unter
dem Namen „Duhem-Quine-These" bekannte These der Unterdeterminiertheit unserer wissenschaftlichen Hypothesen durch die Beobachtungssätze, wobei, wie auch hier durch den Verweis auf Neurath
herausgestrichen, eine historisch korrektere Bezeichnung „Duhem-
Neurath-Quine-These" wäre. [125]

Ähnliche, aber auch speziellere Schwierigkeiten treten auf bei
Punkt D, im Verhältnis von Beobachtungssatz und Konstatierung.
Kurz zu den analogen Problemen: Zunächst ist einmal zu bemerken, dass auch Wahrnehmungsaussagen ihrer Geltung nach hypothetischen Charakter haben; sie implizieren ein naturgesetzliches Element. [126] Und auch auf dieser Stufe gilt, dass aus Wahrnehmungssätzen („An der und der Raum/Zeit-Stelle ist ein rotes Buch zu sehen") nicht einfach das Auftreten von Sinnesdaten abzuleiten ist.
Auch hier sind Zusatzprämissen, vor allem solche über die Bedingun-

---

[122] Auch diesen Punkt hält Schlick selbst bereits früher fest, meint jedoch,
dass aufgrund des sehr unwahrscheinlichen Charakters einer solchen „zufälligen"
Bestätigung die Verifikation doch ihren Wert nicht verlieren würde; AE, S. 426.

[123] Ein Punkt, der besonders von Neurath in seiner Kritik an Poppers „*Absolutis-
mus der Falsifikation*" betont wird; vgl. „Pseudorationalismus der Falsifikation"
(Zitat S. 644).

[124] „Radikaler Physikalismus und ‚Wirkliche Welt'", S. 616

[125] Zumal Quine nicht nur in diesem Punkt an Neurath anknüpft. Vgl. dazu
Haller, *Neopositivismus*, S. 52, oder Rutte, „Moritz Schlick und Otto Neurath",
S. 360 f. Generell zu Quines Anknüpfung an Neurath vgl. die kurze Zusammen-
fassung am Ende der letztgenannten Arbeit bzw. ausführlich Koppelberg, *Die
Aufhebung der analytischen Philosophie*.

[126] Siehe dazu oben, S. 81 f.

gen der Wahrnehmungen, einzuschieben. Die grundsätzliche Schwierigkeit der Unterdeterminiertheit besteht auch auf dieser Stufe und nicht nur im Übergang von allgemeinen zu singulären Sätzen, wie oben ausgeführt. Ebenso ist eine Kohärenz zwischen Beobachtungssatz und konstatiertem Sinnesdatum jederzeit herstellbar, falls eben nur geeignete Zusatzhypothesen eingeschoben werden, etwa über abnormale Wahrnehmungsbedingungen. [127]

Für diesen Prüfprozess scheint die Ableitung von Konstatierungen aus Wahrnehmungssätzen erforderlich. Aber über die Natur dieses Ableitungsprozesses sagt Schlick in „Über das Fundament der Erkenntnis" nichts Näheres, sodass Carnaps unmittelbar nach Lektüre dieser Arbeit festgestelltes Problem verständlich ist:

Besonders ist mir unklar, wie die Ableitung solcher Sätze [der Konstatierungen], in denen „hier" und „jetzt" vorkommt, und zu denen wesentlich hinweisende Gebärden gehören, aus einer nachzuprüfenden Hypothese aussehen soll; diese Ableitung ist ja für die Nachprüfung sicherlich erforderlich. [128]

Es ist nicht sicher, ob Schlick in folgender Bemerkung eine Antwort auf diese Frage sah, jedenfalls heißt es bei ihm später:

They [die Konstatierungen] do not occur within science itself, and can neither be derived from scientific propositions, nor the latter from them; they are therefore ignored by those who are interested only in logical deductions, the internal rational concerns of science. [129]

---

[127] Zu diesem Absatz vgl. auch Rutte, „Moritz Schlick und Otto Neurath", S. 358 f.

[128] Rudolf Carnap an Moritz Schlick, 17. Mai 1934.

[129] „Introduction", S. 407; vgl. dazu auch Schlicks Gegenüberstellung von mathematischem und experimentierendem Forscher in „Facts and Propositions", S. 572. Wenn auch der unmittelbare Zusammenhang mit der eben zitierten Briefstelle Carnaps nicht sicher ist, zielt Schlick zweifellos mit derartigen Bemerkungen auf Carnap: „Ich glaube immer, dass der Hauptunterschied zwischen uns in Deinem mathematischen und meinem physikalischen Temperament begründet ist." (Moritz Schlick an Rudolf Carnap, 14. November 1935)
Auf eine ähnliche Weise „warnt" übrigens auch Neurath Carnap davor, die empiristische Grundeinstellung zugunsten formaler Analysen zu vernachlässigen: „Ein

Diese Stelle Schlicks kann nun nicht so zu verstehen sein, dass die Konstatierungen im Prüfverfahren keine Rolle spielen würden. Das würde ja die Entwertung dieser Konzeption bedeuten und die Aufgabe des (im klassischen Sinn verstandenen) Empirismus, der ja gerade verlangt, dass alle empirisch-kontingenten Hypothesen am „Gegebenen" der Erfahrung verifizierbar sein müssen. Wie aber sollen dann die Konstatierungen diese Funktion erfüllen, wenn sie nicht ableitbar sind? Die Antwort scheint mir klar zu sein: Nicht die Konstatierungen selbst sind ableitbar, sondern Sätze, die das Auftreten von Sinnesdaten besagen; eine Konstatierung ist die irrtumssichere Feststellung dieser Sinnesdaten.

Nichtsdestotrotz liegen in der Entfaltung von Carnaps Frage ernste Probleme (die ich oben mit dem Ausdruck „speziellere" Schwierigkeiten angekündigt habe). Die Analyse der Bestätigung eines Wahrnehmungssatzes durch eine Konstatierung enthüllt mehrere Probleme: Zum Ersten ist ein wesentlicher Bestandeil der Wahrnehmungsprognose die Bezugnahme auf einen Zeitpunkt, an dem das Sinnesdatum eintreten soll. Um also mit einer Konstatierung diese Prognose bestätigen zu können, muss ich wissen, dass der mit „jetzt" ausgedrückte Zeitpunkt der Konstatierung derjenige ist, von dem in der Prognose die Rede ist. Aber diese für den Prüfprozess notwendige Annahme geht natürlich über das unmittelbar Wahrgenommene hinaus und bedarf ihrerseits wieder der Rechtfertigung. Soll diese Annahme der Identität der Zeitpunkte, auf die einmal unmittelbar hinweisend, einmal mittels intersubjektiver wissenschaftlicher Maßstäbe referiert wird, gerechtfertigt werden, kommt zwangsläufig ein neuer Prüfprozess in Gang. Und bei diesem neuen Prüfprozess,

trefflicher logischer Ausschnitt ist Dir so wertvoll, dass Du hundert Sünden gegen den Empirismus zu verzeihen bereit bist." (Otto Neurath an Rudolf Carnap, 16. März 1935, ASP-RC 029-0970)

der ja wieder in Konstatierungen terminieren muss, stellt sich dann wieder dasselbe Problem usw. [130]

Ein weiteres Problem betrifft die Kausalbeziehung, die in jeder Wahrnehmung (gemeint ist hier wie vorhin immer äußere Wahrnehmung) enthalten ist. Die Wahrnehmungsprognose besagt beispielsweise, dass an einer bestimmten Raum/Zeit-Stelle ein Planet zu sehen ist. Und der Übergang zur Konstatierung geschieht mit dem zusätzlichen Schritt, dass angefügt wird (in der Regel natürlich stillschweigend):

Wenn du zu der und der Zeit durch ein so und so eingestelltes Fernrohr blickst, so siehst du ein Lichtpünktchen (Stern) in Koinzidenz mit einem schwarzen Strich (Fadenkreuz). [131]

Wie oben ausgeführt, ist das eine zu vereinfachende Darstellung, da genau genommen eine unbestimmte Anzahl von Zusatzprämissen (vor allem solche bezüglich der „Normalbedingungen" der Wahrnehmung) hineinspielen; jetzt geht es mir darum, dass hier jedenfalls ein Kausalverhältnis gemeint ist: Der Planet ist die Ursache des Sinnesdatums. Und die grundsätzliche Schwierigkeit besteht dann darin, das diese Relation der Verursachung ihrerseits natürlich kein möglicher Gegenstand eines Urteils von der Art der Konstatierungen ist. Und die weitere Prüfung, ob dieses Kausalverhältnis in einem konkreten Fall besteht, führt wiederum zu neuen Prüfprozessen und damit zu einem Regress.

Und letztendlich muss überhaupt, um eine Konstatierung als Prüfinstanz einer Wahrnehmungsprognose verwenden zu können, das richtige Verständnis der Prognose auch zum Zeitpunkt der Konstatierung vorausgesetzt werden. Der Möglichkeit nach kann ich zum Zeitpunkt der Konstatierung einer Erinnerungstäuschung unterliegen derart, dass ich glaube, die Prognose besagte das Auftreten eines

---

[130] Zu diesem Punkt vgl. wiederum Rutte, „Moritz Schlick und Otto Neurath", S. 358.

[131] „Über das Fundament der Erkenntnis", S. 506

bestimmten akustischen Erlebnisses (während tatsächlich ein Blau-Sinnesdatum prognostiziert war). Durch die Voraussetzung der richtigen Erinnerung fließen aber sofort hypothetische Annahmen bezüglich der Richtigkeit der Erinnerung bzw. einer intersubjektiv (oder jedenfalls nicht auf den Augenblick beschränkten) verständlichen Sprache ein. [132)]

Wenn wir die zuletzt diskutierten drei Punkte zusammenfassend darstellen, dann können wir sagen, dass – will man die Konstatierungen für Prüfzwecke in Anspruch nehmen – Hypothesen der Art

- „Jetzt ist der prognostizierte Zeitpunkt da"
- „Es besteht ein kausaler Zusammenhang zwischen dem in der Wahrnehmungsprognose ausgedrückten Sachverhalt und dem konstatierten Sinnesdatum"
- „Ich erinnere mich, dass das Auftreten von diesem bestimmten Sinnesdatum geprüft werden soll"

vorausgesetzt werden müssen; [133)] so unwahrscheinlich auch ein Irrtum in Bezug auf jede dieser Voraussetzungen ist, der Möglichkeit nach kann in jedem Fall ein Irrtum bestehen, keinesfalls sind diese Voraussetzungen selbst Gegenstand von irrtumssicheren Konstatierungen. Und werden diese hypothetischen Voraussetzungen ihrerseits Gegenstand eines Prüfprozesses der dargestellten Art (also durch Prognose und Kontrolle durch andere Konstatierungen), so erhebt sich natürlich sofort das Regressproblem.

[132)] Wiederum ist es Neurath, der diesen Punkt festhält: „Wenn jemand eine Voraussage macht, die er selbst kontrollieren will, muß er mit Änderungen seines Sinnesystems rechnen, muß er Uhren und Maßstäbe anwenden, kurzum, auch der isoliert gedachte Mensch bedient sich bereits der ‚intersensualen' und ‚intersubjektiven' Sprache. Der Voraussagende von gestern und der Kontrollierende von heute sind gewissermaßen zwei Personen." („Physikalismus", S. 420; vgl. auch derselbe, „Protokollsätze", S. 582 f.)

[133)] Ich habe diese drei Punkte auch deshalb als „speziellere" Schwierigkeiten bezeichnet, weil im Gegensatz zum allgemeinen Zusatzhypothesen-Problem hier sozusagen invariante Bedingungen formuliert werden können.

Alle hier vorgebrachten (allgemeinen und speziellen) Einwände richten sich nicht gegen die Irrtumssicherheit der Konstatierungen als solche, sondern gegen die These, dass die Konstatierungen ein eindeutiges Wahrheitskriterium für empirische Hypothesen bieten, also dass allein mittels irrtumssicherer Feststellung von gegenwärtig vorliegenden Erlebnissen eine Verifikation solcher Hypothesen möglich ist. Und tatsächlich finden sich bei Schlick einige Stellen, an denen er dies zu behaupten scheint. So heißt es z. B.:

Sind unsere Voraussagen auch wirklich eingetroffen? In jedem einzelnen Falle der Verifikation oder Falsifikation antwortet eine ‚Konstatierung' eindeutig mit ja oder nein, mit Erfüllungsfreude oder Enttäuschung. Die Konstatierungen sind endgültig. [134)]

Eine eindeutige oder endgültige Verifikation oder Falsifikation von empirisch-kontingenten Hypothesen mittels der Konstatierungen ist, wie die hier vorgebrachten Argumente zeigen sollen, nicht möglich. Abgesehen von den notwendigen Voraussetzungen, um überhaupt eine Konstatierung zu Prüfzwecken verwenden zu können (die spezielleren Einwände) sind immer Zusatzhypothesen erforderlich. Mittels dieser Zusatzhypothesen kann prinzipiell immer Kohärenz zwischen den (ursprünglich zu prüfenden) Hypothesen und Konstatierungen hergestellt werden: „Märchenhafte" Hypothesen können durch mehr oder weniger phantastische Ausgestaltung der notwendigen Zusatzprämissen mit „normalen" Wahrnehmungsaussagen in kohärenten Zusammenhang gebracht werden; in gleicher Weise können derartige phantastische Zusatzprämissen an anderer Stelle eingeschoben werden, nämlich beim Übergang von Wahrnehmungsaussagen zu den Konstatierungen. Eine irrtumssichere Feststellung des Vorliegens von Erlebnissen alleine bietet keine Rechtfertigung für die Wahl zwi-

---

[134)] „Über das Fundament der Erkenntnis", S. 508

schen konkurrierenden Hypothesen, im Extremfall den Aussagen eines Physik-Buches und den eines Märchen-Buches. [135]

Wenn auch manche Formulierungen Schlicks (wie die gerade eben zitierte) der hier kritisierten Auffassung – Rechtfertigung nur durch Konstatierungen und sonst nichts – gefährlich nahekommen, so glaube ich nicht, dass man Schlick als Vertreter einer derartigen These sehen kann. Schon seine unmissverständlichen Äußerungen über die bloße Augenblicksgeltung der Konstatierungen legen dies nahe, so, wenn Schlick von den Konstatierungen als den festen Punkten spricht, die es zu erreichen gilt, aber auf denen man kein Gebäude errichten kann; wir können „nicht auf ihnen stehen" [136]. Wenn wir über den Tellerrand hinausblicken – d. h. nicht nur Schlicks Arbeiten zu den Konstatierungen im engeren Sinn betrachten –, wird klar, dass Schlicks Erkenntnistheorie keinen rein fundamentalistischen Standpunkt darstellt. [137] Bereits oben, S. 228, wurde erwähnt, dass Schlick schon in der AE in aller Deutlichkeit erkannt hat, dass der von den zu prüfenden Hypothesen ausgehende Ableitungsprozess nur mittels Zusatzprämissen möglich ist. Auch die an diesen Punkt anknüpfenden, einen fundamentalistischen Standpunkt (m. E. unumgänglich) ergänzenden kohärenztheoretischen Überlegungen hat Schlick bereits früh klar herausgearbeitet. Besonders explizit ist Schlick dabei in seiner Interpretation der Relativitätstheorie: Keine denkbaren Wahrnehmungen zwingen uns, die euklidische Geometrie zugunsten einer

---

[135] Um Schlicks eigenes Beispiel heranzuziehen, das er im Zusammenhang seiner Ablehnung der Kohärenztheorie der Wahrheit bringt; vgl. „Über das Fundament der Erkenntnis", S. 498.

[136] „Über das Fundament der Erkenntnis", S. 509

[137] Unter Fundamentalismus verstehe ich die Auffassung, dass a) unser Erkenntnissystem aus zwei Arten von Urteilen besteht, nämlich solchen, die ihre Rechtfertigung durch andere Urteile erhalten, und solchen, die (wie eben die Konstatierungen) in irgendeinem Sinn ihre Evidenz in sich selbst tragen; sowie dass b) alle nicht-selbstevidenten Urteile ihre Rechtfertigung einzig durch selbstevidente erhalten.

alternativen Geometrie aufzugeben, aber die Gesetze werden dann eben sehr kompliziert,

[...] es lässt sich immer nur zeigen, daß bei diesen Alternativen die eine Anschauung einfacher ist als die andere, zu einem geschlosseneren, befriedigenderen Weltbild führt. [138]

Die größere Befriedigung und Geschlossenheit eines solchen wissenschaftlichen Weltbildes liegt in einer Minimierung der erklärenden Prinzipien bzw. Begriffe bei gleichzeitiger Maximierung der Zahl der erklärten Phänomene. Beide Punkte lassen sich wiederum sehr gut an der Relativitätstheorie verdeutlichen: Es werden nicht nur vorher unverbundene Grundbegriffe in Beziehung gesetzt und die Zahl der erklärenden Prinzipien minimiert [139] – d. h. das physikalische Weltbild wird „geschlossener" –, aufgrund dieser Theorie war es auch möglich, erfolgreich bestimmte wahrnehmbare Ereignisse zu prognostizieren, die auf der Basis der älteren physikalischen Theorien nicht prognostizierbar waren [140]. Diese Einbeziehung von vorher unverbundenen (d. h. unerklärten bzw. nur durch Ad-hoc-Hypothesen zu erklärenden) Wahrnehmungen ist eine Vermehrung der Menge der erklärten Phänomene. Treten solche erfolgreichen Prognosen auf, „sind

---

[138] *Raum und Zeit in der gegenwärtigen Physik*, S. 282; diesen Punkt hält Schlick an vielen Stellen fest, kurz und bündig etwa auch in „Sind die Naturgesetze Konventionen?", S. 761. Diese Auffassung stimmt übrigens ganz mit Einsteins Position zusammen: „Sehr gut hat mir gefallen, dass Sie nicht a posteriori die allgemeine Relativitätstheorie als erkenntnistheoretisch notwendig[,] sondern nur als in höherem Masse *befriedigend* hingestellt haben." (Albert Einstein an Moritz Schlick, 6. Februar 1917)

[139] Vgl. dazu vor allem *Raum und Zeit in der gegenwärtigen Physik*, Kap. VIII.

[140] Besonders spektakulär anhand einer Sonnenfinsternis 1919: Dabei gelang es einer von Eddington geleiteten Expedition, die von der allgemeinen Relativitätstheorie vorhergesagte Lichtablenkung zu beobachten; dazu und zu weiteren empirischen Erfolgen der allgemeinen Relativitätstheorie siehe auch die Einleitung der Herausgeber in MSGA I/2, S. 46.

wir zur Verwendung nicht-Euklidischer Maßbestimmungen berechtigt und genötigt"[141].

Diese Idee der vollständigen und einfachsten Beschreibung, wie Schlick in Anlehnung an Kirchhoffs Diktum sagt, sieht er in den Naturwissenschaften „gegenwärtig fast allgemein zur Herrschaft gelangt"[142]. Eine solche zunehmende Kohärenz unserer Erkenntnis soll – so kann man Schlicks Ausführungen wohl interpretieren – die Selektion von Hypothesen leiten. Und in Bezug auf wissenschaftlichen Fortschritt ist Schlick Optimist, insbesondere im Feld der Physik, aus dem er vorrangig seine Beispiele bezieht, sieht Schlick diese zunehmende Kohärenz oder Vereinheitlichung verwirklicht.[143] Diese bereits in der AE[144] (und speziell anhand der Interpretation der Relativitätstheorie) entwickelten Ideen zeigen klar, dass Schlick keinen (ihm oft unterstellten) naiven Standpunkt vertrat, wonach die Konstatierungen als alleiniges Selektionskriterium bei der Wahl zwischen verschiedenen Hypothesensystemen anzusehen wären.[145]

Die Unverzichtbarkeit der Konstatierungen

Auf diese Weise ist der fundamentalistische Teil von Schlicks Erkenntnistheorie durch (wie gesagt eben schon von ihm selbst entwickelte) kohärenztheoretische Überlegungen zu ergänzen. Endgültige Verifikation von Hypothesen ist freilich auch im Zusammen-

---

[141] *Raum und Zeit in der gegenwärtigen Physik*, S. 276; „Nötigung" ist hier (wegen des Zusatzhypothesen-Problems) allerdings nicht im Sinne eines logisch unausweichlichen Zwangs zu verstehen.

[142] AE, S. 309; allerdings akzeptiert Schlick Kirchhoffs Verständnis dieses Prinzips nicht; auch von einem im Mach'schen Sinn verstandenen Ökonomieprinzip grenzt er sich ab; ebd., S. 317 ff.

[143] Vgl. etwa „Philosophie und Naturwissenschaft" oder den nachgelassenen Text „Philosophy as Pursuit of Meaning" (Inv.-Nr. 16, A. 58a).

[144] Vgl. dazu Kapitel I, insbesondere S. 30 f. und 38.

[145] Schlicks optimistischer Glaube an einen geradlinigen Fortschritt unserer wissenschaftlichen Erkenntnis wird allerdings bekanntermaßen von der nachpositivistischen Wissenschaftstheorie nicht oder kaum mehr geteilt.

spiel der beiden Aspekte nicht möglich. Umgekehrt ist eine reine Kohärenztheorie durch ein Element in der Art der Konstatierungen zu ergänzen. Nachdem wir die Leistungsfähigkeit der Konstatierungen im Erkenntnissystem bisher kritisch beleuchtet haben, ist es nun an der Zeit, ihre Unverzichtbarkeit herauszustellen.

Betrachten wir noch einmal, wogegen Schlick in „Über das Fundament der Erkenntnis" argumentiert; diese Kritik ist ja der Ausgangspunkt für die Entwicklung des Konzepts der Konstatierungen. Schlick bringt dort gegen Neuraths kohärenztheoretischen Standpunkt den bekannten Märcheneinwand vor: Jedes beliebige Satzsystem, sofern es nur logisch kohärent ist, hat nach diesem Ansatz den gleichen Anspruch auf Wahrheit; und schon daraus allein ergibt sich nach Schlick die Absurdität der Kohärenzlehre. [146] Zur Kohärenz, der logischen Verträglichkeit unserer Urteile untereinander, muss noch „etwas anderes hinzukommen, nämlich ein Prinzip, nach welchem die Verträglichkeit herzustellen ist, und dieses wäre dann erst das eigentliche Kriterium." [147] Und dieses Kriterium besteht darin, dass empirische Hypothesen

mit *ganz bestimmten* Aussagen nicht im Widerspruch stehen dürfen, nämlich eben jenen, welche „Tatsachen der unmittelbaren Beobachtung" aussprechen. Nicht Verträglichkeit mit *irgend*welchen beliebigen Sätzen kann das Kriterium der Wahrheit sein, sondern Zusammenstimmen mit gewissen ausgezeichneten, in keiner Weise frei wählbaren Aussagen wird gefordert. [148]

Kohärenz im Sinne von Widerspruchsfreiheit geht nicht über die Sphäre der Urteile (bzw. Sätze) hinaus, jedes Phantasieprodukt kann kohärent ausgestaltet werden. Treten in einem Hypothesensystem Widersprüche auf, so können diese prinzipiell gesehen durch die Streichung oder Änderung beliebiger Teile behoben werden. Das Ko-

---

[146] „Über das Fundament der Erkenntnis", S. 498 f.; Schlick scheint den Ausdruck Kohärenzlehre (bzw. Kohärenztheorie) sowohl auf Wahrheit als auch auf Rechtfertigung zu beziehen.

[147] Ebd., S. 498

[148] „Über das Fundament der Erkenntnis", S. 497

härenzprinzip allein sagt nichts darüber aus, auf welche Weise die Kohärenz herzustellen ist. Diese Beliebigkeit wird durch die Konstatierungen begrenzt: Konstatierungen sind irrtumssicher. Von daher ist auch der Neurath'sche Standpunkt abzulehnen, dass wir unter mehreren in sich konsistenten Hypothesensystemen „bestimmte auf Grund *außerlogischer* Momente aus[wählen]"[149]; wir können nicht willkürlich Konstatierungen streichen, ein Zweifel an der Gültigkeit von Konstatierungen ist unmöglich. Soll ein Hypothesensystem Erkenntnisse über die Wirklichkeit vermitteln, so muss es irgendwie mit dieser in Verbindung stehen; ohne eine solche Verbindung ist es unverständlich, wie dieses System empirische Erkenntnis liefern könnte. Damit kommen wir zu der unverzichtbaren Rolle, die die Konstatierungen spielen: Ohne die Konstatierungen würde ein Aussagensystem völlig in der Luft hängen, jede Berührung mit der Realität ginge verloren.

Die Konstatierungen sind in einem doppelten Sinn die epistemische Basis unserer Erkenntnis: Erstens stellt das unmittelbare Bemerken unserer Sinnesdaten den Ausgangspunkt für unser Erkenntnisbemühen dar. Das Auftreten unserer Sinnesdaten ist die Basis, auf der wir hypothetische Schlussfolgerungen über die Beschaffenheit und Gesetzmäßigkeiten der Außenwelt ziehen (bzw. versuchen, derartige Gesetzmäßigkeiten zu erraten). Hier wird das Explanandum bereitgestellt; die Ordnung des Auftretens unserer Sinnesdaten soll erklärt und zukünftige Sinnesdaten prognostiziert werden. Erklärung und Prognose (logisch bekanntlich von gleicher Struktur)[150] stellen das Ziel der Erkenntnis dar.[151]

---

[149] „Radikaler Physikalismus und ‚Wirkliche Welt'", S. 617

[150] Vgl. etwa Carnap, *Einführung in die Philosophie der Naturwissenschaft*, S. 25.

[151] Ich werde hier nicht diskutieren, ob damit das Erkenntnisziel ausreichend charakterisiert ist, oder ob – in Einsteins Worten – Naturwissenschaft der „Versuch der begrifflichen Konstruktion eines Modells der realen Welt" ist (Albert Einstein an Moritz Schlick, 28. November 1930). Schlick selbst sieht (wie im Verlauf dieser Arbeit schon mehrfach angesprochen) in seiner neopositivistischen Phase den Gegensatz Positivismus/Realismus als bloßes Scheinproblem.

Zweitens wird der Erfolg dieses Bemühens anhand der Konstatierungen geprüft. Durch die Theorie der Konstatierungen wird verständlich, warum in allen empirischen Prüfprozessen der äußeren Wahrnehmung eine bevorzugte Rolle zukommt. Diese bevorzugte Rolle besteht eben wegen des Realitätsbezugs – der unmittelbaren Berührung mit der Realität – den die in jeder Wahrnehmung enthaltene Konstatierung gewährleistet. Ein Urteil der äußeren Wahrnehmung ist eine kausale Hypothese, die eine Verursacherbeziehung zwischen einem äußeren Objekt und einem konstatierten Sinnesdatum behauptet.[152]

Hier ist nun auch endlich der Punkt, an dem der Begriff der Kohärenz zumindest kurz näher erläutert werden muss, dies um so mehr, als (nicht nur) Schlick sich mit diesem Terminus sowohl auf Wahrheitsbegriff als auch auf Wahrheitskriterium bezieht; wir beschränken uns hier auf Letzteres. Die einzige bislang klar ausgesprochene Charakterisierung dieses Begriffs war die der Widerspruchsfreiheit. Klarerweise ist das eine notwendige Minimalbedingung, aber wenn wir von Rechtfertigung durch Kohärenz sprechen, ist mehr gemeint als bloße Widerspruchsfreiheit. Und auch im bisher Gesagten war gelegentlich mehr gemeint, so etwa wenn – im Anschluss an Schlick – von zunehmender Geschlossenheit des wissenschaftlichen Weltbildes die Rede war, was ich im Sinn von wachsender Kohärenz verstehe (Widerspruchsfreiheit ist offensichlich keiner graduellen Abstufung fähig). Eine solche Verwendung des Kohärenzbegriffs setzt voraus, dass unsere Urteile in engerer Beziehung als der der Widerspruchslosigkeit stehen. Die oben ebenfalls im Anschluss an Schlick gebrachten Ausführungen über Minimalisierung der erklärenden Begriffe und Gesetzmäßigkeiten weisen den Weg zu einer näheren Bestimmung: Die Idee einer Rechtfertigung unserer Urteile durch Ko-

---

[152] Auf ähnliche Weise wie die äußere Wahrnehmung ist auch die Erinnerung ausgezeichnet: Auch in der Erinnerung ist eine Konstatierung als Kern enthalten; dazu kommt dann die Hypothese, dass eine Relation zu vergangenen Erlebnissen besteht (hier drücke ich mich absichtlich ziemlich vage aus, eine genauere Analyse wäre ziemlich kompliziert).

härenz beinhaltet jedenfalls die Komponente der Erklärung. So verstanden ist das Kohärenzprinzip mit den Konstatierungen ohne weiteres verträglich. Wissenschaftliche Hypothesen sollen ja die Ordnung unserer Sinnesdaten erklären, Erkenntnisfortschritt besteht in einer zunehmenden Kohärenz von Konstatierungen mit Wahrnehmungs- und Erinnerungsurteilen sowie einer zunehmenden Kohärenz zwischen Wahrnehmungs-, Erinnerungsurteilen und den abstrakteren wissenschaftlichen Hypothesen. Eine Anbindung an die Realität wird nicht dadurch erreicht, dass einem beliebigen Hypothesensystem einfach Konstatierungen hinzugefügt werden, die mit diesem System bloß in logischer Widerspruchsfreiheit stehen. Entscheidend ist, dass die Konstatierungen mit anderen Elementen dieses Systems in einer inhaltlichen Übereinstimmung stehen: Konstatierungen werden durch Hypothesen prognostiziert bzw. erklärt, umgekehrt tragen Konstatierungen wesentlich zur Bestätigung dieser Hypothesen bei.

Freilich ist der Begriff der Kohärenz damit bei weitem nicht erschöpfend geklärt;[153] hier sollte nur gezeigt werden, dass die Bestätigung durch Konstatierungen mit einem (hier nur sehr vage umrissenen) Kohärenzprinzip gut verträglich ist. Eine in diesem Sinn verstandene Rechtfertigung durch Kohärenz scheint mir überhaupt neutral im Streit Fundamentalismus versus Kohärenztheorie, da auch der Fundamentalismus Derartiges zur Rechtfertigung der nicht-basalen Bestandteile des Erkenntnissystems benötigt.[154]

Neben der Rolle der epistemischen Basis nehmen die Konstatierungen auch die der semantischen Basis ein. Als epistemische Basis stellen die Konstatierungen den Realitätsbezug eines Hypothesensystems her, ohne Konstatierungen hängt ein solches System wie ausgeführt völlig in der Luft und ist von einem Phantasiegebilde

[153] Weiterführend z. B. BonJour, *The Structure of Empirical Knowledge*, S. 93 ff.

[154] Sofern es sich nicht um die radikalste Form des Fundamentalismus handelt, in der alle nicht-basalen Urteile in einem strengen Sinn auf basale zurückgeführt werden; anhand des Phänomenalismus wurde ein solches Übersetzbarkeitsprogramm oben, Kapitel II, Abschnitt 3, kritisiert.

nicht zu unterscheiden. Die Konstatierungen leisten aber nicht nur einen unverzichtbaren Beitrag zur Rechtfertigung unserer Hypothesen, durch sie gewinnen die hypothetischen Urteile erst überhaupt ihren Sinn. Alle inhaltlichen Begriffe stammen nur aus den Erlebnissen, durch die Konstatierungen (oder im Vollzug der Konstatierungen) erwerben wir unmittelbares Begriffsverständnis. Diese Erlebnisbegriffe bestimmen den Inhalt all unserer Wirklichkeitserkenntnis, die Konstatierungen liefern die semantische Basis aller unserer Hypothesen über die Welt. In anderen Worten: Inhaltliche Begriffe (im Gegensatz zu formalen) sind nur durch das unmittelbare Bemerken unserer Erlebnisse einführbar.[155] Ohne diesen Beitrag blieben die Hypothesen bloße Leerformeln, man könnte gar nicht sagen, wovon sie eigentlich handeln. Der Bezug auf die Außenwelt ist nicht unmittelbar, sondern immer durch die in Wahrnehmungsurteilen enthaltenen Konstatierungen vermittelt. Hat ein Hypothesensystem keinerlei prognostischen Wert, sind (mit Hilfe von Zusatzprämissen) überhaupt keine Erlebnisprognosen ableitbar, so fehlt jeder Grund, an die Wahrheit dieses Systems zu glauben – das war die epistemische Funktion der Konstatierungen. In ihrer semantischen Funktion wird dieser Punkt verschärft: Der Glaube an ein reines Phantasieprodukt ohne jede Beziehung zu Erlebnisbegriffen wäre nicht nur völlig unbegründet, ein solches Gebilde wäre auch völlig unverständlich (nur die logischen Beziehungen zwischen den Hypothesen wären verständlich, aber sonst nichts). Auch der Inhalt reiner Märchen (oder möglicher Welten) hängt von Konstatierungen ab.[156]

In dieser semantischen Funktion beschränken die Konstatierungen auch die Wahl der für die Ableitung aus Hypothesen notwendigen Zusatzhypothesen. Auch Letztere müssen natürlich nicht nur

[155] Vgl. dazu auch oben, S. 93 f.

[156] Im älteren Empirismus (und nicht nur dort) wird dies meist so ausgedrückt, dass auch die lebendigste Phantasie nicht mehr leisten kann, als bekannte Elemente neu zusammenzustellen.

selbst prinzipiell prüfbar sein, auch sie können ihren Sinn letztlich nur durch Erlebnisbegriffe haben.

Damit ist die positive Rolle der Konstatierungen umrissen;[157] es geht nicht ohne Konstatierungen. Ein Verzicht auf dergleichen würde die Aufgabe des empiristischen Standpunktes bedeuten, in diesem Sinne sind die Konstatierungen (oder angesichts der in Abschnitt 3 geübten Kritik: Urteile von der Art der Konstatierungen) unverzichtbarer Kernbestand des Empirismus. Diese Rolle kommt – neben der defensiven Haltung Schlicks – sehr gut zum Ausdruck in einer Bemerkung, in der Schlick rückblickend über die Entstehung von „Über das Fundament der Erkenntnis" spricht:

Man muss bedenken, dass ich das MS [Manuskript] auf einem Balkon in Amalfi schrieb, wie es mir gerade in den Sinn kam, dass ich auf strenge Formulierungen kein Gewicht legte, und dass mein persönliches Motiv die Reaktion gegen einen höchst versteckten Rationalismus war, von dem, wie ich auch heut noch glaube, die Protokollsatz-Diskussion angekränkelt ist.[158]

Generell zur Protokollsatzdebatte ist noch zu sagen, dass gewisse Unklarheiten in dieser Auseinandersetzung auf einer nicht genügend beachteten Trennung von Wahrheitsbegriff und Wahrheitskriterium

---

[157] In einer dritten (neben epistemischer und semantischer) Funktion könnte man die Konstatierungen auch dazu verwenden, um zwischen Psychischem (unmittelbar Zugänglichem) und Physischem (nur mittelbar Zugänglichem) zu unterscheiden. Dieser Gedanke ist auch Schlick nicht fremd: In der AE ist ja alles Psychische eo ipso – und man muss hinzufügen unmittelbar – bemerkt. Und auch in den Gedankengang seiner späteren Arbeit „Über die Beziehung zwischen den psychologischen und den physikalischen Begriffen" scheint mir diese Idee zumindest integrierbar (auf diese Arbeit gehen wir im folgenden Kapitel näher ein). Der Schlick-Schüler Juhos jedenfalls bestimmt das Psychische genau auf diese Art, er definiert: „Ausdrücke, die auch in Konstatierungen vorkommen können, bezeichnen etwas ‚Psychisches'." (*Die Erkenntnis und ihre Leistung*, S. 219; im Original hervorgehoben)

[158] Moritz Schlick an Rudolf Carnap, 16. April 1935, ASP-RC 102-70-14

beruhen. So auch bei Schlick, der in „Über das Fundament der Erkenntnis" von einer Kritik des kohärenztheoretischen Wahrheitsbegriffs ausgehend die korrespondenztheoretische Auffassung verteidigt. Aber von Wahrheit als Korrespondenz zu sprechen wäre – so lässt sich Schlicks Intention wohl rekonstruieren – sinnlos, wenn sich kein Punkt angeben lässt, wo der Vergleich mit der Wirklichkeit stattfindet. Wie sollen wir überhaupt das Wahrheitsziel (als Übereinstimmung mit den Tatsachen) verfolgen, wenn wir prinzipiell niemals feststellen können, ob wir dieses Ziel erreicht haben? Insofern ist diese Argumentation ein Anwendungsfall der verifikationistischen Grundthese, wonach Bedeutung (in diesem Fall eben des Wahrheitsbegriffs) nicht unabhängig von der Feststellbarkeit besteht. Daher die Theorie der Konstatierungen als der Ort, an dem dieser Vergleich durchgeführt wird.

Ein wesentlicher Beitrag zur Klärung stammt bekanntlich von Tarski; in dessen semantischer Explikation des Wahrheitsbegriffs spielen Begriffe wie Feststellbarkeit, Bewährung, Verifikation oder Gewissheit überhaupt keine Rolle.[159] Auf Grundlage eines derartigen Wahrheitsbegriffs ist ein durchgängiger Fallibilismus mit einer Korrespondenztheorie der Wahrheit ohne Probleme vereinbar und es besteht von daher keine Notwendigkeit, einen Punkt angeben zu können, an dem die Korrespondenz irrtumssicher festgestellt wird.

Aber auch wenn man dies akzeptiert, bleibt doch die Voraussetzung, dass unsere Sätze einen Sinn haben müssen, um überhaupt wahrheitswertfähig zu sein (in Schlicks Terminologie: dass aus einer bloßen Reihe von Zeichen eine Aussage wird). Und der Sinn empirischer Sätze hängt von den Konstatierungen ab, da – wie nun schon mehrfach ausgeführt – solche Sätze nur durch die Erlebnisse bzw. deren Bemerken einen Inhalt haben können.

[159] Zur Aufnahme von Tarskis Wahrheitsdefinition im Wiener Kreis siehe oben, S. 174.

VI. Privatheit und Intersubjektivität

> Die Vorstellung von Welten, die sich von der wirklichen in
> der beschriebenen Weise unterscheiden, stellt vielleicht nicht
> geringe Anforderungen an unsere Phantasie [...] Aber ist
> Phantasie nur ein Vorrecht der Dichter? Dürfen wir sie
> nicht auch beim Philosophen voraussetzen?[1]

Eine Konstatierung enthält wesentlich die hinweisende Referenz auf
ein Sinnesdatum. Um zu wissen, was in einer solchen Weise der Bezugnahme gemeint ist, muss die Konstatierung direkt mit der Erlebniswirklichkeit verglichen werden. „Dies" und andere deiktische
Ausdrücke haben den Sinn einer hinweisenden Geste bzw. haben nur
Sinn in Verbindung mit einer solchen Geste – wobei die Rede von
einer hinweisenden Geste natürlich nicht wörtlich zu nehmen ist. Die
Konstatierung kann ohne einen solchen hinweisenden Akt gar nicht
verstanden werden; in diesem Sinn fallen Vorgang des Verstehens
und Vorgang der Verifikation zusammen, sind *„ein und derselbe Prozeß"*[2]. Die Erlebniswirklichkeit, das sind Sinnesdaten (Empfindungen, Erlebnisse), also – wie vorderhand anzunehmen ist – private
Entitäten, die nur demjenigen Subjekt direkt zugänglich sind, das
diese Sinnesdaten hat.

Daraus scheint sich die missliche Konsequenz zu ergeben, dass
eine Konstatierung nur für das jeweilige Subjekt (und auch das nur
im Moment des Fällens des Urteils) verständlich ist. Konstatierungen sind dann grundsätzlich nicht mitteilbar, nicht für andere (und

---

[1] „Über die Beziehung zwischen den psychologischen und den physikalischen Begriffen", S. 286

[2] „Über das Fundament der Erkenntnis", S. 511

für das jeweilige Subjekt auch nur momentan)[3] verständlich. In diesem Sinn sind Konstatierungen auch keine Sätze (wenn vorausgesetzt wird, dass Sprache intersubjektiv verständlich ist). An einer Stelle zieht Schlick tatsächlich diese Konsequenz:

Eine echte Konstatierung kann nicht aufgeschrieben werden, denn sowie ich die hinweisenden Worte „hier", „jetzt" aufzeichne, verlieren sie ihren Sinn. Sie lassen sich auch nicht durch eine Orts- und Zeitangabe ersetzen, denn sowie man dies versucht, setzt man, wie wir schon sahen, an die Stelle des Beobachtungssatzes unweigerlich einen Protokollsatz, der als solcher eine ganz andere Natur hat.[4]

Die Unsagbarkeit der Erlebnisse tritt uns hier in noch radikalerer Form als in F&C entgegen (dort wurde gegenüber dem unsagbaren Inhalt – der Erlebnisqualität – eine mitteilbare Form desselben behauptet). Wieder ergibt sich die unbefriedigende Situation, dass damit eine Unsagbarkeit vertreten wird und gleichzeitig eine ganze Menge über dieses Unsagbare ausgeführt wird. Wie schon bei F&C erregte diese Rede vom Unsagbaren allein aus diesem trivialen Grund die Kritik des linken Flügels des Zirkels,[5] und Schlick selbst nahm diese These auch alsbald explizit zurück, indem er die eben zitierte Passage bezeichnet als

nur eine etwas paradoxe Formulierung der Wahrheit, daß das wirklich Hingeschriebene immer nur der Satz, die Symbolreihe ist, nicht die „Aussage" selber (gemäß unserer Konvention). Die Regeln, durch deren Anwendung die Symbole zu Aussagen werden, sind nicht mit aufgeschrieben und können nicht vollständig aufgeschrieben werden, weil sie schließlich zu *hinweisenden* Definitionen führen, die durch keine Aufzeichnung ersetzt werden können. Dies gilt nun zwar von *allen* Sätzen und Aussagen überhaupt, aber bei den Konstatierungen erhält dieser

---

[3] Das Problem der inner-subjektiven Verständlichkeit im Zeitablauf, das mit dem Problem der intersubjektiven Verständlichkeit parallel läuft, werde ich in der Folge nicht mehr extra anführen.

[4] „Über das Fundament der Erkenntnis", S. 513

[5] Siehe Neurath, „Radikaler Physikalismus und ‚Wirkliche Welt'", S. 622 f., sowie Carnap, *Logische Syntax der Sprache*, § 81; vgl. dazu oben, S. 163 ff.

Umstand seine besondere Bedeutung dadurch, daß ihre Grammatik einen Akt des Hinweisens gleichsam direkt, ohne vermittelnde Definitionsreihe erfordert.[6]

Allerdings wird man sich mit dieser recht allgemein gehaltenen Zurücknahme oder Abschwächung der These der Unsagbarkeit der Konstatierungen schwerlich zufrieden geben können. Es soll ja aufgrund des Verifikationismus gelten, dass der Gehalt aller Wirklichkeitsaussagen in möglichen Konstatierungen erschöpft ist,[7] sodass erst die Konstatierungen die eigentliche bedeutungsstiftende Instanz darstellen. In diesem Sinn ist es irreführend, gewöhnliche empirische Aussagen und Konstatierungen nebeneinanderzustellen. Und da für die Konstatierungen die hinweisende Referenz auf Sinnesdaten, die nur dem jeweiligen Subjekt im Augenblick zugänglich sind, wesentlich ist, stellt sich damit die Frage nach intersubjektiver Verständlichkeit *aller* wirklichkeitsbezogenen Aussagen in ihrer ganzen Dringlichkeit. Sind diese Sinnesdaten nur dem jeweiligen Subjekt im Moment zugänglich, dann scheint sich zu ergeben, dass überhaupt keine Verständigung über die Wirklichkeit mehr möglich ist; auch das jeweilige Subjekt kann die Bedeutung von Aussagen über die Wirklichkeit nur in dem Moment verstehen, in dem es die entsprechenden Konstatierungen macht.[8]

Die Verbindung von Verifikationsprinzip und eigenpsychischer Basis scheint also zu einer Art von Solipsismus und damit zu einer reductio ad absurdum von Kernthesen des logischen Empirismus zu führen. So jedenfalls in der Kritik einiger Zeitgenossen: „Linguistic solipsism" nennt etwa J. R. Weinberg dieses Ergebnis, „a complete solipsism in the significance of language"[9]. Da (nach Voraussetzung des Veri-

---

[6] „Über Konstatierungen", S. 236

[7] Allerdings in keiner finiten Anzahl von solchen; vgl. dazu oben, Kapitel II, Abschnitt 2.

[8] Vgl. dazu auch Rutte, „Mentalistische und physikalistische Tendenzen im Wiener Kreis", S. 209 f.

[9] *An Examination of Logical Positivism,* S. 203

fikationsprinzips) jeder sprachliche Ausdruck auf eine überprüfbare Basis zurückgeführt werden muss und (nach Voraussetzung der eigenpsychischen Basis) es sich bei dieser Basis um Erlebnisse eines Subjekts handelt, kann Sprache nur von meinen Erlebnissen handeln. Alles, was jenseits meiner momentanen Erlebnisse liegt, ist nicht sinnvoll ausdrückbar, Sprache kann nicht länger als Vehikel der Mitteilung zwischen verschiedenen Subjekten betrachtet werden, ja der Begriff der Kommunikation verliert seinen Sinn.[10] Ganz ähnlich die Kritik von Susan Stebbing:

If nothing is *given* except direct experience, and if direct experience is *my own experience now*, then we are indeed forced to solipsism-of-the-present-moment [...][11]

Und schließlich ist hier C. I. Lewis zu erwähnen, auf dessen Ausführungen Schlick in „Meaning and Verification" (wie bereits erwähnt)[12] detailliert eingeht. Auch Lewis sieht das Verifikationsprinzip zusammen mit einer eigenpsychischen Basis[13] in absurden Konsequenzen münden:

Suppose it maintained that no issue is meaningful unless it can be put to the test of decisive verification. And no verification can take place except in the

---

[10] Ebd.; Letzteres in expliziter Kritik an „Erleben, Erkennen, Metaphysik". Es gibt keine Hinweise darauf, dass Schlick von dieser in seinem Todesjahr publizierten Studie noch Kenntnis erlangt hätte.

[11] Stebbing, „Logical Positivism and Analysis", S. 76. Schlick lernte Stebbing, die sowohl in inhaltlicher als auch in organisatorischer Hinsicht den Dialog zwischen dem Wiener Kreis und der „Cambridge School of Analysis" förderte, anlässlich der „Form and Content"-Vorlesungen im November 1932 in London kennen. Stebbings Aufsatz, in dem diese auch kurz auf die unpublizierten Vorlesungen eingeht, sieht Schlick als voll von Missverständnissen; Moritz Schlick an David Rynin, 4. November 1933. Für Weiterführendes zu Stebbing siehe Beaney, „Susan Stebbing on Cambridge and Vienna Analysis".

[12] Siehe oben, S. 103 f.

[13] Lewis nennt die (nach ihm notwendige) Ich-haftigkeit der verifizierenden Basis „egocentric predicament" und erläuert dies so: „Actually given experience is given in the first person"; „Experience and Meaning", S. 128.

immediately present experience of the subject. Then nothing can be meant except what is actually present in the experience in which that meaning is entertained. [...] This is a reduction to absurdity of both knowledge and meaning.[14]

Wir sind hier wieder beim Problem der Mitteilbarkeit; anhand dieser Problemstellung entwickelte Carnap (durch Neurath geleitet) den strengen Physikalismus, Schlick die Dichotomie von mitteilbarer Struktur versus unsagbarem Inhalt.[15] Nach der Preisgabe von F&C bleibt für Schlick also ein offenes Problem, zwei scheinbar einander widersprechende Intuitionen miteinander zu verbinden: Die epistemische Privilegiertheit der Konstatierungen (die notwendigerweise eine hinweisende Referenz auf Sinnesdaten enthalten) und deren intersubjektive Verständlichkeit müssen in Einklang gebracht werden.

1. Die Subjektlosigkeit der Sinnesdaten

Bei Schlicks erster Formulierung der Konstatierungen („Hier jetzt rot") sticht sofort ins Auge, dass sowohl Verb als auch Subjekt fehlen. Für das Fehlen des Ersteren mag ursprünglich das Oszillieren der Konstatierungen zwischen Erleben und Erkennen ein Grund gewesen sein; im ersten Abschnitt von Kapitel V haben wir (und ich glaube im Einklang mit Schlicks folgenden Klärungen) festgehalten, dass die Konstatierungen als vollwertige Urteile zu betrachten sind, und uns dementsprechend im Folgenden den späteren Formulierungen Schlicks angeschlossen (wie z. B. „Dies ist rot"), mit denen dieses „Manko" behoben wurde.

Anders sieht es mit der Subjektlosigkeit der Sätze aus, die Konstatierungen zum Ausdruck bringen. Zwar enthalten die Formulierungen, mit denen Schlick in „Über das Fundament der Erkenntnis" zu den Konstatierungen hinführt, noch Pronomina der ersten

---

[14] Ebd., S. 131; das Problem mit der hier angesprochenen Endgültigkeit (Vollständigkeit) der Verifikation wurde auch schon oben, Kapitel II, Abschnitt 2, behandelt.

[15] Siehe dazu oben, Kapitel III, Abschnitt 3.

Person, so etwa wenn er von der ausgezeichneten Stellung derjenigen Sätze spricht, *„die ich selbst* aufstelle" bzw. „die einen *in der Gegenwart* liegenden Tatbestand der eigenen ‚Wahrnehmung' oder des ‚Erlebens' [...] ausdrücken" [16], doch abgesehen von der subjektlosen Formulierung hält er schon dort als einen Unterschied zwischen Protokollsätzen und Konstatierungen fest, dass Erstere immer auch den Bezug auf eine wahrnehmende Person enthalten, die „Konstatierungen dagegen *niemals*" [17]. Die These der Subjektlosigkeit der Sinnesdaten baut Schlick im Folgenden weiter aus. Es sei vorweggenommen, dass ich diesem Aspekt von Schlicks Denken nicht zustimmen kann; und in der Diskussion der vorhergehenden Kapitel wurde diese Ablehnung bereits vorausgesetzt, so etwa mit der Gegenüberstellung von Selbstzuschreibungen versus Fremdzuschreibungen (oder mit dem verwendeten Ausdruck „Fremd-Konstatierungen").

Anknüpfungspunkt für die These der Subjektlosigkeit ist wiederum die AE; wie früher lehnt Schlick die Annahme eines substanziellen Trägers psychischer Eigenschaften ab, was sich im sowohl in der AE als auch im 1936 erschienenen Aufsatz „Meaning and Verification" zustimmend zitierten Diktum Lichtenbergs ausdrückt, wonach es „es denkt" statt „ich denke" heißen müsste. [18] Andererseits darf in diesem Fall die Kontinuität auch nicht überstrapaziert werden, stehen doch verschiedene Fragen im Fokus: In der AE geht es vor allem um

---

[16] „Über das Fundament der Erkenntnis", S. 502

[17] Ebd., S. 513

[18] Vgl. AE, S. 421 f., bzw. das Zitat aus letztgenanntem Aufsatz, unten, S. 255 f.; da Schlick (wie viele andere Autoren) Lichtenbergs berühmtes Diktum nur verkürzt wiedergibt, sei hier die vollständige Passage angeführt: „Wir werden uns gewisser Vorstellungen bewußt, die nicht von uns abhängen; andere glauben, wir wenigstens hingen von uns ab; wo ist die Grenze? Wir kennen nur allein die Existenz unserer Empfindungen, Vorstellungen und Gedanken. *Es denkt*, sollte man sagen, so wie man sagt: *es blitzt*. Zu sagen *cogito*, ist schon zu viel, sobald man es durch *Ich denke* übersetzt. Das *Ich* anzunehmen, zu postulieren, ist praktisches Bedürfnis." (Lichtenberg, *Schriften und Briefe*, Bd. 2, S. 412)

die Einheit des Bewusstseins im Zeitablauf, also der Frage nach einem Kriterium, das es rechtfertigt, von mehreren zeitlich aufeinander folgenden psychischen Vorkommnissen zu sagen, dass sie Vorkommnisse ein und desselben Bewusstseins bilden, zu ein und derselben Person, zu einem Ich gehören.[19] Der späte Schlick hingegen richtet seine Aufmerksamkeit primär auf die Analyse von Ausdrücken wie „ich" bzw. „mein" und deren Funktion in Sätzen wie „Ich habe Sinnesdatum XY", „Ich kann nur meine Schmerzen spüren" etc.

Schlick unterscheidet zwischen einem empirischen (sinnvollen) und einem metaphysischen (sinnlosen) Gebrauch von Pronomen der ersten Person. Ersterer liegt dann (und nur dann) vor, wenn solche Pronomen dazu verwendet werden, um auf einen bestimmten Körper zu referieren. Ein bestimmter Körper ist als mein Körper durch eine Kennzeichnung bestimmt in der Art von „der Körper, dessen Augen und Rückseite nur im Spiegel sichtbar sind", oder „bei dessen Verletzung ich Schmerzen empfinde", oder „dessen Glieder ich direkt willentlich bewegen kann" etc.[20] Das Empirische in der Referenz auf einen Körper liegt in der Tatsache, dass es sich hier um kontingente Zusammenhänge handelt. Die Erfahrung lehrt uns, dass unsere

---

[19] Schlicks Ergebnis ist dort, dass diese Einheit durch den eigentümlichen Erinnerungszusammenhang hergestellt wird, in dem die Bewusstseinsdaten zueinander stehen; zusammenfassend heißt es (AE, S. 368): „Wo Bewußtsein ist, da ist auch Einheit des Bewußtseins, und wo Einheit des Bewußtseins ist, da ist auch Gedächtnis." Feigl berichtet von Gesprächen, in denen Schlick seine Unzufriedenheit mit der Behandlung dieser Frage eingestanden hat („too Kantian"; Feigl/Blumberg, „Introduction", S. XXIV), und der entsprechende Paragraph 17 der AE blieb wie kaum ein anderer ohne Nachhall in Schlicks weiterer Entwicklung. Erwähnenswert in diesem Zusammenhang ist auch eine (in *Erkenntnis* erschienene) Kritik des Popper-Lynkeus-Anhängers Heinrich Löwy an dieser Auffassung Schlicks. Zu der von Schlick unmittelbar nach Erscheinen dieser Arbeit geplanten Replik kam es allerdings nicht; vgl. Löwy, „Commentar zu Josef Poppers Abhandlung ...", S. 337 ff. bzw. Schlicks Schreiben an Hans Reichenbach vom 4. Oktober 1932, ASP-HR 013-30-17.

[20] Die ersten beiden Beispiele verwendet Schlick selbst; vgl. *Die Probleme der Philosophie in ihrem Zusammenhang*, S. 239, bzw. „Meaning and Verification", S. 736.

Empfindungen mit den Zuständen eines bestimmten Körpers zusammenhängen: Der Zahnarztbohrer, appliziert an einem Backenzahn des Patienten J. F., verursacht Zahnschmerzen; geschlossene Augenlider haben ein Verschwinden der visuellen Daten zur Folge etc. All dies müsste nicht so sein, es ist eine Welt denkbar, in der der Zusammenhang zwischen Sinnesdaten und Körpern ein ganz anderer wäre. Ein Schmerzdatum etwa könnte jedesmal dann auftreten, wenn im Aufzug des Philosophischen Instituts in Graz die Taste „5" gedrückt wird.[21] Das Possessivpronomen „mein" sondert denjenigen Körper aus, dessen Zustände in dieser einzigartigen, aber eben kontingenten, empirischen, und damit auch – darauf legt Schlick besonderen Wert – verifizierbaren Beziehung zu den Sinnesdaten stehen.

Als positives Resultat der Schlick'schen Analyse ergibt sich also die These, dass „ich" ersetzbar ist durch eine bestimmte Beschreibung. Mit „Ich war im Theater" ist demnach nichts anderes gemeint als „Körper M war im Theater"[22] (und „Körper M" wäre wie ausgeführt als bestimmte Beschreibung zu präzisieren).

Ein prinzipieller Einwand gegen diese These der Ersetzbarkeit[23] besteht in der leicht zu sehenden Unverträglichkeit mit dem ebenfalls vertretenen empirischen Charakter der Auszeichnung eines bestimmten Körpers. Es ist Schlick m. E. zuzustimmen, dass die Auszeichnung eines Körpers als mein Körper stets durch die Angabe einer empirischen Beziehung geschieht. Ein bestimmter Körper ist nicht notwendigerweise mein Körper, es handelt sich hier stets um eine

---

[21] Derartige Denkmöglichkeiten entwirft Schlick in den bereits zitierten Texten (*Die Probleme der Philosophie in ihrem Zusammenhang*, Kap. 22; „Meaning and Verification", Abschnitt V), vor allem aber in „Über die Beziehung zwischen den psychologischen und den physikalischen Begriffen", jeweils mit expliziter Berufung auf Wittgenstein. Bei diesem finden sich ähnliche Gedankenexperimente an mehreren Stellen, vgl. etwa *Das Blaue Buch*, S. 86, oder das (unten, S. 256, Anm. 30, zitierte) Diktat unter Inv.-Nr. 183, D. 4.

[22] *Die Probleme der Philosophie in ihrem Zusammenhang*, S. 239

[23] Vgl. zum Folgenden Rutte, „Über das Ich", Anm. 1.

prinzipiell gehalterweiternde Einsicht. Dass bestimmte empirische Beziehungen (etwa zwischen der Verletzung von Körper M und dem Auftreten von Schmerzempfindungen) bestehen, ist ein empirisches Faktum. Aber schon aus diesem Grund kann die These der Ersetzbarkeit von „ich" durch eine bestimmte Kennzeichnung nicht richtig sein: Zwischen „Körper M war im Theater" und „Ich war im Theater" besteht keine Beziehung der wechselseitigen Implikation. Es sind ja eben jederzeit Situationen denkbar, in denen die empirischen, kausalfunktionalen Beziehungen, die diesen Körper zu meinem machen, nicht (oder zeitweise nicht) bestehen. So etwa könnte der Körper in einer Phase der vollständigen Bewusstlosigkeit im Theater gewesen sein: In diesem Fall würden wir nicht geneigt sein zu sagen, dass „Ich war im Theater" wahr ist. Oder aber, um ein vielleicht klareres Beispiel anzuführen: Aus „Ich habe Schmerzen" folgt überhaupt nichts über die physische Beschaffenheit eines bestimmten Körpers und umgekehrt.

Daraus geht klar hervor, dass der Ausdruck „ich" nicht einfach durch eine (einen Körper beschreibende) bestimmte Kennzeichnung ersetzt werden kann.[24] Allerdings muss hier sogleich einschränkend angemerkt werden, dass diese hier kritisierte positive These von Schlick bei diesem nur eher kurz angesprochen wird, wobei einiges hier Vorausgesetzte nicht in aller Deutlichkeit expliziert wird. So wird nicht vollständig klar, ob Schlick die sinnvolle Verwendung des Pronomens der ersten Person wirklich strikt einzig als verkleidete bestimmte Kennzeichnung sieht. Andere Passagen legen eine andere, schwächere Leseart nahe; so heißt es etwa (mit Bezug auf die den obigen Ausführungen zugrundeliegende Vorlesung *Die Probleme der Philosophie in ihrem Zusammenhang*):

---

[24] Generell gilt, dass jede Kennzeichnung mittels kontingenter Eigenschaften eine gehalterweiternde Beschreibung darstellt, während die Referenz mittels „ich" keine derartigen Informationen enthält; vgl. dazu Marek, „Haller on the First Person", S. 73.

Meine Meinung, die ich ja in den Vorlesungen auch ausdrückte, ist, dass das Wort „Ich" zunächst zur Bezeichnung eines bestimmten menschlichen Körpers dient, wie andere Eigennamen auch, sodass seine Grammatik vor derjenigen von Wörtern wie „Du", „Er", „Ludwig", etc. *nicht* ausgezeichnet ist. [25]

Hier ist nicht die Rede davon, dass „ich" durch eine bestimmte Kennzeichnung oder Ausdrücke anderer semantischer Kategorien ersetzbar ist. Wir werden hier dieser bei Schlick etwas unterbelichteten Frage nicht weiter nachgehen; [26] als Kern seiner positiven Ausführungen kann jedenfalls festgehalten werden, dass die sinnvolle Verwendung dieses Pronomens einzig in der Bezugnahme auf einen bestimmten Körper liegt. Damit ist bereits die negative Seite von Schlicks Analyse angesprochen, also die These, dass jede andere Verwendung des Pronomens der ersten Person sinnlos ist.

Diese Gegenüberstellung von sinnvoller und sinnloser Verwendung macht Schlick an zwei möglichen Interpretationen des Satzes „Ich kann nur meine Schmerzen fühlen" fest. [27] In der ersten, empirischen Interpretation besagt dieser Satz, dass ich nur dann Schmerz spüre, wenn mein Körper (Körper M) verletzt wird. Wie oben ausgeführt, ist das Bestehen einer Verbindung zwischen Zuständen des Körpers M und meinen Sinnesdaten ein empirisches, naturgesetzliches Faktum. Der Denkmöglichkeit nach könnten meine Sinnesdaten von Zuständen beliebiger anderer Körper abhängen; es könnte sich also auch anders verhalten, der Beispielsatz in der empirischen Interpretation hat Sinn, weil er einen möglichen Sachverhalt auszeichnet und dadurch andere mögliche ausschließt. Das Wort „kann" bezeichnet hier eine empirische, keine logische Möglichkeit, sodass diese empirische Interpretation hinausläuft auf eine Hypothese der Form „Schmerzen treten immer in Verbindung mit physischen Ver-

---

[25] Moritz Schlick an Ludovico Geymonat, 2. Januar 1936

[26] In anderem Zusammenhang spricht Schlick übrigens auch davon, dass Ausdrücke wie „dies" die einzigen echten Eigennamen seien; vgl. oben, S. 128 und dort Anm. 57.

[27] Zum Folgenden vgl. „Meaning and Verification", Abschnitt V.

letzungen eines bestimmten Körpers auf", die wahr oder falsch sein kann.

Eine derartige Interpretation wird vom fingierten Gegenspieler – wir werden diesen wie Schlick als (metaphysischen) Solipsisten bezeichnen[28] – nicht akzeptiert. Ihm zufolge handelt es sich um eine logische Unmöglichkeit. Mit „mein" kann natürlich keine Referenz auf einen bestimmten Körper gemeint sein, dessen Zustände in naturgesetzlichem Zusammenhang mit dem Auftreten von Sinnesdaten stehen. Abgesehen davon, dass die Annahme von (im üblichen Sinn verstandenen) Physischem ohnehin jedem Solipsismus widerspricht, würde eine empirische Interpretation von „Ich kann nur meine Schmerzen spüren" aus der solipsistischen These ja eine naturwissenschaftliche Hypothese machen. Was also bedeutet das Wort „mein" gemäß der Interpretation des Solipsisten?

It is easy to see that it does not signify anything; it is a superfluous word which may just as well be omitted.[29]

Das Wort „mein" hat nur Sinn in Sätzen, in denen es durch „dein", „sein" etc. ausgetauscht werden kann, ohne dass der Satz sinnlos wird. Genau dadurch, dass der Solipsist durch seine Interpretation des Beispielsatzes dafür gesorgt hat, dass dieser durch keinerlei empirische Umstände verifiziert oder falsifiziert werden kann, hat er gleichzeitig dafür gesorgt, dass der Satz bedeutungsleer wird.

The words "I" and "my", if we use them according to the solipsist's prescription, are absolutely empty, mere adornments of speech. There would be no difference of meaning between the three expressions, "I feel my pain"; "I feel pain"; and "there is pain". Lichtenberg, the wonderful eighteenth-century physicist and philosopher, declared that Descartes had no right to start his philosophy with the proposition

---

[28] Obwohl es sich dabei noch nicht um Solipsismus im üblichen Sinn handelt, der mit der These „Nur ich und meine Bewusstseinsdaten existieren" charakterisiert werden kann; diese weitergehende, eigentlich solipsistische These lässt dieser Gegenspieler allerdings als Möglichkeit zu, während Schlick in der folgenden Argumentation bereits diese Möglichkeit als sinnlos ausscheiden will.

[29] „Meaning and Verification", S. 742

"I think", instead of saying "it thinks". Just as there would be no sense in speaking of a white horse unless it were logically possible that a horse might *not* be white, so no sentence containing the words "I" or "my" would be meaningful unless we could replace them by "he" or "his" without speaking nonsense. But such a substitution is impossible in a sentence that would seem to express the egocentric predicament or the solipsistic philosophy. [30]

Wir rekapitulieren Schlicks Argumentationslinie: Zunächst bedeutet „Ich habe Schmerzen" nicht mehr als ein Lichtenberg'sches „Es schmerzt" (oder „Dies ist Schmerz", „Hier sind jetzt Schmerzen"). Ein solches Urteil besagt nur das Auftreten von subjektlosen Sinnesdaten; Konstatierungen handeln von subjektlos Gegebenem. Dann stellt sich natürlich die Frage, was mit „ich" gemeint sein kann, wenn die Konstatierungen als die einfachsten und grundlegenden Urteile überhaupt keinen Bezug auf ein Ich haben (in ich-loser Form gebildet werden). Und nun argumentiert Schlick in zwei Schritten: Erstens muss die Relation dieses „Ichs" zu den Sinnesdaten eine empirisch-kontingente sein, es muss der Möglichkeit nach der Fall sein können, dass „diese Schmerzen" nicht meine Schmerzen sind, andernfalls ist der Gebrauch des Pronomens der ersten Person bestenfalls überflüssig. Zweitens muss dasjenige, was mit „ich" gemeint ist, etwas intersubjektiv Verifizierbares sein. Um die intersubjektive Verifizierbarkeit von Sätzen, die dieses Pronomen enthalten, zu gewährleisten, muss mit „ich" etwas Physisches gemeint sein:

Das „Ich" ist eine besondere Bezeichnung eines menschlichen Wesens und kann wie alle solche Bezeichnungen nur eine empirische, also prüfbare Bedeutung haben. [31]

---

[30] „Meaning and Verification", S. 743; hier zeigt sich auch klar der (von Schlick auch explizit betonte) Einfluss von Wittgenstein; in dessen Diktat heißt es: „Wenn es also unsinnig ist zu sagen: ‚Die Schmerzen eines andern kann ich nicht fühlen', wenn also Schmerz und Besitzer wesensmäßig zusammenfallen, nicht trennbar sind, dann hat es überhaupt keinen Sinn, von einem Besitzer des Schmerzes zu sprechen. Dies hätte nur Sinn, wenn der Schmerz seinen Besitzer wechseln könnte." (Inv.-Nr. 183, D. 4, Bl. 5; zu diesem Diktat siehe oben, S. 54, Anm. 93)

[31] *Die Probleme der Philosophie in ihrem Zusammenhang*, S. 244

Bezüglich der intersubjektiven Verifizierbarkeit besteht also kein Problem mit dem „Ich". Und damit besteht auch kein Problem mehr bezüglich der Verständigung (d. h. intersubjektiven Verifizierbarkeit) der Sinnesdaten: Deren Privatheit besteht bloß in dem Faktum, dass sie mit einem bestimmten Körper naturgesetzlich zusammenhängen. Da es sich um eine naturgesetzliche Relation handelt, ist natürlich jederzeit denkbar, dass dieser naturgesetzliche Zusammenhang nicht besteht, dass die Beziehung zwischen dem Auftreten eines Schmerz-Datums und der Verletzung eines bestimmten Körpers nicht besteht. Oder eben aber, dass keine Einzigartigkeit dieser Beziehung besteht: Ein Schmerz-Datum kann genauso mit „meinem" Körper korreliert sein wie mit dem Körper eines anderen. Der Solipsist führt – verleitet durch die empirische Sonderstellung des eigenen Körpers – die Sprechweise ein, an jedes bemerkte Sinnesdatum den Index „mein" anzuhängen, und bemerkt nicht, dass damit dieser Zusatz bedeutungslos wird. Damit ist Schlick zufolge der Fehler gemacht, das, was eigentlich eine empirische Tatsache ist (die Sonderstellung des eigenen Körpers), als eine logische Notwendigkeit zu nehmen. Auf eine ganz anders beschaffene – aber eben denkmögliche – Welt passt die Redeweise des Solipsisten überhaupt nicht mehr: Man stelle sich vor, dass die Sinnesdaten des A auf verschiedenste Weise mit den Körpern anderer Personen korreliert sind: A hat immer dann visuelle Eindrücke, wenn die Augen von B geöffnet sind, und dann Schmerzen, wenn der Körper des C verletzt wird etc. Ein etwas lebensnaheres Beispiel bringt Schlick in Anschluss an Wittgenstein:

So schreibt Wittgenstein in einem unveröffentlichten Text: „Hätten die siamesischen Zwillinge eine gemeinsame Hand und würde diese gestochen, so müßte man nun festsetzen, ob man sagen wollte, sie fühlen beide denselben Schmerz oder verschiedenen."[32]

---

[32] *Die Probleme der Philosophie in ihrem Zusammenhang*, S. 241 f.; die Referenzstelle für dieses offenbar aus dem Gedächtnis zitierte Beispiel dürfte Wittgensteins Diktat unter Inv.-Nr. 183, D. 4, sein; dort heißt es (Bl. 6 f.): „Wer sagt: ‚Zwei Menschen können nicht denselben (identischen) Schmerz empfinden', den kann man fragen: wie ist es etwa im Falle der siamesischen Zwillinge? Diese könnten Schmerz

Laut Schlick gilt also: „Ich kann nur meine Schmerzen fühlen" ist, wenn das „kann" als logische Unmöglichkeit interpretiert wird, bestenfalls eine unzweckmäßige Ausdrucksweise; das Pronomen der ersten Person hat keine Funktion mehr. Sinnvoll ist dieser Satz nur, wenn man ihn als Ausdruck einer empirischen Unmöglichkeit interpretiert, die eben besagt, dass ich nur dann Schmerzen empfinde, wenn mein Körper verletzt wird. Und damit lautet das Ergebnis von Schlicks Erörterungen: *„Es ist nicht prinzipiell, sondern nur erfahrungsmässig unmöglich, den Schmerz eines anderen zu fühlen."*[33]

Der Denkmöglichkeit nach können Sinnesdaten vorliegen und die Körper verschiedenster Personen mit diesen Daten naturgesetzlich korreliert sein. In so einem Fall wäre laut Juhos, der sich (nicht nur in diesem Punkt) eng an Schlick anschließt,

ohne Zweifel die Festsetzung der Sprechweise zweckmäßig: „A, B, C, D, … fühlen in den betreffenden Fällen den *gleichen* Schmerz, haben das *gleiche* Roterlebnis, haben allgemein die *gleichen* Erlebnisse." [...] Wenn Verhältnisse logisch möglich (d. i. denkbar) sind, unter denen jedermann einsehen kann, wann Behauptungen der genannten Art wahr bzw. falsch sind, dann kann ja auch jedermann wissen, an welche Bedingungen die Wahrheit bzw. Falschheit solcher Sätze (es sind dies die Konstatierungen) geknüpft ist, gleichviel ob die betreffenden Bedingungen erfahrungsgemäß bestehen oder nicht.
So erscheinen gegen die intersubjektive Verständlichkeit von Konstatierungen keine logischen Einwände berechtigt.[34]

an einer Stelle ihres Doppelkörpers empfinden. War das nun ein Schmerz, oder waren es zwei Schmerzen, und welcher Art ist die Untersuchung, ob es das eine oder das andere war?"

[33] „Logik und Erkenntnistheorie" (Vorlesung Wintersemester 1934/35), Inv.-Nr. 38, B. 18a, Bl. 63

[34] Juhos, *Die Erkenntnis und ihre Leistung*, S. 248. Juhos bezieht sich in diesem Zusammenhang explizit auf Schlicks „Über die Beziehung zwischen den psychologischen und den physikalischen Begriffen". In der Fassung, die Juhos vor der Veröffentlichung als Habilitationsschrift einreichte, fehlt in diesem Zusammenhang der Bezug auf Schlick; Victor Kraft schreibt in seinem Gutachten: „Weniger gelungen ist dagegen seine Begründung der intersubjektiven Verständlichkeit von Konstatierungen, bei der er sich ganz auf eine Abhandlung von Schlick stützt, wieder ohne ihn zu nennen." (Zitiert nach Reiter, „Wer war Béla Juhos?", S. 74)

Dem linguistischen Solipsismus ist (nach Schlicks von Wittgenstein angeregter Argumentation) sozusagen der Boden weggezogen worden; es gibt kein Ich im rein psychischen Sinn, die Sinnesdaten haben keinen „Besitzer". [35] Der „Innen-Außen"-Gegensatz der cartesischen Tradition ist auf solche Weise unterlaufen. Insofern ist die Schlick'sche Analyse auch ein gutes Beispiel für die Strategie des linguistischen Positivismus, alte philosophische Probleme aufzulösen. Gleichwohl scheint mir Schlicks Analyse der Ich-Referenz und die These der Subjektlosigkeit der Sinnesdaten schwerwiegenden Einwänden ausgesetzt:

1.) Wie oben bereits ausgeführt, ist der Ausdruck „ich" nicht einfach durch eine bestimmte Kennzeichnung ersetzbar, es besteht hier keine Bedeutungsgleichheit.

2.) Schlicks Analyse ist zirkulär; in seiner Explikation der sinnvollen, d. h. empirischen Verwendungsweise des Pronomens der ersten Person wird bereits die Verwendung von „ich" vorausgesetzt. [36] Es ist zu akzeptieren, dass es sich bei der Sonderstellung eines bestimmten Körpers um eine empirische Tatsache handelt, aber die These, dass jede sinnvolle Ich-Referenz in der Bezugnahme auf einen bestimmten Körper besteht, führt direkt in einen Zirkel: Die Bezugnahme auf einen solchen Körper kann nicht ohne Ich-Referenz expliziert werden.

Betrachten wir zur Illustration noch einmal einige von Schlick in seiner Analyse verwendeten Sätze (jetzt mit meinen Hervorhebungen):

---

[35] "The strongest emphasis should be laid on the fact that primitive experience is absolutely neutral or, as Wittgenstein has occasionally put it, that immediate data 'have no owner'." („Meaning and Verification", S. 735) Bei Wittgenstein heißt es im Diktat Inv.-Nr. 183, D. 3, Bl. 11: „Und sagt man, die gemalten Bilder seien zwar nicht privat, wohl aber die Gesichtsbilder dessen, der sie sieht, so soll später gezeigt werden, dass die Sinnesdaten überhaupt keinen Besitzer haben." Zu diesem Diktat siehe oben, S. 54, Anm. 93.

[36] Wie auch schon der erste genannte Kritikpunkt ist in aller Kürze auch dieser Punkt bereits von Rutte angeführt; „Über das Ich", Anm. 1.

a) „Es ist eben Erfahrungstatsache, dass *ich* nur dann etwas empfinde, wenn mit einem bestimmten, ausgezeichneten Körper etwas geschieht [. . .]"[37]

b) „[. . .] die Beschreibung *eines bestimmten Seelenzustandes* tritt immer gemeinsam auf mit dem Hinweis auf einen bestimmten Körper."[38]

c) „*All* visual data disappear when the eyes of this body are closed [. . .]"[39]

Sicher nicht alle visuellen Daten würden verschwinden, um mit Satz c) zu beginnen, sondern nur ganz bestimmte, nämlich *meine*. Von welchem Seelenzustand ist in Satz b) die Rede? Doch nicht von einem beliebigen (wie auch immer qualitativ gestalteten), sondern von einem ganz bestimmten, nämlich *meinem* – der im Übrigen von dem eines anderen Individuums qualitativ ununterscheidbar sein kann.[40] Was bedeutet das „ich" in Satz a)? Doch wohl, dass bestimmte Empfindungsdaten, nämlich *meine*, auftreten, wenn mit einem bestimmten Körper etwas geschieht. Noch offensichtlicher wird dieser Punkt, wenn wir das Ergebnis der Schlick'schen Analyse folgendermaßen ausdrücken: „‚Ich' bezieht sich auf den Körper, der mit * psychischen Daten kausal verknüpft ist." Was ist hier anstelle von * einzusetzen? Offensichtlich kann nach Schlick nicht einfach „meinen" eingesetzt werden, da dieses Wort ja wieder mit Bezug auf einen Körper erklärt werden muss. Eine Formulierung Schlicks, die bei wohlwollender Interpretation einen Lösungsvorschlag andeutet, hilft in Wahrheit auch nicht weiter. So spricht er an einer Stelle von *unmittelbaren* Daten (immediate data)[41], aber was würde es

---

[37] *Die Probleme der Philosophie in ihrem Zusammenhang*, S. 240

[38] Ebd., S. 245

[39] „Meaning and Verification", S. 736

[40] Satz b) ist auch insofern missverständlich, als Konstatierungen ja ohne Referenz auf Physisches zu verstehen sind. Im Übrigen ist es nicht zutreffend, dass wir uns immer auch mit auf Physisches beziehen, wenn wir Sinnesdaten bemerken.

[41] „Meaning and Verification", S. 736

nützen, statt * die Wörter „den unmittelbaren" einzusetzen? Es gibt Daten, die Person X unmittelbar zugänglich sind und solche, die das für Person Y sind. Die Rede von unmittelbarer Zugänglichkeit hilft nicht weiter, wenn nicht gesagt wird, *wem* die Daten zugänglich sind. Die Bezugnahme auf ein Subjekt, das die Daten hat bzw. dem gewisse Daten unmittelbar zugänglich sind, scheint mir unabdingbar. [42] Und ein bestimmter Körper kommt als solches Subjekt nicht in Frage: ein Körper ist nur deshalb mein Körper, weil seine physischen Zustände mit meinen psychischen Daten in Kausalbeziehungen stehen, weil das der Körper ist, auf den ich direkt willentlich Einfluss nehmen kann etc. Um einen Körper als „meinen Körper" auszeichnen zu können, muss also schon vorausgesetzt werden, von „meinen psychischen Daten" sprechen zu können.

3.) Der von Schlick „Solipsist" genannte Gegenspieler bestreitet ja gar nicht die Möglichkeit, dass Sinnesdaten mit verschiedenen Körpern naturgesetzlich korreliert sind. Ihm geht es in erster Linie um die Bewusstseins-Immanenz der Sinnesdaten: Ein Sinnesdatum kann nur von jeweils einem Subjekt empfunden und konstatiert werden, nicht von mehreren. Die Wahrnehmbarkeit von ein und demselben Gegenstand durch verschiedene Subjekte ist dagegen ein Kennzeichen der Außenwelt; in Schlicks Darstellung werden die Sinnesdaten den Gegenständen der äußeren Wahrnehmung angeglichen. Daraus scheinen sich merkwürdige Konsequenzen zu ergeben: Für Sinnesdaten müsste ja dann ebenso gelten, dass sie nicht notwendigerweise empfunden und bemerkt sind. Da sie „keinen Besitzer" haben, scheint daraus zu folgen, dass (jedenfalls der Möglichkeit nach) ein Schmerz-Datum existiert, ohne dass es jemanden gibt, der Schmerzen empfindet. Die einzige sinnvolle Weise, von einem Besitz des Schmerzes zu sprechen, besteht ja nach Schlick in der naturgesetzlichen Korrelation zu einem bestimmten Körper; für eine

---

[42] Damit ist nicht gesagt, dass ein solches Subjekt notwendigerweise nicht-physisch ist; mit einer empirischen Identitätstheorie wäre ein solcher Ansatz wohl vereinbar.

derartige Korrelation scheint aber unabdingbar, dass beide Relationsglieder auch unabhängig voneinander existieren können. Weiters ist zu bemerken, dass ein solcher Standpunkt denselben Einwänden ausgesetzt ist, die u. a. Schlick selbst in der AE ausführlich gegen jeden naiv realistischen Standpunkt anführt: Verschiedene Subjekte nehmen verschiedene Aspekte von äußeren Gegenständen wahr, fallweise sogar einander widersprechende Merkmale, so wenn ein Wahrnehmender eine Wiese als grün wahrnimmt, ein anderer als braun etc. Und natürlich sind hier auch Phänomene wie Träume, Halluzinationen usw. zu bedenken. So kommt Schlick in der AE zu dem Ergebnis (dem wir uns anschließen), dass „ein Element, das zur Erlebniswelt des Menschen A gehört, etwas anderes [ist] als ein Element der Welt eines zweiten Menschen B"[43].

4.) Abzulehnen ist weiters die These Schlicks, dass zwischen den Ausdrücken „Ich spüre Schmerzen", „Ich spüre meine Schmerzen" und „Es gibt Schmerzen"[44] keinerlei Unterschiede bestehen, wenn diese Ausdrücke so verstanden werden, wie der „Solipsist" das tut.

Aus „Es gibt Schmerzen" folgt erst unter Hinzunahme der Prämisse „Es gibt nur mich und meine Erlebnisse" die Konklusion „Ich spüre Schmerzen"; aber diese eigentliche solipsistische Prämisse muss nicht gemacht werden; ohne diese Prämisse jedoch ist der Bedeutungsunterschied offensichtlich. In der Auseinandersetzung Schlicks mit dem von ihm „Solipsist" genannten Gegenspieler geht es ja gar nicht um die eigentliche solipsistische These, sondern nur darum, ob „Ich kann nur meine Schmerzen spüren" analytisch wahr ist. Und der Gegenstandpunkt – der eben besser nicht als Solipsismus, sondern als „Immanenz-Theorie" oder ähnlich zu bezeichnen wäre – kann den Unterschied zwischen diesen Ausdrücken sehr gut anhand der verschiedenen Wahrheitsbedingungen festhalten: Ihm zufolge ist „Ich fühle meinen Schmerz" analytisch wahr, „Ich spüre Schmerz" ist eine

---

[43] AE, S. 533; für die Subjektivität der Sinnesdaten bzw. Sinnesqualitäten wird dort auch ausführlich in § 30 argumentiert.

[44] Siehe das Zitat oben, S. 255 f.

empirisch-kontingente Aussage (mit der wir uns, da eine Konstatierung, notwendigerweise nicht irren können), „Es gibt Schmerz" eine kontingent wahre Aussage.

Zuzugeben ist, dass, wenn A sagt, „Ich spüre Schmerzen", er mit dem Zusatz „Und diese Schmerzen sind meine Schmerzen" einem Hörer keine weitergehenden Informationen mitteilt; in diesem Sinn ist die zweite Äußerung redundant. Aber aus dieser Redundanz folgt noch keine Bedeutungsgleichheit. Dieser Punkt leitet bereits über zu nachfolgender, abschließender Bemerkung.

5.) Den logischen Hintergrund für Schlicks Argumentation stellt das von Wittgenstein herkommende Prinzip der Bipolarität dar, wonach ein kontingent-empirischer Satz sowohl wahr als auch falsch sein können muss. [45] In Schlicks Worten:

Ein echter Satz sagt stets, dass etwas *so* ist *und nicht anders.* Dieser Zusatz ist wichtig: die Möglichkeit des Andersseins ist Voraussetzung für den Sinn des Satzes. [46]

Da nach dem „Metaphysiker" ja mit Notwendigkeit gelten soll, dass von mir gespürte Schmerzen meine Schmerzen sind, kann nach Voraussetzung des Prinzips der Bipolarität dieser Satz nichts über die Wirklichkeit aussagen, es kann sich nur um eine analytische Aussage handeln. Die Sicherheit analytischer Sätze beruht aber nun gerade darauf, dass sie nichts über die Wirklichkeit aussagen, sie sind nach Schlick letztlich allesamt tautologischen Charakters. In diesem Sinn kann man Schlicks Kritik auch in Form eines Dilemmas darstellen: Entweder sagt ein Satz wie „Der Schmerz, den ich spüre, ist notwendigerweise mein Schmerz (und nicht der eines anderen)" etwas über die Wirklichkeit aus, in welchem Fall er aber nicht notwendigerweise

---

[45] Dieses Prinzip ist damit stärker als dasjenige der Bivalenz, welches nur besagt, dass jeder Satz entweder wahr oder falsch ist.

[46] Inv.-Nr. 177, A. 185, Aphorismus Nr. 541; sachlich vgl. dazu Wittgenstein, *Tractatus* 2.201 ff., 3.42, 4.024, 4.061 ff., sowie *Wittgenstein und der Wiener Kreis,* S. 84 ff. Der Terminus „Bipolarität" findet sich in Wittgensteins (noch vor dem *Tractatus* entstandenen) „Aufzeichnungen über Logik", S. 188.

wahr sein kann, oder aber er gilt mit Notwendigkeit, dann aber ist er inhaltsleer.

Dieser Punkt ist freilich mehr als Verdeutlichung der Hintergrundannahmen denn als Kritik gemeint; eine echte Auseinandersetzung mit dieser Doktrin – also letztlich mit der Schlick'schen bzw. neopositivistischen Philosophie der Logik und Mathematik – kann hier nicht geliefert werden.

P. M. S. Hacker kritisiert an Schlicks Ich-Analyse in „Meaning and Verification", dass damit das Problem der intersubjektiven Verständigung noch gar nicht angesprochen sei.[47] Dieser Ansicht kann ich mich nicht anschließen; wie hier zu zeigen versucht wurde, stellt dieses Problem die eigentliche Motivation für Schlicks Versuch der Elimination einer „metaphysischen" Verwendung des Pronomens der ersten Person dar. Richtig an Hackers Bemerkung allerdings ist, dass mit der These der Subjektlosigkeit des Gegebenen sozusagen nur ein Hindernis für mögliche Kommunikation aus dem Weg geschaffen wurde. Für ein weiteres Element von Schlicks letztem Lösungsvorschlag für das Problems der Mitteilbarkeit müssen wir uns noch einer anderen Arbeit zuwenden, dem 1935 (in französischer Übersetzung) publizierten Aufsatz „Über die Beziehung zwischen den psychologischen und den physikalischen Begriffen".

[47] Hacker, *Einsicht und Täuschung*, S. 263

2. Weiterführendes und Schlussbetrachtungen

Der vorgebliche Charakter der Privatheit stellt also für Schlick (aufgrund der These der Subjektlosigkeit) kein Hindernis für die Mitteilbarkeit von Urteilen über das Vorliegen von Sinnesdaten dar. Aber in Bezug auf deren Charakter als psychologische Aussagen scheint hinsichtlich der intersubjektiven Verständlichkeit noch Klärungsbedarf zu bestehen – vor allem, wenn wir uns in Erinnerung rufen, dass Schlick den früher selbst vertretenen Analogieschluss auf Fremdpsychisches in der Phase von F&C als typisch metaphysisch bezeichnete, den strukturalistischen Standpunkt von F&C aber ebenfalls wieder hinter sich gelassen hat (dazu noch weiter unten). Dieser Aufgabe stellt sich Schlick in „Über die Beziehung zwischen den psychologischen und den physikalischen Begriffen", welcher Arbeit wir uns nun kurz zum Abschluss zuwenden. Wir werden zuerst eine kurze Rekapitulation dieser Arbeit (mit Hinblick auf das Problem der Mitteilbarkeit) geben und anschließend auf einige Punkte näher eingehen.

Physikalische Eigenschaften sind messbare Eigenschaften, durch Messung sind sie definiert und durch Messung wird das Vorliegen solcher Eigenschaften festgestellt. In der Wissenschaft wie auch im Alltag beruht Messung auf der Feststellung von Koinzidenzen; diese bereits in der AE vorgestellte Methode[48] erläutert Schlick so:

Wenn ich die Spitzen meiner beiden Zeigefinger einander nähere, so gibt es im Gesichtsfelde ein Ereignis, welches „Zusammenfallen der Fingerspitzen" heißt, und ein anderes Ereignis im Tastfelde, das ich „Berührung der Fingerspitzen" nenne. Diese beiden Ereignisse, deren jedes in seinem Felde eine diskrete Singularität bildet, finden immer *gleichzeitig* statt: das ist eine fundamentale empirische Beziehung zwischen ihnen. Jedesmal, wenn im Tastfeld eine Koinzidenz auftritt, findet auch eine visuelle Koinzidenz statt (wenigstens unter genau angebbaren günstigen Bedingungen, z. B. hinsichtlich Beleuchtung, Augenstellung usw.), d. h. es besteht eine gemeinsame Ordnung der beiden Arten von Koinzidenzen.[49]

[48] AE, § 31

[49] „Über die Beziehung zwischen den psychologischen und den physikalischen Begriffen", S. 273 f.

Diese Ordnung ist intersensuell (da nicht abhängig von einem bestimmten Sinnesgebiet) und intersubjektiv: verschiedene Subjekte stimmen über das Vorkommen von Koinzidenzen überein (dazu noch später).

Die Bildung der psychologischen Begriffe erfolgt auf ganz anderem Wege, nämlich aufgrund der „intensiven Ähnlichkeit":

Jede einzelne einer großen Menge verschiedener aber untereinander ähnlicher in der Erfahrung vorkommender Eigenschaften, wird z. B. mit dem gemeinsamen Namen „grün" belegt, eine andere Mannigfaltigkeit heißt „gelb" usw. Beide weisen untereinander und mit vielen anderen Qualitäten noch so viel Ähnlichkeit auf, daß sie alle unter der gemeinsamen Bezeichnung „Farbe" zusammengefaßt werden.[50]

Während also hinsichtlich der physikalischen Sprache von vornherein Objektivität sichergestellt ist (Objektivität heißt nach Schlick nichts anderes als die Zusammenfassung von intersubjektiv und intersensuell)[51], stellt sich die Frage, wie Verständigung über Psychisches möglich ist. Die Antwort liegt darin, dass die psychischen Vorkommnisse in stabilen empirischen Korrelationen zu physikalischen stehen. So entspricht Licht mit einer bestimmten Frequenz einem bestimmten Farbeindruck; stellt sich kein entsprechendes Sinnesdatum ein, so werden wir die Ursache in anderen physikalischen Umständen suchen, etwa abnormalen Beobachtungsumständen oder ungewöhnlichen physiologischen Zuständen. In diesem Sinn ist es verfehlt, der (physikalischen) Naturwissenschaft ein Übergehen der Qualitäten vorzuwerfen: Immer, wenn sich bei entsprechenden physischen Umständen kein entsprechendes psychisches Datum einstellt, bedeutet das die Aufforderung, die für die Verletzung der Korrelation verantwortlichen physischen Umstände aufzusuchen.[52]

---

[50] Ebd., S. 280

[51] Ebd., S. 274

[52] Heute spricht man in diesem Zusammenhang üblicherweise von der „materialistischen Arbeitshypothese".

Fehlt jede stabile empirische Beziehung zwischen Sinnesdaten und durch physische Begriffe zu beschreibenden Sachverhalten (und zu solchen zählt auch das Sprachverhalten), so

wäre es unmöglich, dasjenige, was wir in unserer wirklichen Welt „Trauer" nennen, durch ein Wort der intersubjektiven Sprache so zu bezeichnen, daß jemand es verstehen könnte. Es wäre unmöglich, ein solches Wort zu *definieren*.[53]

Mittels von Wittgenstein angeregten Gedankenexperimenten – wenngleich Wittgenstein selbst in eine ganz andere Richtung geht – macht Schlick deutlich, dass solche Fälle denkmöglich sind.[54]

Natürlich stellt diese Arbeit Schlicks auch die schon lange geplante Erwiderung auf den Physikalismus Neuraths und Carnaps dar:[55] Der Physikalismus ist demnach überhaupt keine logisch-semantische These, sondern einfach eine naturgesetzliche Tatsachenbehauptung wie jede empirische Hypothese. Und Schlick versäumt auch nicht, auf eine entsprechende Stelle bei Carnap hinzuweisen, in der aus einer semantischen These sozusagen unter der Hand eine empirische wird.[56] Hier interessiert uns aber vor allem die Weiterentwicklung

[53] „Über die Beziehung zwischen den psychologischen und den physikalischen Begriffen", S. 284

[54] Wobei die konsequente Durchformulierung solcher möglichen Fälle keine ganz leichte Sache ist, wie Schlick zugesteht, da ja auch Sprachverhalten als physisches Korrelationsglied zählt. Es dürfte also auch keine stabile Korrelation zwischen dem Auftreten eines Sinnesdatums und der diesbezüglichen Äußerung der Person geben. Berücksichtigt man dies, so müsste man das Fehlen einer Korrelation von Sinnesdaten mit Physischem in einer solchen möglichen Welt etwa so ausdrücken, dass es dort ein Naturgesetz des Inhalts geben würde, dass nicht einmal der Wunsch besteht, das Vorliegen eines Sinnesdatums mitzuteilen; ebd., S. 284.

[55] Dass Schlick von Anfang an den Physikalismus nicht für akzeptabel hielt, geht auch aus einem Schreiben Feigls hervor: „Hatten Sie nicht vor, etwas in Erwiderung auf Carnap-Neurath's Physikalismus mit Bezug auf das psychophysische Problem zu schreiben?" (Herbert Feigl an Moritz Schlick, 7. November 1932)

[56] In der Stelle, auf die Schlick in genannter Arbeit, S. 277, verweist, heißt es, dass die grundsätzliche Möglichkeit der Feststellung der Zuordnungen von physi-

Schlicks gegenüber dem Standpunkt von F&C, die deutlich erkennbar ist. Die psychologische Begriffsbildung erfolgt nach „intensiver Ähnlichkeit", psychologische Begriffe sprechen von der „Qualität eines Wahrnehmungsinhaltes" [57]. Keine Rede ist mehr davon, dass sich der qualitative Charakter weder erkennen noch ausdrücken lässt. Der Unterschied zwischen Physischem und Psychischem ist nach der älteren Auffassung ja nur als struktureller Unterschied zu sehen. [58] Nun betont Schlick wieder – wie schon in der AE – die grundsätzliche Verschiedenheit beider Arten von Begriffsbildung und anerkennt die logische Unabhängigkeit des Psychischen vom Physischen und damit auch die Möglichkeit einer bloß innersubjektiven Erkennbarkeit. Zwingend, so muss man wohl sagen, denn schon allein der Charakter der Relation zwischen Physischem und Psychischem als empirischer erfordert, dass die beiden Glieder dieser Relation unabhängig voneinander identifizierbar sind. [59] Auch in einer (mittels Gedankenexperimenten entworfenen) Welt, in der keine naturgesetzlichen Beziehungen zwischen Physischem und Psychischem bestehen, ist Letzteres erkennbar:

Ich könnte in diesem Falle immer noch die Farben in Klassen ordnen und ihnen für mich Symbole zuordnen, aber es wären nicht Symbole einer objektiven Sprache; sie wären vielmehr nur monologisch verwendbar.

kalischen und qualitativen Bestimmungen „beruht auf dem glücklichen Umstand, der durchaus nicht logisch notwendig ist, sondern empirisch vorliegt, dass der Inhalt der Erfahrung eine gewisse Ordnungsbeschaffenheit hat". („Die physikalische Sprache als Universalsprache der Wissenschaft", S. 445)

[57] Ebd., S. 282

[58] Siehe das Zitat oben, S. 145.

[59] Ich glaube nicht, dass der Fall einer Erklärung des Beobachteten durch die Annahme eines Unbeobachteten einen Einwand darstellt. Auch in solchen Fällen ist doch gemeint, dass das zu Erklärungszwecken Postulierte (das ja eine Stelle in der objektiven Raum-Zeit einnehmen muss) prinzipiell auch anderwärtig, wenn auch nur sehr indirekt, zugänglich sein muss. Analoges gilt auch von der Erklärung von Gegenwärtigem durch Vergangenes.

Mit ihrer Hilfe könnte ich Gesetzmäßigkeiten ausdrücken, die im Reiche der Qualitäten sehr wohl vorhanden und konstatierbar sein könnten.[60]

„All *genuine knowledge is Expression*" heißt es dagegen noch in F&C,[61] Erkenntnis ist dort per se Mitteilbares, der Begriff einer nicht mitteilbaren Erkenntnis ist für Schlick in dieser Phase Unsinn.

In Parenthese sei zumindest kurz angemerkt, dass es eine Vereinfachung darstellt, wenn wir bislang die Begriffe Koinzidenz und Physisches gleichgesetzt haben; diese Vereinfachung (wir folgen wieder Schlick) bedarf noch der Klärung.[62] Alle Begriffe von Physischem beruhen auf Koinzidenzen, aber nicht alle Koinzidenzen bezeichnen Physisches. Eine Koinzidenz, also etwa der visuelle Eindruck des Zusammenstoßes zweier Kugeln (oder der der Deckung von Zeiger und Markierung einer Skala) hat vorderhand Sinnesdaten-Charakter und fällt damit in den Bereich des Psychologischen. Der visuelle Eindruck vom Zusammenstoß zweier Kugeln ist in Traum und Wirklichkeit derselbe und als solcher in beiden Fällen real. Die Konstitution des Physikalischen erfolgt genau genommen erst in einem nächsten Schritt, in dem die Koinzidenzen in die Ordnung eines objektiven, unanschaulichen Raums eingegliedert werden.[63] Der Frage nach der

---

[60] Ebd., S. 285; Beispiele für solche denkbaren Gesetzmäßigkeiten, die nur innersubjektiv erkennbar sind, wären etwa der permanente Wechsel der Farbe des Gesichtsfeldes in der Reihe der Spektralfarben oder die stabile Korrelation von bestimmten Gefühlen mit bestimmten Farbempfindungen etc.

[61] Zweite Vorlesung, S. 187

[62] Die Ausführung dieser ursprünglich nur ganz kurz angedeuteten Unterscheidung unternahm Schlick übrigens in einem nachträglichen Einschub aufgrund eines Vorschlags von Waismann, der nach der Lektüre des Manuskripts „mich dann auf einige Stellen aufmerksam [machte], die nach seiner Meinung für die Leser zu schwer verständlich wären" (Moritz Schlick an Rudolf Carnap, 20. Januar 1935). Für den genauen Nachweis dieses Einschubs (in der hier herangezogenen deutschen Fassung fast die gesamte Seite 281) siehe den Wiederabdruck der französischen Fassung in MSGA I/6, S. 600 f., textkritische Anm. e.

[63] Unanschaulich, weil jeder anschauliche Raum derjenige einer bestimmten Art von Sinnesdaten ist (Tastraum, Sehraum etc.), „das Räumliche ist uns in mehre-

genaueren Natur dieses konstruktiven Prozesses, der nach Schlick auch konventionelle Momente enthält (nämlich in der Wahl einer euklidischen oder nicht-euklidischen Geometrie), können wir hier nicht nachgehen. [64]

Über die Definierbarkeit psychischer Begriffe

Zurück zu unserem Thema, dem Problem der Mitteilbarkeit von Aussagen über Psychisches. Laut der oben (S. 267) zitierten Passage beruht die Definierbarkeit von Ausdrücken für Psychisches (wir beschränken uns auf einfache Qualitäten wie Farbe etc.) auf einem konstanten empirischen Zusammenhang mit Physischem. Aber wörtlich genommen, ist dies höchst irreführend. [65] Definiert man ein Wort wie „rot" (als Ausdruck für eine Empfindung) durch Verweis auf solche Beziehungen zu Physischem, also etwa derart, dass man (vor einem Korb reifer Tomaten stehend) sagt: „Die Farbempfindung, die du jetzt hast, soll ‚rot' genannt werden", so ist die Definition ja auch dann erfüllt, wenn der Betreffende ein Grün-Sinnesdatum hat. Egal welche Farbempfindung die Person jetzt gerade hat, sie erfüllt die gegebene Definition von „rot"; gemeint war aber eben nichts Grünes, sondern etwas Rotes. Also sind derartige intersubjektive Definitionen von Ausdrücken für Sinnesdaten grundsätzlich inadäquat, da man durch sie nicht imstande ist, solche notwendigen Unterscheidungen wiederzugeben.

ren voneinander toto genere verschiedenen anschaulichen Weisen gegeben" (AE, S. 582).

[64] Vgl. AE, § 31; in prinzipiell ähnlicher Weise wird diese Konstruktionsleistung expliziert etwa beim späten Ayer (siehe insbesondere *Die Hauptfragen der Philosophie*, Kap. V) und bei Victor Kraft, etwa in dessen *Erkenntnislehre*, insbesondere Kap. II, Abschnitt 4. Krafts Ansichten sind dabei im Kern bereits in der schon 1912 publizierten Schrift *Weltbegriff und Erkenntnisbegriff* formuliert; vgl. dazu die zusammenfassende Darstellung von Schramm, „Viktor Kraft: Konstruktiver Realismus".

[65] Das folgende Argument stammt von H. Rutte, in mündlichem Austauch mit dem Autor.

Allerdings ist diese Argumentation wohl eher Kritik an der Ausdrucksweise Schlicks; der wahre Kern, der hier zugrundeliegt, scheint mir darauf hinauszulaufen, dass wir – im möglichen Fall der Abwesenheit von stabilen psychophysischen Beziehungen – über keine denkbare Methode verfügen würden, um Wörter für Sinnesdaten in eine intersubjektive Sprache einzuführen. Wir erlernen den Gebrauch solcher Wörter durch hinweisende Definitionen auf paradigmatische physische Gegenstände und durch Beobachtung des Sprachverhaltens anderer.[66] Und es ist auch richtig, dass die Beschreibung von Sinnesqualitäten de facto immer wieder durch Bezugnahme auf Physisches geschieht, also etwa die Beschreibung einer bestimmten Geschmacksempfindung als der Geschmack beim Verzehr einer Ananas, oder die eines bestimmten Farbeindrucks als das spezifische Rot, das ich beim Anblick reifer Tomaten empfinde etc.[67] Ohne psychophysische Korrelationen würde es sich bei der Verständigung über Sinnesdaten um reines Erraten handeln, es wäre zwar logisch nicht ausgeschlossen, dass ein anderer meine Mitteilung „Ich habe jetzt eine Rot-Empfindung“ versteht, aber es kann nicht einmal den kleinsten Fingerzeig zu einer Erklärung geben.[68] Andererseits ist natürlich auch der methodische Weg einer solchen Worterklärung, der uns in der wirklichen Welt offensteht, kein Garant für einen Erfolg. Abgesehen von allen möglichen Missverständnissen, die etwa bei einer hinweisenden Definition möglich sind,[69] sind die Korrelationen, auf denen die Methode beruht, ja empirischer Natur; es sind Hypothesen, dass unter bestimmten physischen Umständen bestimmte Sinnesda-

---

[66] Ich übergehe hier die Möglichkeit, dass Spracherlernen der Möglichkeit nach auch auf halluzinatorischem Weg möglich ist; siehe dazu oben, S. 98.

[67] Vgl. dazu auch oben, S. 150.

[68] Das gilt auch für etwaige Strukturbeschreibungen im Sinne von F&C: Ein und dieselbe Struktur kann mit verschiedenen Inhalten „aufgefüllt“ werden (wenngleich für Schlick in dieser Phase die Frage nach der Natur des füllenden Substrats sinnlos ist), mithin definiert eine Strukturbeschreibung keinen Inhalt; vgl. oben, S. 149 ff.

[69] Siehe oben, S. 99 f.

ten auftreten. Ob die Kommunikation erfolgreich ist, bleibt immer hypothetisch. Auch eine Erklärung der Form: „Mit ‚Rot' meine ich ein Sinnesdatum von der Art von diesem, das ich jetzt gerade habe" ist keine Definition des Begriffs Rot; mit dem Ausdruck „von der Art..." wird ja wieder der fragliche Begriff vorausgesetzt. Und generell muss festgehalten werden, dass die hinweisende Definition kein Begriffsverständnis vermittelt; verstehe ich einen anschaulichen Begriff nicht, so hilft keine hinweisende Erklärung. Um einen solchen Begriff zu verstehen, muss ich ein entsprechendes Sinnesdatum haben (d. h. erleben) und dieses bemerken (konstatieren). Habe ich es bemerkt, verstehe ich, was rot ist, ich kann das erlebte Rot unterscheiden von anderen Farben (oder überhaupt andersartigen Sinnesdaten). M. a. W., die Erlebnisqualitäten sind keiner Realdefinition fähig. Verfüge ich über das Begriffsverständnis, so kann ich eine Nominaldefinition geben, die erfolgreich sein, aber aus verschiedensten Gründen auch scheitern kann. Vor einer Nominaldefinition kommt das Begriffsverständnis und damit auch das Glauben (dass dieses bestimmte Sinnesdatum vorliegt); vor der Sprache ist das Denken. In diesem Sinne haben wir schon bei der Diskussion der Konstatierungen angemerkt, dass es irreführend ist zu sagen, eine Konstatierung enthalte eine hinweisende Definition: Bevor ich etwas benenne, muss ich es bemerkt haben.[70]

Doch wie schon erwähnt, ist diese Argumentation für die Undefinierbarkeit von einfachen psychischen Begriffen (bzw. Sinnesdaten-Begriffen) eher als Klärung von Schlicks Ausführungen denn als Kritik zu sehen: Bereits in der AE hält Schlick ausdrücklich fest, dass die hinweisende (dort als „konkrete" oder „psychologische" bezeichnete) Definition von der Definition im logischen Sinn, die in einer Angabe von Merkmalen besteht, „toto genere verschieden ist"[71]; Erstere „ist eine ganz willkürliche Festsetzung und besteht darin, daß für einen irgendwie herausgegriffenen Gegenstand ein eigener Name eingeführt

[70] Siehe oben, S. 223.

[71] AE, S. 202

272

wird"[72]. Vor dem Benennen kommt das „Herausgreifen", welchen Ausdruck wir eben durch „Bemerken" ersetzt haben, im Fall von einfachen Sinnesqualitäten ein unmittelbares Bemerken, ein Konstatieren.

Subjektlosigkeit und Analogieschluss

Im Vergleich mit dem semantischen Physikalismus kann der Standpunkt von F&C (im Anschluss an Rutte) als Halb-Physikalismus bezeichnet werden.[73] Mit der Auffassung, wonach die psychologische Begriffsbildung nicht nur logisch unabhängig von der physikalischen ist, sondern sogar die Grundlage für diese abgibt,[74] sowie der These, dass intersubjektive Mitteilbarkeit keine notwendige Eigenschaft der Erkenntnis von Sinnesdaten ist (siehe das Zitat oben, S. 268), verstärkt sich zweifellos der mentalistische Zug in Schlicks Denken. Auch methodologisch kommt dies in seinen letzten Arbeiten zum Ausdruck, denn das Entwerfen von möglichen Welten in Gedankenexperimenten, um so die logische und begriffliche Unabhängigkeit des Psychischen vom Physischen zu zeigen, ist eine typisch mentalistische Strategie. Einem konsequenten Ausbau eines mentalistischen Standpunktes in der letzten Phase steht nun allerdings die These entgegen, wonach das Ich nur durch Bezugnahme auf einen Körper, also physikalistisch, expliziert werden kann; so kann auch in dieser letzten Phase – nun unter neuen Vorzeichen – nur von einem Halb-Mentalismus (bzw. Halb-Physikalismus) gesprochen werden. Abgesehen von den im vorhergehenden Abschnitt diskutierten Problemen treten hier folgende Inkohärenzen auf:

– Schlicks Akzeptanz der Möglichkeit einer bloß monologisch verstehbaren Sprache steht in Widerspruch zu der Ich-losigkeit: Wenn es keine Subjekte gibt – außer im Sinne von Körpern – so macht es

---

[72] AE, S. 272

[73] Siehe oben, S. 143, Anm. 105.

[74] Vgl. dazu auch oben, Kapitel II, insbesondere S. 93 f.

keinen Sinn, von einer Sprache zu reden, die nur von mir verstanden werden kann; die Möglichkeit einer Privatsprache setzt die Privatheit voraus.

– Unverträglich scheint diese Körper-Theorie des Ich auch mit Schlicks Verteidigung des Verifikationsprinzips zu sein, nämlich, wenn Schlick die Hypothese eines „Lebens nach dem Tod" als sinnvolle empirische Hypothese bezeichnet.[75] Nichts ist leichter, so Schlick an dieser Stelle, als die Beschreibung einer Welt, die sich von der tatsächlichen nur insofern unterscheidet, als keinerlei Bezugnahme auf meinen eigenen Körper darin vorkommt.[76] Aber da in einem solchen Fall per Voraussetzung kein Körper mehr da ist, wie ist dann die fortwährende Existenz einer Person zu verstehen? Die Beschreibung dieser Möglichkeit scheint vorauszusetzen, dass der Begriff einer Person ohne Bezugnahme auf einen Körper zu explizieren ist,[77] während nach Schlicks Ich-Doktrin der einzige legitime Gebrauch des Pronomens der ersten Person in der Referenz auf einen Körper liegt.[78]

– Zum Teil schon angesprochen wurden die Schwierigkeiten, die sich bei einer Ich-losen Konstruktion der Konstatierungen ergeben; ich fasse hier zusammen: Wir haben in Bezug auf die Evidenz-Formel (Aus dem Verstehen folgt ein wahrer Glaube) festgehalten, dass diese

[75] „Meaning and Verification", S. 731 ff.; der Weg der Verifikation besteht in diesem Fall ganz einfach in der Anweisung „Wait until you die!" (Ebd.).

[76] „[...] for nothing is easier than to describe a world which differs from our ordinary world only in the complete absence of all data which I would call parts of my own body" (ebd., S. 732); man beachte, dass auch in dieser Formulierung wieder die Schwierigkeit auftritt, einen Körper als meinen Körper auszuzeichnen.

[77] Für eine systematische Problematisierung der überaus schwierigen Frage nach einem mentalistischen Kriterium der Einheit des Bewusstseins siehe Rutte, „Über die Einheit des Bewußtseins".

[78] Vgl. dazu auch Ayers Kritik in *Language, Truth and Logic*, S. 136, der (ähnlich wie Schlick) in der Bezugnahme auf einen Körper die einzige sinnvolle Bedeutung von „ich" sieht und demgemäß schließt, dass „it is self-contradictory to speak of a man as surviving the annihilation of his body". Für eine Gegenüberstellung der Positionen Schlicks und Ayers in dieser Frage siehe Aldrich, „Messrs. Schlick and Ayer on Immortality".

nur in Bezug auf das konstatierende Subjekt gilt.[79] Schon von daher gilt, dass die Konstatierungen wesentlich einen Unterschied verlangen zwischen dem Subjekt, das eine Konstatierung selbst „macht", und anderen Subjekten, die eine solche (bestenfalls) verstehen können, aber keinen direkten Zugang zu dem Sinnesdatum haben, von dem in der Konstatierung die Rede ist. Das Ich hat eine individualisierende Funktion: Unabhängig von der Qualität des Sinnesdatums, das konstatiert wird, ist immer ein ganz bestimmtes Sinnesdatum gemeint. Die Schlick'sche Analyse des Ichs als auf einen bestimmten Körper referierend setzt voraus, dass die Sinnesdaten, mit denen dieser Körper empirisch verknüpft ist, als meine herausgegriffen werden. Und Schlick selbst kann in seiner näheren Verteidigung der Irrtumssicherheit der Konstatierungen letztlich nicht auf eine (nicht im physischen Sinn verstandene) Ich-Referenz verzichten, wenn er Formulierungen verwendet wie „Dies ist die Farbe, die immer ‚gelb' genannt zu haben ich mich jetzt erinnere".[80] Diesen Analysevorschlag haben wir oben im Zusammenhang mit Schlicks Unterscheidung von Sach- und Sprachirrtum diskutiert; im gegenwärtigen Zusammenhang ist von Belang, dass sich damit auch ein Ich, das in der ursprünglichen Formulierung der Konstatierung nicht vorkam, sozusagen durch die Hintertüre wieder eingeschlichen hat und nicht zu sehen ist, wie dieses Ich hier zu eliminieren wäre; bei Chisholm heißt es dazu:

Indeed there is *no* way of paraphrasing "I believe I have used 'yellow' in the past to refer to that sort of thing" without using the first person pronoun. Hence, it would seem, the first person pronoun is essential to the formulation of an observation statement.[81]

Solcherart zeigt sich, dass sich nicht alle Teile von Schlicks Denken seiner letzten Phase – nach Abwendung vom Strukturalismus von F&C – zu einem kohärenten Ganzen verbinden lassen; insbesondere eben diese von Wittgenstein angeregte Analyse des Ichs lässt sich

---

[79] Siehe oben, S. 215 ff.

[80] Siehe oben, S. 191.

[81] Chisholm, „Schlick on the Foundations of Knowing", S. 155

m. E. nicht mit anderen Bestandteilen in Einklang bringen. Das führt noch einmal zurück zur Frage, warum Schlick diese Ich-Theorie bzw. die Subjektlosigkeit der Sinnesdaten für so überaus wichtig hielt – „a point of fundamental importance and the deepest philosophic interest"[82].

Erinnern wir uns, aus welchem Grund Schlick den Analogieschluss auf Fremdpsychisches in der Phase von F&C abgelehnt hat, ja diesen sogar als „typisch metaphysisch" bezeichnet hat.[83] Das Argument dort lautete, dass ein solcher Schluss dann ungültig ist, wenn das Ergebnis prinzipiell nicht nachprüfbar ist; und da die Erlebnisse eines anderen als solche keiner Überprüfung zugänglich sind (zugänglich ist nur sein Verhalten), so verfällt der Analogieschluss auf Fremdpsychisches dem Verdikt der Sinnlosigkeit.[84]

Doch diese Unzugänglichkeit des Fremdpsychischen ist mit der These der Subjektlosigkeit der Sinnesdaten eben keine prinzipielle Unzugänglichkeit mehr; nach dieser These ist es möglich, dass ich das Sinnesdatum eines anderen direkt konstatiere. Damit wäre der Analogieschluss gerechtfertigt: In einer solchen Welt, wie Schlick sie per Gedankenexperiment entwirft, besteht in dieser Hinsicht kein prinzipieller Unterschied mehr zwischen dem Fall, in dem ich aufgrund von Analogie schließe, dass auch die heute gekaufte Packung so wie unzähligen früher gekauften Zigaretten enthält, und dem Fall, wo ich aufgrund des entsprechenden Verhaltens auf das Vorliegen eines bestimmten Sinnesdatums schließe: In beiden Fällen ist die Konklusion des Schlusses prinzipiell nachprüfbar. Die vermeintliche Unprüfbarkeit der Sinnesdaten anderer, die Privatheit derselben, ist ja nach der Ich-Theorie Schlicks keine prinzipielle. Die Gedankenexperimente sollen ja gerade zeigen, dass es nur die empirischen Be-

---

[82] „Meaning and Verification", S. 734

[83] Siehe dazu oben, S. 140.

[84] Wie dargelegt, war Schlick sich diesbezüglich mit Carnap einig; dieser klassische Einwand gegen den Analogieschluss findet sich später auch bei Ayer (*Language, Truth and Logic*, S. 138) und bei Ryle (*The Concept of Mind*, S. 14 f.).

ziehungen zu bestimmten Körpern sind, die die Rede von „meinen" oder „seinen" Sinnesdaten rechtfertigen. So scheinen empirische psychophysische Korrelation und Subjektlosigkeit ineinanderzugreifen: Erstere stellt die Grundlage für den Analogieschluss dar, Letztere legitimiert dieses Verfahren, indem dadurch sichergestellt wird, dass es sich bei der Konklusion dieses Schlusses um etwas prinzipiell Überprüfbares handelt.

Der hier hergestellte Zusammenhang zwischen Subjektlosigkeit und Analogieschluss ist einigermaßen interpretativ, insofern Schlick selbst nicht in aller Deutlichkeit eine derartige Verbindung herstellt. Allerdings scheinen Schlicks Ausführungen den Analogieschluss zu implizieren, etwa wenn er davon spricht, dass die psychophysische Korrelation die Grundlage für den Schluss von Verhalten auf Sinnesdatum darstellt.[85] In der Vorlesung des Wintersemesters 1934/35 tritt dieser Zusammenhang schon recht offen zutage: Zuerst wird dort ausführlich (und ganz auf der Linie der Ausführungen insbesondere in „Meaning and Verification") die Subjektlosigkeit der Sinnesdaten diskutiert, unter anderem eben mit dem Ergebnis, dass bei Fremd-Sinnesdaten „in den meisten Fällen die Nicht-Verifizierbarkeit nicht prinzipieller, sondern zufälliger Natur ist"; anschließend kommt Schlick auf den Analogieschluss zu sprechen und vertritt dort, dass dieser sinnvoll ist, wenn sich das Ergebnis nachprüfen lässt.

Man kann vom Schmerz des anderen nur deshalb sprechen, weil man es auch prüfen kann und nur dies heisst es, wenn man sagt, der andere habe Schmerz. Hat man es nachgeprüft, dann weiss man es nicht nur durch Analogie, sondern man hat festgestellt, dass der Analogieschluss zutrifft. Hier ist es sinnvoll und gerechtfertigt, von einem Analogieschluss zu sprechen (eben weil man nachher die Möglichkeit hat, die Richtigkeit des Schlusses zu prüfen).[86]

[85] „Wenn ich z. B. lachte, herumspränge, sänge und scherzhafte Geschichten erzählte, so könnte man daraus nicht etwa schließen, daß ich lustig sei, sondern dies Verhalten wäre mit trauriger Stimmung ebenso gut vereinbar wie mit fröhlicher." („Über die Beziehung zwischen den psychologischen und den physikalischen Begriffen", S. 284)

[86] Inv.-Nr. 38, B. 18a, Bl. 65 f.

Allerdings sind Schlicks Ausführungen in dieser Vorlesung (bzw. der Mitschrift dieser Vorlesung) nicht so eindeutig, wie diese herausgegriffene Stelle dies nahelegt; deutlicher ist das Zeugnis seiner Schüler H. Melzer und J. Schächter. In einer Arbeit, die „der Darlegung der Lehrmeinungen Prof. Schlicks zugedacht ist"[87], stellen diese Autoren die Verbindung von Subjektlosigkeit und Analogieschluss in aller Deutlichkeit her:

Der – etwas in Verruf geratene – „Analogieschluß" auf die Ereignisse im „Fremdpsychischen" wäre in dieser Sprache nicht nur logisch korrekt, sondern sogar praktisch überprüfbar [...] Denn ich kann genau angeben, *was* per analogiam – der Entsprechung zwischen dem Verhalten meines Körpers und meinen Erlebnissen – über die Erlebnisse des Anderen erschlossen wurde und ich kann – in dieser geschilderten Welt – auch tatsächlich überprüfen, ob mein Analogieschluß mich irregeführt hat oder nicht.[88]

So weit die interpretative Rekonstruktion von Schlicks letztlich eingenommenen Standpunkt in der Frage nach der Erkenntnis des Fremdpsychischen. Zum einen wäre zu diskutieren, ob der Analogieschluss wirklich nur dann zulässig ist, wenn die Konklusion auch direkt verifizierbar ist. Ich denke nicht, dass eine derartig starke Forderung zu stellen ist. Auch ein Urteil der äußeren Wahrnehmung wie „Dies ist ein Tisch" ist (als Schluss auf den Verursacher der gegenwärtigen Sinnesdaten) keiner direkten und endgültigen Verifikation fähig. Des Weiteren wäre auch die Erklärungs- und Prognoseleistung der Zuschreibung von Psychischem „hinter" dem Verhalten anderer Personen zu betonen. Doch würde uns eine systematische Verteidigung des Analogieschlusses zu weit weg von Schlick führen.[89] Wir wenden uns stattdessen noch einmal dem von Schlicks zeitgenössischen Kritikern

---

[87] Melzer/Schächter, „Über den Physikalismus", S. 92

[88] Ebd., S. 102; mit dem Ausdruck „in dieser Sprache" ist eben die Beschreibung einer möglichen Welt gemeint, in der Sinnesdaten auf andere als die vertraute Weise „verteilt" sind, sodass davon gesprochen werden kann, dass jemand die Sinnesdaten eines anderen direkt wahrnimmt.

[89] Für eine kurze Übersicht zu dieser Debatte siehe Hyslop, „Other Minds".

aufgeworfenen Einwand zu, wonach aus der Verbindung von Verifikationismus und eigenpsychischer Basis solipsistische Konsequenzen folgen. [90]

Wir haben bei der Diskussion der Konstatierungen festgehalten, dass die Evidenzformel (Aus dem Verstehen folgt wahrer Glaube) nur für das konstatierende Subjekt gilt. [91] Aber daraus folgt nicht, dass der Sinn einer Konstatierung für andere Subjekte nicht verstehbar wäre. Voraussetzung für das Verständnis einer Fremdkonstatierung ist, dass B die Erlebniseigenschaft kennt, von der in A's Konstatierung die Rede ist. [92] Kennen kann B solche Eigenschaften nur durch eigenes Erleben, erkennen durch eigene Konstatierungen, und damit wird auch die Grenze der Möglichkeit der Verständigung bezüglich Realbegriffen festgelegt: Hat ein anderes Subjekt keine Farberlebnisse, so kann er auch nicht verstehen, was ich mit einer Konstatierung wie „Dies ist rot" eigentlich meine. Dieser Farbenblinde kann zwar verstehen, dass ich mit dieser Konstatierung eine Erlebnisqualität direkt feststelle, doch welcher Art diese Qualität ist, kann er nicht wissen und verstehen. Der Sinn wäre ein subjektiver, wenn eine Konstatierung prinzipiell nur für das jeweilige Subjekt und nicht für andere Personen verständlich wäre. Das wäre der Fall, wenn die Erlebnisse der Personen in ihrer Qualität grundverschieden wären. Ist er dagegen ein Normal-Sehender, d. h. kennt er die entsprechende Qualität aus dem eigenen Erleben, so steht einer Kommunikation prinzipiell nichts im Wege. Zwar bleibt – dies auch im Rückgriff auf Schlicks Erörterungen im Zusammenhang der Form/Inhalt-Dichotomie – immer hypothetisch, ob die Mitteilung richtig verstanden wurde, da nicht sicher gewusst werden kann, ob die Qualitäten gleich (oder ähnlich) sind bzw. ob die Wörter in

---

[90] Siehe oben, S. 247 ff.

[91] Siehe oben, S. 214 ff.

[92] Eine weitere Voraussetzung ist, dass B weiß, was es heißt, sich unmittelbar hinweisend auf ein Sinnesdatum zu beziehen, also dass B selbst einer derartigen Weise der Bezugnahme fähig ist.

gleicher Weise verwendet werden. Aber aus der nicht auszuschlie-
ßenden Möglichkeit eines Missverständnisses folgt nicht, dass kein
Verständnis möglich wäre.

Schlussbetrachtungen

Qualitatives ist nur durch Einordnung in einen intersubjektiven Zu-
sammenhang mitteilbar. Der strukturelle Ansatz in F&C und der
Weg mittels des Begriffs der Koinzidenzen sind zwei verschiedene
Arten, einen solchen Zusammenhang zu konstruieren. Dem ersten
Ansatz zufolge bewegen wir uns von vornherein im Bereich des Intersubjektiven, Erkenntnis (wie Sprache überhaupt) hat es nur mit
Strukturen, rein Formalem, von allem Inhaltlichen Gereinigtem zu
tun. Der Preis, den dieser Ansatz verlangt, ist allerdings (zu) hoch:
Qualitatives ist dann überhaupt nicht mehr erkennbar, ein Subjekt
hat auch von eigenen Erlebnissen nur Wissen der strukturellen Zusammenhänge. Die Konstatierungen sind aber – so versuchte ich zu
zeigen – nur verständlich als Erkennen des Vorliegens von Erlebnisqualitäten, also als inhaltliche Erkenntnis; die Theorie der Konstatierungen und der strukturelle Ansatz stehen sich unversöhnlich
gegenüber. Da nun das Pendel in Schlicks Denkweg in Richtung Konstatierungen ausschlägt, bedarf es für das Problem der Mitteilbarkeit einer neuen Lösung; und wieder ist bemerkenswert, dass mit
dem Begriff der Koinzidenzen auf eine Konzeption zurückgegriffen
wird, die bereits in der AE entwickelt ist. Nun geht Schlick aus von
einer unmittelbaren, qualitativen und – wie er glaubt – irrtumssicheren Erkenntnis von Sinnesdaten, der gegenüber die intersubjektive
Mitteilbarkeit insofern sekundär ist, als diese immer vom Bestehen
naturgesetzlicher Zusammenhänge abhängt. In diesem Sinn könnte
man auch von einer impliziten Limitierung sprechen, die der „linguistic turn" in Schlicks Denkweg erfährt. Während er in der optimistischen Phase der Früh- und Blütezeit des logischen Empirismus eben
ganz von der Faktizität der (intersubjektiven) Sprache ausgeht, ja
die Analyse von sprachlichen Ausdrücken als legitimen Nachfolger

der traditionellen erkenntnistheoretischen Fragen sieht,[93] so sind es gerade genuin erkenntnistheoretische (geltungstheoretische) Gründe, die ihn zur Theorie der Konstatierungen führen.[94] In diesem Sinn ist eine Rehabilitierung der Erkenntnistheorie zu bemerken, verstanden als eine grundlegende Disziplin, die nicht (oder jedenfalls nicht vollständig) in Sprachanalyse aufgeht.

Wir haben in der vorliegenden Studie versucht, die Denkbewegung Schlicks nachzuvollziehen und kritisch zu kommentieren. Die Unterscheidung ihrer verschiedenen Entwicklungsstufen und die Untersuchung von deren Beziehungen zueinander weist in der Perspektive einer solchen Rekonstruktion zwangsläufig eine Tendenz zu Kategorisierungen auf, die nicht (oder nicht unbedingt) dem tatsächlichen historischen Ablauf entsprechen. So wurde bereits mehrfach darauf hingewiesen, dass etwa die Konzeption der Konstatierungen von Schlick sozusagen tastend und nicht in allen Teilen kohärent entwickelt wurde. Die Schwierigkeiten, die sich bei dieser Konzeption gegenüber Schlicks früheren Bestimmungen des Erkenntnisbegriffs in der AE, besonders aber in F&C ergeben, wurden dargelegt. Offensichtlich war Schlicks Denken bis zu seinem nicht vorhersehbaren Tod voll im Fluss, wofür wohl auch der Versuch verantwortlich ist, nicht hinter Wittgensteins rasanter Entwicklung zurückzubleiben – wobei sich nicht nur an den Konstatierungen zeigt, dass Schlick trotz Verwendung Wittgenstein'scher Anregungen letztlich zu einer Position kam, die mit der des verehrten Denkers eindeutig nicht mehr in Einklang zu bringen ist. Auch die erstarkende mentalistische Tendenz weist in eine Wittgenstein entgegengesetzte Richtung, wofür der Begriff einer nur monologisch verwendbaren Sprache das augenfälligste Zeugnis abgibt. Schlicks permanente Entwicklung und

---

[93] Siehe z. B. „Die Wende der Philosophie", S. 216.

[94] In Schlicks Worten ist das die Frage nach den Gründen, „why I myself (the individual observer)" ein System wissenschaftlicher Hypothesen als wahr akzeptiere („Facts and Propositions", S. 573); und wie Schlick gleich anschließend festhält, sind die Konstatierungen der Versuch der Beantwortung dieser Frage.

damit auch Unabgeschlossenheit seines Denkens lassen sich wieder an den Konstatierungen besonders gut nachvollziehen; so etwa nimmt Schlick seine eigenen Thesen zurück mit der wiederholt gemachten Bemerkung, bei der Frage nach der Rechtfertigung für die Glaubenseinstellung eines Subjekts (die durch die Theorie der Konstatierungen beantwortet werden soll) handle es sich um ein psychologisches Problem.[95] Solcherlei Aussagen führten beinahe zwangsläufig zu Kritik, wie sie etwa von Carnap geäußert wurde, bei dem es – in offensichtlicher Anspielung auf „Über das Fundament der Erkenntnis" – heißt:

Wie mir scheint, ist die *Erkenntnistheorie* in ihrer bisherigen Gestalt eine *unklare Mischung aus psychologischen und logischen Bestandteilen* [...] So rief z. B. vor Kurzem ein Aufsatz in der ‚Erkenntnis' vielerlei Bedenken und Einwände und lebhafte Diskussionen durch seine vermeintlich logischen Thesen hervor, bis schließlich der Autor erklärte, seine Ausführungen seien nicht als logische, sondern als psychologische Analyse gemeint.[96]

So berechtigt dieser Einwand auch ist, die Wertigkeit des Ziels dieser Kritik muss bezweifelt werden; für eine psychologische Auffassung des Problems bei Schlick sprechen eigentlich nur Redeweisen wie die von Befriedigung oder Erfüllung als Gefühlen, die sich bei der Bestätigung von Hypothesen durch Konstatierungen einstellen.[97] Offensichtlich spiegelt sich hier eine Unsicherheit Schlicks, sozusagen der Versuch, die Konstatierungen aus der Schusslinie zu nehmen; denn mit empirisch-psychologischen Fragen hatten wir es bei der Diskussion von Schlicks Thesen wahrlich nicht zu tun.

[95] Vgl. „Facts and Propositions", S. 574, oder Moritz Schlick an Rudolf Carnap, 16. April 1935, ASP-RC 102-70-14.

[96] „Von der Erkenntnistheorie zur Wissenschaftslogik", S. 36 f.

[97] Vgl. etwa das Zitat oben, S. 184. Derartige Formulierungen werden auch von Ayer kritisiert: "There might very well be people who suffered great pain whenever their observations substantiated one of their hypotheses, and immediately abandoned it; and conversely there might be people who became extremely elated whenever their observations confuted one of their hypotheses, and immediately assumed it to have been substantiated." („The Criterion of Truth", S. 30)

A. J. Ayer antwortete einmal auf die Frage, was denn die Hauptfehler des Logischen Empirismus gewesen seien: "Well, I suppose the most important of the defects was that nearly all of it was false." [98] Die Rigorosität dieser Stellungnahme ist jedoch wohl mehr dem trockenen britischen Humor als der Sache selbst zu verdanken, denn – wie die im Verlauf dieser Arbeit herangezogenen Schriften Ayers bezeugen – ist gerade Ayer einer der Autoren, die zweifellos von Schlick angeregt wurden [99] und vielfach dieselben Fragestellungen verfolgen, wenn es auch nicht an Detailkritik fehlt. [100] Und Ayer bekennt sich ausdrücklich mehrfach zu der von den „Helden [s]einer Jugend" [101] inaugurierten philosophischen Einstellung.

Zweifellos stellt der Wiener Kreis einen echten Knotenpunkt in der Philosophiegeschichte des 20. Jahrhunderts dar, eine Vielzahl von Fäden laufen hier zusammen. Die Fortführung der Tradition des klassischen britischen Empirismus verbindet sich mit dem Einfluss Machs und der französischen Konventionalisten; die Aufnahme des Instrumentariums und (zum Teil) der Ergebnisse der logisch-semantischen Analysen vor allem von Russell und Wittgenstein steht in Verbindung mit der Verarbeitung der Umwälzungen, die in den revolutionären Ergebnissen der Naturwissenschaften (vor allem Relativitäts- und Quantentheorie) liegen. [102] Die Voraussetzungen und Konsequenzen des empiristischen Standpunktes in logisch-begriffs-

---

[98] „Logical Positivism and its Legacy. Dialogue with A. J. Ayer", S. 131

[99] Wie Ayer übrigens auch selbst zum Ausdruck bringt, wenn er *Language, Truth and Logic* als „fairly close to Schlick" bezeichnet; A. J. Ayer an Henk Mulder, 30. April 1963 (im Konvolut Inv.-Nr. 590, Z. 1).

[100] Offensichtlich ist Schlicks Einfluss bei seinen Schülern im engeren Sinn, unter denen besonders Feigl, Juhos und Waismann hervorzugeben sind.

[101] „Der Wiener Kreis", S. 23

[102] Damit sind natürlich nur einige der wichtigsten, bei weitem nicht alle für den Kreis wichtigen Anregungen und Traditionen genannt. Neurath hebt die spezifisch empiristische und metaphysikfeindliche österreichische Tradition hervor als den Boden, auf dem die neue Bewegung gedeihen konnte; siehe *Die Entwicklung des Wiener Kreises und die Zukunft des Logischen Empirismus.*

analytischer Manier explizit gemacht zu haben, darin scheint mir das Hauptverdienst des Wiener Kreises (und seiner Nachfolger) zu liegen. Freilich führte diese Ausarbeitung trotz gemeinsamer Grundanliegen nie zu einer einheitlichen Position; die Positionen einzelner Mitglieder entwickelten sich in erstaunlich kurzer Zeit ständig weiter – wie eben in vorliegender Arbeit bei Schlick vorgeführt –, ganz zu schweigen von den immer deutlicher aufbrechenden Gegensätzen zwischen einzelnen Vertretern, die durchaus nicht auf Detailfragen beschränkt blieben.

Im Wiener Kreis laufen aber nicht nur viele Fäden zusammen, von hier aus kam die analytische Philosophie – salopp ausgedrückt – erst so richtig in Schwung. Am Wiener Kreis entzündeten sich die verschiedenen Gegenpositionen, Ausgangspunkt ist eben zumeist eine Kritik an Empirismus und Positivismus. Insofern handelt es sich um eine enorm fruchtbare Richtung („Viel Feind', viel Ehr'"). Dass dabei oftmals ein (meist naiver) Strohmann als Gegner aufgebaut wurde (und dass es sich um einen solchen handelt, wird schon durch die Bezeichnung als „Received View" nahegelegt), verhinderte lange Zeit hindurch, den Wiener Kreis in seiner Vielschichtigkeit und Uneinheitlichkeit zu sehen, genauso wie damit oft übersehen wurde, dass manche der propagandierten Ideen, mit denen angeblich die Überwindung des Wiener Kreises erreicht sein soll, bereits ebendort zumindest in nuce vertreten wurden.

Freilich, genau in der Form, in der Schlick und seine Mitstreiter ihre Thesen vorbrachten, sind kaum welche zu finden, die nicht problematisch sind. Neben der historischen Rekonstruktion wurde auch in vorliegender Arbeit nicht mit Kritik gespart. Die schwierigere Aufgabe, den haltbaren Teil der zum Teil höchst innovativen Ideen Schlicks systematisch auszubauen, wurde hier nicht in Angriff genommen.

Literaturverzeichnis

Verwendete Siglen:

AE	*Allgemeine Erkenntnislehre*
ASP-HR	Nachlass Hans Reichenbach
ASP-RC	Nachlass Rudolf Carnap
EV	Erstveröffentlichung
F&C	„Form and Content"
MSGA	*Moritz Schlick Gesamtausgabe*

Unveröffentlichte Quellen:[1]

Nachlass Rudolf Carnap, *Archives of Scientific Philosophy*, University of Pittsburgh, Special Collections Department (ASP-RC)

Nachlass Otto Neurath, *Wiener-Kreis-Archiv* im *Noord-Hollands Archief*, Haarlem

Nachlass Hans Reichenbach, *Archives of Scientific Philosophy*, University of Pittsburgh, Special Collections Department (ASP-HR)

Nachlass Louis Rougier, Chateau de Lourmarin, Provence[2]

Nachlass Ludwig Wittgenstein, *Wren Library*, Trinity College, University of Cambridge

Personalakt Moritz Schlick, Archiv der Universität Wien

---

[1] Der Nachlass Schlicks ist unten, S. 293, gesondert angeführt.

[2] Die zitierten Briefe liegen dort in Form von Photokopien, die Originale befinden sich in Privatbesitz von Beatrice Fink (Paris/Washington D. C.); der Autor bedankt sich für die Übermittlung von Photokopien.

Schriften von Moritz Schlick

a) Zitierte Bände der MSGA

MSGA I/1 = *Allgemeine Erkenntnislehre*, herausgegeben und eingeleitet von H. J. Wendel und F. O. Engler, Wien/New York: Springer 2009.

MSGA I/2 = *Über die Reflexion des Lichtes in einer inhomogenen Schicht / Raum und Zeit in der gegenwärtigen Physik*, herausgegeben und eingeleitet von F. O. Engler und M. Neuber, Wien/New York: Springer 2006.

MSGA I/3 = *Lebensweisheit. Versuch einer Glückseligkeitslehre / Fragen der Ethik*, herausgegeben und eingeleitet von M. Iven, Wien/New York: Springer 2006.

MSGA I/5 = *Rostock, Kiel, Wien. Aufsätze, Beiträge, Rezensionen 1919–1925*, herausgegeben und eingeleitet von E. Glassner und H. König-Porstner unter Mitarbeit von K. Böger, Wien/New York: Springer 2012.

MSGA I/6 = *Die Wiener Zeit. Aufsätze, Beiträge, Rezensionen 1926–1936*, herausgegeben und eingeleitet von J. Friedl und H. Rutte, Wien/New York: Springer 2008.

MSGA II/1.2 = *Erkenntnistheoretische Schriften 1926–1936*, herausgegeben und eingeleitet von J. Friedl und H. Rutte, Wien/New York: Springer [im Erscheinen].

b) Zu Lebzeiten veröffentlichte Schriften[3]

Lebensweisheit. Versuch einer Glückseligkeitslehre, in: MSGA I/3, S. 43-332 [EV 1908].

„Das Wesen der Wahrheit nach der modernen Logik", in: *Vierteljahrsschrift für wissenschaftliche Philosophie und Soziologie* 34, 1910, S. 386-477.

„[Rezension von:] Federigo Enriques, *Probleme der Wissenschaft*", in: *Vierteljahrsschrift für wissenschaftliche Philosophie und Soziologie* 35, 1911, S. 266-269.

„Gibt es intuitive Erkenntnis?", in: *Vierteljahrsschrift für wissenschaftliche Philosophie und Soziologie* 37, 1913, S. 472-488.

„Die philosophische Bedeutung des Relativitätsprinzips", in: *Zeitschrift für Philosophie und philosophische Kritik* 159, 1915, S. 129-175.

„Idealität des Raumes, Introjektion und psychophysisches Problem", in: *Vierteljahrsschrift für wissenschaftliche Philosophie und Soziologie* 40, 1916, S. 230-254.

Raum und Zeit in der gegenwärtigen Physik. Zur Einführung in das Verständnis der Relativitäts- und Gravitationstheorie, in: MSGA I/2, S. 159-296 [1. Auflage 1917, 4. Auflage 1922].

Allgemeine Erkenntnislehre = MSGA I/1 [1. Auflage 1918, 2. Auflage 1925].

„Erscheinung und Wesen", in: MSGA I/5, S. 39-68 [EV 1919].

„Kritizistische oder empiristische Deutung der neuen Physik? Bemerkungen zu Ernst Cassirers Buch *Zur Einsteinschen Relativitätstheorie*", in: MSGA I/5, S. 223-247 [EV 1921].

„Naturphilosophie", in: MSGA I/5, S. 599-742 [EV 1925].

„Erleben, Erkennen, Metaphysik", in: MSGA I/6, S. 33-54 [EV 1926].

---

[3] Ein vollständiges Verzeichnis aller zu Lebzeiten erschienenen Schriften ist in jedem Band der MSGA zu finden.

„Vom Sinn des Lebens", in: MSGA I/6, S. 99-125 [EV 1927].

„Erkenntnistheorie und moderne Physik", in: MSGA I/6, S. 161-172 [EV 1929].

„[Rezension von:] Percy W. Bridgman, *The Logic of Modern Physics*", in: MSGA I/6, S. 187-191 [EV 1929].

„[Rezension von:] Rudolf Carnap, *Der logische Aufbau der Welt*", in: MSGA I/6, S. 199-202 [EV 1929].

Fragen der Ethik, in: MSGA I/3, S. 347-536 [EV 1930].

„Die Wende der Philosophie", in: MSGA I/6, S. 213-222 [EV 1930].

„[Rezension von:] Bertrand Russell, *Philosophie der Materie*", in: MSGA I/6, S. 227-228 [EV 1930].

„Die Kausalität in der gegenwärtigen Physik", in: MSGA I/6, S. 237-290 [EV 1931].

„Positivismus und Realismus", in: MSGA I/6, S. 323-362 [EV 1932].

„The Future of Philosophy", in: MSGA I/6, S. 371-390 [EV 1932].

„A New Philosophy of Experience", in: MSGA I/6, S. 397-414 [EV 1932].

„Causality in Everyday Life and in Recent Science", in: MSGA I/6, S. 419-445 [EV 1932].

„Gibt es ein materiales Apriori?", in: MSGA I/6, S. 455-469 [EV 1932].

„[Rezension von:] Bernhard Bavink, *Ergebnisse und Probleme der Naturwissenschaften*", in: MSGA I/6, S. 475-476 [EV 1933].

„Über das Fundament der Erkenntnis", in: MSGA I/6, S. 487-514 [EV 1934].

„Philosophie und Naturwissenschaft", in: MSGA I/6, S. 521-545 [EV 1934].

„Facts and Propositions", in: MSGA I/6, S. 567-574 [EV 1935].

„De la relation entre les notions psychologiques et les notions physiques", in: MSGA I/6, S. 583-609 [EV 1935; Zitation nach posthum publizierter deutscher Fassung „Über die Beziehung zwischen den psychologischen und den physikalischen Begriffen" (siehe unten)].

„Ergänzende Bemerkungen über P. Jordan's Versuch einer quantentheoretischen Deutung der Lebenserscheinungen", in: MSGA I/6, S. 617-620 [EV 1935].

Sur le fondement de la connaissance, traduction du E. Vouillemin (= *Actualités scientifiques et industrielles* 289), Paris: Hermann 1935.

„Introduction", in: MSGA I/6, S. 649-653 [EV 1935; Zitation nach posthum publizierter englischer Übersetzung gleichen Titels (siehe unten)].

„Sur les ‚constatations'", in: MSGA I/6, S. 661-671 [EV 1935; Zitation nach posthum publizierter deutscher Fassung „Über Konstatierungen" (siehe unten)].

„Über den Begriff der Ganzheit", in: MSGA I/6, S. 681-700 [EV 1935].

„Meaning and Verification", in: MSGA I/6, S. 709-748 [EV 1936].

„Sind die Naturgesetze Konventionen?", in: MSGA I/6, S. 759-772 [EV 1936].

„Gesetz und Wahrscheinlichkeit", in: MSGA I/6, S. 781-799 [EV 1936].

„Quantentheorie und Erkennbarkeit der Natur", in: MSGA I/6, S. 807-820 [EV 1937]. [4]

---

[4] Diese Arbeit erschien zwar erst nach Schlicks Tod (wahrscheinlich gilt das auch für die beiden vorher genannten Arbeiten), wurde aber noch von Schlick selbst zur Publikation freigegeben.

c) Posthum veröffentlichte Schriften

Gesammelte Aufsätze 1926–1936, Wien: Gerold 1938.

„Form and Content", in: *Gesammelte Aufsätze 1926–1936*, S. 151-249.

„Über die Beziehung zwischen den psychologischen und den physikalischen Begriffen", in: *Gesammelte Aufsätze 1926–1936*, S. 267-287 [deutsche Fassung von „De la relation entre les notions psychologiques et les notions physiques"].

Problems of Ethics, authorized translation by D. Rynin, New York: Prentice-Hall 1939 [englische Übersetzung von *Fragen der Ethik*].

„[Selbstdarstellung]", in: Ziegenfuß/Jung, *Philosophen-Lexikon*, zweiter Band, S. 462-464.

Aphorismen, herausgegeben von B. Hardy-Schlick, Wien: Im Selbstverlag des Herausgebers 1962.

General Theory of Knowledge, translated by A. E. Blumberg, with an Introduction by A. E. Blumberg and H. Feigl (= *Library of Exact Philosophy* vol. 11), Wien/New York: Springer 1974 [englische Übersetzung von *Allgemeine Erkenntnislehre*].

Philosophical Papers, 2 vols., edited by H. Mulder and B. van de Velde-Schlick (= *Vienna Circle Collection* 11.1 und 11.2), Dordrecht u. a.: Reidel 1979.

„What is Knowing?", translated by P. Heath, in: *Philosophical Papers* I, S. 119-140 [auszugsweise Übersetzung von Inv.-Nr. 2, A. 3a].

„Introduction", translated by P. Heath, in: *Philosophical Papers* II, S. 405-407 [englische Übersetzung des gleichbetitelten französischen Textes].

„Vorrede [zu Waismann]", in: Waismann, *Logik, Sprache, Philosophie*, S. 11-23.

Die Probleme der Philosophie in ihrem Zusammenhang. Vorlesung aus dem Wintersemester 1933/34, herausgegeben von H. Mulder, Anne J. Kox und R. Hegselmann, Frankfurt a. M.: Suhrkamp 1986.

Philosophische Logik, herausgegeben und eingeleitet von B. Philippi, Frankfurt a. M.: Suhrkamp 1986.

„Über Konstatierungen", in: Schlick, *Philosophische Logik*, S. 230-237 [deutsche Fassung von „Sur les ‚constatations'"].

Théorie générale de la connaissance, traduit de l'allemand et présenté par Christian Bonnet, Paris: Gallimard 2009 [französische Übersetzung von *Allgemeine Erkenntnislehre*].

d) Schriften aus dem Nachlass [5]

Inv.-Nr. 2, A. 3a: [Grundzüge der Erkenntnistheorie und Logik]
1911/12, p. 1-109, Handschrift

Inv.-Nr. 8, A. 14a: [Naturphilosophie]
[1922], 4 S., Handschrift

Inv.-Nr. 12, A. 33a: Einleitung in die Philosophie der Zukunft
Undat., p. 1-28, Handschrift

Inv.-Nr. 16, A. 52b: Does Science Describe or Explain?
1927, p. 1-9, Typoskript, Durchschlag (von Inv.-Nr. 16, A. 52a), zwei Exemplare

Inv.-Nr. 16, A. 57a: Die Überwindung des Konventionalismus
[1927/28], 9 S., fremde Handschrift

Inv.-Nr. 16, A. 58a: I. Philosophy as pursuit of meaning
Undat., p. 1-8, Typoskript

Inv.-Nr. 38, B. 18a: Logik und Erkenntnistheorie
1934/35, Bl. 1-162, Typoskript (Vorlesungsmitschrift von K. Steinhardt)

---

[5] Das *Wiener-Kreis-Archiv*, in dem sich der Nachlass Schlicks befindet, wird von der *Wiener-Kreis-Stichting* (Amsterdam) verwaltet und im *Noord-Hollands Archief* (Haarlem) aufbewahrt. Nummerierung und Betitelung der angeführten Nachlassstücke (der zitierte Briefwechsel wird nicht gesondert angeführt) basieren auf dem von Reinhard Fabian erstellten Inventarverzeichnis.

Inv.-Nr. 52, B. 32-2: Philosophie der Zahl, SS 1926
1926, 121 S., Handschrift (Seminarprotokoll, verschiedene Autoren)

Inv.-Nr. 55, B. 35: Philosophisches Seminar, Wintersemester 1928/29: Russell, Die Probleme der Philosophie
1928/29, 110 S., Handschrift (Seminarprotokoll, verschiedene Autoren)

Inv.-Nr. 56, B. 36-1: Philosophisches Seminar, Sommersemester 1929. Thema: Russell, Analyse des Geistes
1929, 53 S., Handschrift (Seminarprotokoll, verschiedene Autoren)

Inv.-Nr. 56, B. 36-2: Philosophisches Seminar Wintersemester 1929/ 30. Thema: Russell, Philosophie der Materie
1929/30, 127 S., Handschrift (Seminarprotokoll, verschiedene Autoren)

Inv.-Nr. 58, B. 38-3: Philosophisches Seminar, Sommer-Semester 1932. Gegenstand: Lektüre von Bertrand Russell, Einführung in die math. Philosophie
1932, 38 S., Handschrift (Seminarprotokoll, verschiedene Autoren)

Inv.-Nr. 85, C. 29-4: Akten des Bundesministeriums für Inneres und Unterricht in Wien (betreffend die Berufung von Moritz Schlick)
1922, 8 S., Handschrift und Typoskript

Inv.-Nr. 176, A. 180: [Aphorismen: 25-200]
Undat., 157 Zettel, Handschrift

Inv.-Nr. 177, A. 185: [Aphorismen: 529-549]
Undat., 84 S., Handschrift

Inv.-Nr. 181, A. 202: Form and Content. An Introduction to Philosophical Thinking. Three Lectures delievered in the University of London in Nov. 1932
1932, 8 S., Typoskript (u. a. Titelblatt und Inhaltsverzeichnis)

Inv.-Nr. 181, A. 203a: I. The Nature of Expression

Undat., p. 1-26, Handschrift

Inv.-Nr. 181, A. 204a: [The Nature of Expression]
Undat., p. 13a-57, Handschrift

Inv.-Nr. 181, A. 206: II. The Nature of Knowledge
Undat., p. 1-38, Handschrift

Inv.-Nr. 183, D. 1: [„Versteht man einen Satz, oder ist es erst ein Satz, wenn man es versteht? ..."
Undat., 37 S., Handschrift, Kurzschrift [Diktat von Ludwig Wittgenstein]

Inv.-Nr. 183, D. 2: [„Die normale Ausdrucksweise ‚Ich habe Zahnschmerzen' ..."]
Undat., 13 S., Handschrift, Kurzschrift [Diktat von Ludwig Wittgenstein]

Inv.-Nr. 183, D. 3: [„Versteht man einen Satz, oder ist es erst ein Satz, wenn man es versteht? ..."]
Undat., p. 1-32, Typoskript (Transkription von Inv.-Nr. 183, D. 1)

Inv.-Nr. 183, D. 4: [„Die normale Ausdrucksweise ‚Ich habe Zahnschmerzen' ..."]
Undat., p. 1-11, Typoskript (Transkription von Inv.-Nr. 183, D. 2)

Inv.-Nr. 430, A. 274: Moritz Schlick, Wien [Wörterbuch-Artikel]
Undat., 1 S., Typoskript, Durchschlag

Inv.-Nr. 590, Z. 1: Mulder, Henk L., Recherchen zur Geschichte des Wiener Kreises I
1. Konvolut: 1963/64, 98 S., Handschrift und Typoskript (Briefe, Interviews, Notizen)

Inv.-Nr. 590, Z. 4: Mulder, Henk L., Recherchen zur Geschichte des Wiener Kreises IV
4. Konvolut: 1965-1968, 64, 140 S., Handschrift und Typoskript (Korrespondenz mit B. McGuinness, Gespräche mit B. Juhos, V. Kraft und K. Reidemeister)

Schriften anderer Autoren[6]

Acham, Karl (Hrsg.), *Geschichte der österreichischen Humanwissenschaft*, Bd. 6.1: *Philosophie und Religion: Erleben, Wissen, Erkennen*, Wien: Passagen Verlag 2004.

Aldrich, Virgil C., „Messrs. Schlick and Ayer on Immortality", in: *The Philosophical Review* 47, 1938, S. 209-213.

Alston, William, „Varieties of Privileged Access", in: Chisholm/ Swartz (Hrsg.), *Empirical Knowledge*, S. 376-410.

Ambrus, Gergely, „Juhos' Antiphysicalism and his Views on the Psychophysical Problem", in: Máté/Rédei/Stadler (Hrsg.), *Der Wiener Kreis in Ungarn*, S. 99-128.

Ayer, Alfred Jules, „The Criterion of Truth", in: *Analysis* 3, 1935/36, S. 28-32.

Ayer, Alfred Jules, *Language, Truth and Logic*, Reprinted with an Introduction by B. Rogers, London u. a.: Penguin Books 2001 [EV 1936].

Ayer, Alfred Jules, *The Foundations of Empirical Knowledge*, London: Macmillan 1940.

Ayer, Alfred Jules, *The Problem of Knowledge*, London: Macmillan / New York: St. Martin's Press 1956.

Ayer, Alfred Jules, „Basic Propositions", in: Chisholm/Swartz (Hrsg.), *Empirical Knowledge*, S. 335-347.

Ayer, Alfred Jules, *Die Hauptfragen der Philosophie*, übersetzt von F. Griese, München: Piper 1976.

Ayer, Alfred Jules, *Part of my Life*, Oxford u. a.: Oxford University Press 1978.

[6] Bei Arbeiten, die zu Lebzeiten Schlicks (bzw. kurz nach Schlicks Tod) erschienen sind, in vorliegender Arbeit aber nach einer späteren Ausgabe zitiert werden, ist das Datum der Erstveröffentlichung (EV) in eckigen Klammern beigefügt; dies soll dazu dienen, die historischen Zusammenhänge klar herauszustellen.

Ayer, Alfred Jules, „Logical Positivism and its Legacy. Dialogue with A. J. Ayer", in: Magee, B. (Hrsg.), *Men of Ideas. Some Creators of Contemporary Philosophy*, London: BBC Publications 1978, S. 116-133.

Ayer, Alfred Jules, „Der Wiener Kreis", in: McGuinness (Hrsg.), *Zurück zu Schlick*, S. 8-23.

Bartels, Andreas, „Die Auflösung der Dinge. Schlick und Cassirer über wissenschaftliche Erkenntnis und Relativitätstheorie", in: Sandkühler, H. J. (Hrsg.), *Philosophie und Wissenschaften. Formen und Prozesse ihrer Interaktion*, Frankfurt a. M. u. a.: Lang 1997, S. 193-210.

Bavink, Bernhard, *Ergebnisse und Probleme der Naturwissenschaften. Eine Einführung in die heutige Naturphilosophie*, fünfte Auflage, Leipzig: Hirzel 1933.

Beaney, Michael, „Susan Stebbing on Cambridge and Vienna Analysis", in: Stadler (Hrsg.), *The Vienna Circle and Logical Empiricism*, S. 339-350.

Belke, Felicitas, *Spekulative und wissenschaftliche Philosophie. Zur Explikation des Leitproblems im Wiener Kreis des Neopositivismus*, Meisenheim am Glan: Verlag Anton Hain 1966.

Benetka, Gerhard, *Psychologie in Wien. Sozial- und Theoriengeschichte des Wiener Psychologischen Instituts 1922-1938*, Wien: WUV-Universitätsverlag 1995.

Bertram, Georg W. / Lauer, David / Liptow, Jasper / Seel, Martin, *In der Welt der Sprache. Konsequenzen des semantischen Holismus*, Frankfurt a. M.: Suhrkamp 2008.

Bieri, Peter (Hrsg.), *Analytische Philosophie des Geistes*, zweite Auflage, Bodenheim: Athenäum Hain Hanstein 1993.

Block, Ned / Flanagan, Owen / Güzeldere, Güven (Hrsg.), *The Nature of Consciousness. Philosophical Debates*, Cambridge, Mass. / London: MIT Press 1997.

BonJour, Laurence, *The Structure of Empirical Knowledge*, Cambridge, Mass./London: Harvard University Press 1985.

Bridgman, Percy W., *The Logic of Modern Physics*, New York: Macmillan 1927.

Carnap, Rudolf, „Eigentliche und uneigentliche Begriffe", in: *Symposion* 1, 1927, S. 355-374.

Carnap, Rudolf, *Der logische Aufbau der Welt*, Nachdruck der ersten Auflage mit dem Vorwort zur zweiten Auflage, Hamburg: Meiner 1998 [EV 1928].

Carnap, Rudolf, *Scheinprobleme in der Philosophie*, in: derselbe, *Scheinprobleme in der Philosophie und andere metaphysikkritische Schriften*, herausgegeben und eingeleitet von T. Mormann, Hamburg: Meiner 2004, S. 3-48 [EV 1928].

Carnap, Rudolf, „Überwindung der Metaphysik durch logische Analyse der Sprache", in: *Erkenntnis* 2, 1931, S. 219-241.

Carnap, Rudolf, „Die physikalische Sprache als Universalsprache der Wissenschaft", in: *Erkenntnis* 2, 1931, S. 432-465.

Carnap, Rudolf, „Psychologie in physikalischer Sprache", in: *Erkenntnis* 3, 1932/33, S. 107-142.

Carnap, Rudolf, „Erwiderung auf die vorstehenden Aufsätze von E. Zilsel und K. Duncker", in: *Erkenntnis* 3, 1932/33, S. 177-188.

Carnap, Rudolf, „Über Protokollsätze", in: *Erkenntnis* 3, 1932/33, S. 215-228.

Carnap, Rudolf, *Logische Syntax der Sprache* (= *Schriften zur wissenschaftlichen Weltauffassung* Bd. 8), Wien: Springer 1934.

Carnap, Rudolf, „Ein Gültigkeitskriterium für die Sätze der klassischen Mathematik", in: *Monatshefte für Mathematik und Physik* 42, 1935, S. 163-190.

Carnap, Rudolf, „Wahrheit und Bewährung", in: Skirbekk, G. (Hrsg.), *Wahrheitstheorien*, Frankfurt a. M.: Suhrkamp 1977, S. 89-95 [EV 1936].

Carnap, Rudolf, „Von der Erkenntnistheorie zur Wissenschaftslogik", in: *Actes du Congrès International de Philosophie Scientifique, Sorbonne, Paris 1935*, fasc. 1: *Philosophie scientifique et empirisme logique* (= *Actualités scientifiques et industrielles* 388), Paris: Hermann 1936, S. 36-41.

Carnap, Rudolf, „Testability and Meaning", in: *Philosophy of Science* 3, 1936, S. 419-471, und 4, 1937, S. 1-40.

Carnap, Rudolf, „Foundations of Logic and Mathematics", in: *International Encyclopedia of Unified Science*, Bd. I, herausgegeben von Neurath, O. / Carnap, R. / Morris, Ch., Chicago: University of Chicago Press 1955, S. 139-217 [EV 1939].

Carnap, Rudolf, *Introduction to Semantics* (= *Studies in Semantics* vol. 1), Cambridge, Mass.: Harvard University Press 1942.

Carnap, Rudolf, *Einführung in die Philosophie der Naturwissenschaft*, herausgegeben von M. Gardner, übersetzt von W. Hoering, Frankfurt a. M.: Ullstein 1986.

Carnap, Rudolf, *Mein Weg in die Philosophie*, übersetzt und mit einem Nachwort sowie einem Interview herausgegeben von W. Hochkeppel, Stuttgart: Reclam 1993.

Cassirer, Ernst, *Substanzbegriff und Funktionsbegriff*, siebte Auflage, Darmstadt: Wissenschaftliche Buchgesellschaft 1994 [EV 1910].

Chalmers, David, „The Content and Epistemology of Phenomenal Belief", in: Smith, Qu. / Jokic, A. (Hrsg.), *Consciousness. New Philosophical Perspectives*, Oxford: Oxford University Press 2003, S. 220-272.

Chisholm, Roderick, „The Problem of the Speckled Hen", in: *Mind* 51, 1942, S. 368-373.

Chisholm, Roderick, „Schlick on the Foundations of Knowing", in: Haller (Hrsg.), *Schlick und Neurath – ein Symposion*, S. 149-157.

Chisholm, Roderick, *Erkenntnistheorie*, eingeleitet und übersetzt von R. Haller, Neuauflage, [Bamberg]: Buchner 2004.

Chisholm, Roderick / Swartz, Robert (Hrsg.), *Empirical Knowledge. Readings from Contemporary Sources*, Englewood Cliffs, New Jersey: Prentice-Hall 1973.

Church, Alonzo, „[Rezension von:] A. J. Ayer, *Language, Truth and Logic*", in: *Journal of Symbolic Logic* 14, 1949, S. 52-53.

Cirera, Ramon, *Carnap and the Vienna Circle. Empiricism and Logical Syntax*, translated by D. Edelstein (= *Studien zur österreichischen Philosophie* Bd. XXIII), Amsterdam/Atlanta: Rodopi 1994.

Coffa, J. Alberto, *The Semantic Tradition from Kant to Carnap. To the Vienna Station*, edited by L. Wessels, Cambridge u. a.: Cambridge University Press 1991.

Creath, Richard, „Are Dinosaurs Extinct?", in: *Foundations of Science* 2, 1995/96, S. 185-197.

Dahms, Hans-Joachim (Hrsg.), *Philosophie, Wissenschaft, Aufklärung. Beiträge zur Geschichte und Wirkung des Wiener Kreises*, Berlin/New York: de Gruyter 1985.

Davidson, Donald, „Empirical Content", in: Haller (Hrsg.), *Schlick und Neurath – ein Symposion*, S. 471-489.

Delius, Harald, *Untersuchungen zur Problematik der sogenannten synthetischen Sätze apriori*, Göttingen: Vandenhoeck & Ruprecht 1963.

Demopoulos, William, „Russell's Structuralism and the Absolute Description of the World", in: Griffin, N. (Hrsg.), *The Cambridge Companion to Bertrand Russell*, Cambridge: Cambridge University Press 2003, S. 392-419.

Demopoulos, William / Friedman, Michael, „Critical Notice: Bertrand Russell's *The Analysis of Matter*: Its Historical Context and Contemporary Interest", in: *Philosophy of Science* 52, 1985, S. 621-639.

Dewey, John, *Logic. The Theory of Inquiry*, New York u. a.: Holt, Rinehart and Winston 1966 [EV 1938].

Duncker, Karl, „Behaviorismus und Gestaltpsychologie. Kritische Bemerkungen zu Carnaps ‚Psychologie in physikalischer Sprache‘ ", in: *Erkenntnis* 3, 1932/33, S. 162-176.

Eddington, Arthur Stanley, *The Nature of the Physical World*, Cambridge: Cambridge University Press 1928.

Engler, Fynn Ole / Iven, Mathias (Hrsg.), *Moritz Schlick. Leben, Werk und Wirkung* (= *Schlickiana* Bd. 1), Berlin: Parerga 2008.

Enriques, Federigo, *Probleme der Wissenschaft*, übersetzt von K. Grelling, zwei Bände mit durchgehender Paginierung (= *Wissenschaft und Hypothese* Bd. 11.1 und 11.2), Leipzig/Berlin: Teubner 1910.

Feigl, Herbert, „The ‚Mental‘ and the ‚Physical‘ ", in: *Minnesota Studies in the Philosophy of Science* 2, 1958, S. 370-497.

Feigl, Herbert, *Inquiries and Provocations. Selected Writings 1929–1974*, edited by R. S. Cohen (= *Vienna Circle Collection* vol. 14), Dordrecht u. a.: Reidel 1981.

Feigl, Herbert, „The Origin and Spirit of Logical Positivism", in: derselbe, *Inquiries and Provocations*, S. 21-37.

Feigl, Herbert, „The Power of Positivistic Thinking", in: derselbe, *Inquiries and Provocations*, S. 38-56.

Feigl, Herbert / Blumberg, Albert E., „Introduction", in: Schlick, *General Theory of Knowledge*, S. XVII-XXVI.

Ferrari, Massimo, „1922: Moritz Schlick in Wien", in: Stadler/ Wendel (Hrsg.), *Stationen. Dem Philosophen und Physiker Moritz Schlick zum 125. Geburtstag*, S. 17-62.

Frank, Philipp, *Einstein. Sein Leben und seine Zeit*, München u. a.: List 1949.

Frege, Gottlob, „Der Gedanke. Eine logische Untersuchung", in: derselbe, *Logische Untersuchungen*, herausgegeben und eingeleitet von G. Patzig, vierte Auflage, Göttingen: Vandenhoeck & Ruprecht 1993, S. 30-53 [EV 1918].

Friedman, Michael, *Reconsidering Logical Positivism*, Cambridge: Cambridge University Press 1999.

Friedman, Michael, „Moritz Schlick's *Philosophical Papers*", in: derselbe, *Reconsidering Logical Positivism*, S. 17-43.

Friedman, Michael, „Carnap's *Aufbau* Reconsidered", in: derselbe, *Reconsidering Logical Positivism*, S. 89-113.

Friedman, Michael, *Carnap, Cassirer, Heidegger. Geteilte Wege*, übersetzt von der Arbeitsgruppe „Analytische Philosophie" am Institut für Philosophie der Universität Wien, Frankfurt a. M.: Fischer 2004.

Gabriel, Gottfried, „Implizite Definitionen – Eine Verwechslungsgeschichte", in: *Annals of Science* 35, 1978, S. 419-423.

Geymonat, Ludovico, „Entwicklung und Kontinuität im Denken Schlicks", in: McGuinness (Hrsg.), *Zurück zu Schlick*, S. 24-31.

Giere, Ronald N. / Richardson Alan W. (Hrsg.), *Origins of Logical Empiricism* (= *Minnesota Studies in the Philosophy of Science* Bd. XVI), Minneapolis/London: University of Minnesota Press 1996.

Glock, Hans-Johann, *Wittgenstein-Lexikon*, übersetzt von E. M. Lange, Darmstadt: Wissenschaftliche Buchgesellschaft 2000.

Goldfarb, Warren, „The Philosophy of Mathematics in Early Positivism", in: Giere/Richardson (Hrsg.), *Origins of Logical Empiricism*, S. 213-230.

Gombocz, Wolfgang / Rutte, Heiner / Sauer Werner (Hrsg.), *Traditionen und Perspektiven der analytischen Philosophie. Festschrift für Rudolf Haller*, Wien: Hölder-Pichler-Tempsky 1989.

Gower, Barry, „Cassirer, Schlick and ‚Structural' Realism: The Philosophy of the Exact Sciences in the Background to Early Logical

Empiricism", in: *British Journal for the History of Philosophy* 8, 2000, S. 71-106.

Hacker, Peter M. S., *Einsicht und Täuschung. Wittgenstein über Philosophie und die Metaphysik der Erfahrung*, übersetzt von U. Wolf, Frankfurt a. M.: Suhrkamp 1978.

Hahn, Hans, „Über neuere logische Theorien", in: *Wissenschaftlicher Jahresbericht der Philosophischen Gesellschaft an der Universität zu Wien für das Vereinsjahr 1926/27*, S. 5.

Hahn, Hans, *Logik, Mathematik und Naturerkennen*, in: derselbe, *Empirismus, Logik, Mathematik*, herausgegeben von B. McGuinness, mit einer Einleitung von K. Menger, Frankfurt a. M.: Suhrkamp 1988, S. 141-172 [EV 1933].

Haller, Rudolf (Hrsg.), *Schlick und Neurath – ein Symposion*, Amsterdam: Rodopi 1982 (= *Grazer Philosophische Studien* 16/17).

Haller, Rudolf, *Neopositivismus. Eine historische Einführung in die Philosophie des Wiener Kreises*, Darmstadt: Wissenschaftliche Buchgesellschaft 1993.

Haller, Rudolf / Rutte, Heiner, „Gespräch mit Heinrich Neider. Persönliche Erinnerungen an den Wiener Kreis", in: *Conceptus* XI, 1977, Nr. 28-30 (= *Österreichische Philosophen und ihr Einfluß auf die analytische Philosophie der Gegenwart* Bd. I), S. 21-42.

Hanfling, Oswald, *Logical Positivism*, Oxford: Blackwell 1981.

Harrison, Bernard, *Form and Content*, Oxford: Blackwell 1973.

Hegselmann, Rainer, „Die Korrespondenz zwischen Otto Neurath und Rudolf Carnap aus den Jahren 1934 bis 1945 – Ein vorläufiger Bericht", in: Dahms (Hrsg.), *Philosophie, Wissenschaft, Aufklärung*, S. 276-290.

Hempel, Carl Gustav, „On the Logical Positivist's Theory of Truth", in: *Analysis* 2, 1934/35, S. 49-59.

Hempel, Carl Gustav, „Some Remarks on ‚Facts' and Propositions", in: *Analysis* 2, 1934/35, S. 93-96.

Hempel, Carl Gustav, „Problems and Changes in the Empiricist Criterion of Meaning", in: Linsky, L. (Hrsg.), *Semantics and the Philosophy of Language*, Urbana: University of Illinois Press 1952, S. 163-185.

Henschel, Klaus, „Die Korrespondenz Einstein-Schlick: Zum Verhältnis der Physik zur Philosophie", in: *Annals of Science* 43, 1986, S. 475-488.

Hilbert, David, *Grundlagen der Geometrie*, mit Supplementen von P. Bernays, elfte Auflage, Stuttgart: Teubner 1972 [EV 1899].

Hilpinen, Risto, „Schlick on the Foundations of Knowledge", in: Haller (Hrsg.), *Schlick und Neurath – ein Symposion*, S. 63-78.

Hume, David, *Eine Untersuchung über den menschlichen Verstand*, übersetzt und herausgegeben von H. Herring, durchgesehene und verbesserte Ausgabe, Stuttgart: Reclam 1982.

Hyslop, Alec, „Other Minds", in: Zalta, E. N. (Hrsg.), *The Stanford Encyclopedia of Philosophy (Fall 2010 Edition)*, URL = http:// plato.stanford.edu/archives/fall2010/entries/other-minds/

Ingarden, Roman, „Der logistische Versuch einer Neugestaltung der Philosophie", in: *Actes du Huitième Congrès International de Philosophie à Prague, 2-7 Septembre 1934*, Prag: Orbis 1936, S. 203-208.

Iven, Mathias, „Wittgenstein und Schlick. Zur Geschichte eines Diktats", in: Stadler/Wendel (Hrsg.), *Stationen. Dem Philosophen und Physiker Moritz Schlick zum 125. Geburtstag*, S. 63-80.

Jackson, Frank, „What Mary didn't know", in: Block/Flanagan/ Güzeldere (Hrsg.), *The Nature of Consciousness*, S. 567-570.

Juhos, Béla, „Kritische Bemerkungen zur Wissenschaftstheorie des Physikalismus", in: *Erkenntnis* 4, 1934, S. 397-418.

Juhos, Béla, „Empiricism and Physicalism", in: *Analysis* 2, 1935, S. 81-92.

Juhos, Béla, *Die Erkenntnis und ihre Leistung. Die naturwissenschaftliche Methode*, Wien: Springer 1950.

Juhos, Béla, „Schlick, Moritz", in: Edwards, P. (Hrsg.), *The Encyclopedia of Philosophy*, vol. 7, London/New York: Macmillan 1967, S. 319-324.

Kambartel, Friedrich, *Erfahrung und Struktur. Bausteine zu einer Kritik des Empirismus und Formalismus*, zweite Auflage, Frankfurt a. M.: Suhrkamp 1968.

Kim, Jaegwon, „Logical Positivism and the Mind-Body Problem", in: Parrini, P. / Salmon, W. / Salmon, M. (Hrsg.), *Logical Empiricism. Historical and Contemporary Perspectives*, Pittsburgh: University of Pittsburgh Press 2003, S. 263-278.

Koppelberg, Dirk, *Die Aufhebung der analytischen Philosophie. Quine als Synthese von Carnap und Neurath*, Frankfurt a. M.: Suhrkamp 1987.

Koterski, Artur, „Béla von Juhos and the Concept of ‚Konstatierungen'", in: Stadler (Hrsg.), *The Vienna Circle and Logical Empiricism*, S. 163-169.

Kraft, Victor [Viktor], *Weltbegriff und Erkenntnisbegriff. Eine erkenntnistheoretische Untersuchung*, Leipzig: Barth 1912.

Kraft, Victor [Viktor], *Die Grundformen der wissenschaftlichen Methoden*, Wien/Leipzig: Hölder-Pichler-Tempsky 1925.

Kraft, Victor, *Erkenntnislehre*, Wien: Springer 1960.

Kraft, Victor, *Der Wiener Kreis. Der Ursprung des Neopositivismus*, zweite, erweiterte und verbesserte Auflage, Wien/New York: Springer 1968.

Külpe, Oswald, *Die Realisierung. Ein Beitrag zur Grundlegung der Realwissenschaft*, Bd. I, Leipzig: Hirzel 1912.

Lewis, Clarence Irving, *Mind and the World-Order*, New York: Dover 1956 [EV 1929].

Lewis, Clarence Irving, „Experience and Meaning", in: *The Philosophical Review* 43, 1934, S. 125-146.

Lichtenberg, Georg Christoph, *Schriften und Briefe*, 4 Bde. und 2 Kommentarbde., herausgegeben und eingeleitet von W. Promies, Frankfurt a. M.: Zweitausendeins 1994.

Locke, John, *An Essay concerning Human Understanding*, edited with a foreword by P. H. Nidditch, Oxford: Clarendon Press 1975.

Lorenz, Kuno, „Erleben und Erkennen. Stadien der Erkenntnis bei Moritz Schlick", in: Haller (Hrsg.), *Schlick und Neurath – ein Symposion*, S. 271-282.

Löwy, Heinrich, „Commentar zu Josef Poppers Abhandlung ‚Über die Grundbegriffe der Philosophie und die Gewißheit unserer Erkenntnisse' ", in: *Erkenntnis* 3, 1932/33, S. 324-347.

Lütterfelds, Wilhelm, „Schlicks Theorie des Wieder-Erkennens und Wittgensteins Kritik", in: Haller (Hrsg.), *Schlick und Neurath – ein Symposion*, S. 399-406.

Marek, Johann Christian, „Haller on the First Person", in: Lehrer, K. / Marek, J. Ch. (Hrsg.), *Austrian Philosophy Past and Present. Essays in Honor of Rudolf Haller* (= *Boston Studies in the Philosophy of Science* 190), Dordrecht u. a.: Kluwer 1997 S. 71-85.

Marek, Johann Christian, „Ein Zugang zum psychophysischen Problem", in: Gombocz/Rutte/Sauer (Hrsg.), *Traditionen und Perspektiven der analytischen Philosophie*, S. 297-321.

Maslow, Alexander, *A Study in Wittgenstein's Tractatus*, Berkeley/ Los Angeles: University of California Press 1961.

Máté, András / Rédei, Miklós / Stadler, Friedrich (Hrsg.), *Der Wiener Kreis in Ungarn* (= *Veröffentlichungen des Instituts Wiener Kreis* Bd. 16), Wien/New York: Springer 2011.

McGuinness, Brian (Hrsg.), *Zurück zu Schlick. Eine Neubewertung von Werk und Wirkung*, Wien: Hölder-Pichler-Tempsky 1985.

Meinong, Alexius, *Über emotionale Präsentation*, in: derselbe, *Abhandlungen zur Werttheorie*, bearbeitet von R. Kindinger (= *Gesamtausgabe* Bd. III), Graz: Akademische Druck- und Verlagsanstalt 1968, S. 285-465 [EV 1917].

Melzer, Heinrich / Schächter, Josef, „Über den Physikalismus", in: McGinness (Hrsg.), *Zurück zu Schlick*, S. 92-103.

Menger, Karl, „Die neue Logik", in: Mark, H. et. al., *Krise und Neuaufbau in den exakten Wissenschaften. Fünf Wiener Vorträge*, Leipzig/Wien: Deuticke 1933, S. 93-122.

Menger, Karl, „Memories of Moritz Schlick", in: Gadol, E. T. (Hrsg.), *Rationality and Science. A Memorial Volume for Moritz Schlick in Celebration of the Centennial of His Birth*, Wien/New York: Springer 1982, S. 83-103.

Menger, Karl, „Einleitung", in: Hahn, *Empirismus, Logik, Mathematik*, S. 9-18.

Misak, C. J., *Verificationism. Its History and Prospects*, London/New York: Routledge 1995.

Moore, George Edward, „External and Internal Relations", in: derselbe, *Philosophical Studies*, London: Kegan Paul u. a. / New York: Harcourt 1922, S. 276-309 [EV 1919/1920].

Moore, George Edward, „Wittgenstein's Lectures in 1930-1933", in: *Mind* 63, 1954, S. 1-15 (Teil I); ebd., S. 289-316 (Teil II); *Mind* 64, 1955, S. 1-27 (Teil III).

Mormann, Thomas, *Rudolf Carnap*, München: Beck 2000.

Müller, Olaf, „Ich sehe was, was Du nicht siehst. Moritz Schlick, die Erkenntnis und ihr Fundament", in: Engler/Iven (Hrsg.), *Moritz Schlick. Leben, Werk und Wirkung*, S. 247-276.

Nagel, Thomas, „What it is like to be a bat?", in: derselbe, *Mortal Questions*, Cambridge: Cambridge University Press 1979, S. 165-180.

Neuber, Matthias, *Die Grenzen des Revisionismus. Schlick, Cassirer und das „Raumproblem"* (= *Schlick-Studien* Bd. 2), Wien/New York: Springer 2010.

Neurath, Otto, *GpmS* = *Gesammelte philosophische und methodologische Schriften*, zwei Bde. mit durchgehender Paginierung, herausgegeben von R. Haller und H. Rutte, Wien: Hölder-Pichler-Tempsky 1981.

Neurath, Otto, „Physikalismus", in: *GpmS* I, S. 417-421 [EV 1931].

Neurath, Otto, „Soziologie im Physikalismus", in: *GpmS* II, S. 533-562 [EV 1931].

Neurath, Otto, „Protokollsätze", in: *GpmS* II, S. 577-585 [EV 1932].

Neurath, Otto, *Einheitswissenschaft und Psychologie*, in: *GpmS* II, S. 587-610 [EV 1933].

Neurath, Otto, „Radikaler Physikalismus und ‚Wirkliche Welt'", in: *GpmS* II, S. 611-623 [EV 1934].

Neurath, Otto, „Pseudorationalismus der Falsifikation", in: *GpmS* II, S. 635-644 [EV 1935].

Neurath, Otto, *Die Entwicklung des Wiener Kreises und die Zukunft des Logischen Empirismus*, übersetzt von B. Treschmitzer und H. G. Zillian, in: *GpmS* II, S. 673-702 [französische EV 1935].

Oberdan, Thomas, *Protocols, Truth and Convention* (= *Studien zur österreichischen Philosophie* Bd. XIX), Amsterdam/Atlanta: Rodopi 1993.

Oberdan, Thomas, „Postscript to Protocols: Reflections on Empiricism", in: Giere/Richardson (Hrsg.), *Origins of Logical Empiricism*, S. 269-291.

Pap, Arthur, *Analytische Erkenntnistheorie. Kritische Übersicht über die neueste Entwicklung in USA und England*, Wien: Springer 1955.

Platon, *Sämtliche Werke*, zehn Bände, griechisch/deutsch, nach der Übersetzung F. Schleiermachers, ergänzt durch Übersetzungen von F. Susemihl und anderen, herausgegeben von K. Hülser, Frankfurt a. M. / Leipzig: Insel Verlag 1991.

Platon, *Menon*, in: *Sämtliche Werke* Bd. III.

Platon, *Theaitetos*, in: *Sämtliche Werke* Bd. VI.

Poincaré, Henri, *Der Wert der Wissenschaft*, übersetzt von E. und H. Weber, Leipzig: Teubner 1906.

Popper, Karl R., *Logik der Forschung*, achte, weiter verbesserte und vermehrte Auflage, Tübingen: Mohr 1984 [EV 1934].

Popper, Karl R., „Truth, Rationality, and the Growth of Scientific Knowledge", in: derselbe, *Conjectures and Refutations. The Growth of Scientific Knowledge*, 2. Auflage, London: Routledge 1965, S. 215-250.

Quine, Willard V. O., „Epistemology Naturalized", in: derselbe, *Ontological Relativity and Other Essays*, New York/London: Columbia University Press 1969, S. 69–90.

Quine, Willard V. O., *The Ways of Paradox and Other Essays*, revised and enlarged edition, Cambridge, Mass. / London: Harvard University Press 1976.

Quine, Willard V. O., „Truth by Convention", in: derselbe, *The Ways of Paradox and Other Essays*, S. 77-106 [EV 1936].

Quine, Willard V. O., „Implicit Definition Sustained", in: derselbe, *The Ways of Paradox and Other Essays*, S. 133-136.

Quinton, Anthony, „Vor Wittgenstein: Der frühe Schlick", in: McGuinness (Hrsg.), *Zurück zu Schlick*, S. 114-133.

Reichenbach, Hans, „Metaphysik und Naturwissenschaft", in: *Symposion* 1, 1927 (in Heft 2, erschienen 1925), S. 158-176.

Reichenbach, Hans, *Erfahrung und Prognose. Eine Analyse der Grundlagen und der Struktur der Erkenntnis*, übersetzt von M. Reichenbach und H. Vetter, mit Erläuterungen von A. Coffa (= *Gesammelte Werke* Bd. 4), Braunschweig/Wiesbaden: Vieweg 1983 [englische EV 1938].

Reichenbach, Hans, *Der Aufstieg der wissenschaftlichen Philosophie*, übersetzt von M. Reichenbach, mit einer Einleitung zur Gesamtausgabe von W. C. Salmon und mit Erläuterungen von A. Kamlah (= *Gesammelte Werke* Bd. 1), Braunschweig: Vieweg 1977.

Reininger, Robert (Hrsg.), *50 Jahre Philosophische Gesellschaft an der Universität Wien 1888-1938*, Wien: Verlag der Philosophischen Gesellschaft an der Universität Wien [ohne Jahresangabe].

Reiter, Wolfgang L., „Wer war Béla Juhos? Eine biographische Annäherung", in: Máté/Rédei/Stadler (Hrsg.), *Der Wiener Kreis in Ungarn*, S. 65-98.

Röd, Wolfgang, *Der Weg der Philosophie. Von den Anfängen bis ins 20. Jahrhundert*, zwei Bde., München: C. H. Beck 1996.

Russell, Bertrand, *Die Probleme der Philosophie*, übersetzt von P. Hertz, Erlangen: Weltkreis-Verlag 1926 [englische EV 1912].

Russell, Bertrand, *Our Knowledge of the External World as a Field for Scientific Method in Philosophy*, London: Allen & Unwin 1914.

Russell, Bertrand, „The Philosophy of Logical Atomism", in: derselbe, *Logic and Knowledge. Essays 1901-1950*, edited by R. C. Marsh, London: Allen & Unwin 1956, S. 177-281 [EV 1918/19].

Russell, Bertrand, *Introduction to Mathematical Philosophy*, New York: Clarion 1971 [EV 1919].

Russell, Bertrand, *Die Analyse des Geistes*, übersetzt von K. Grelling, Leipzig: Meiner 1927 [englische EV 1921].

Russell, Bertrand, *Philosophie der Materie*, übersetzt von K. Grelling (= *Wissenschaft und Hypothese* Bd. 32), Leipzig/Berlin: Teubner 1929 [englische EV 1927].

Russell, Bertrand, *An Inquiry into Meaning and Truth. The William James lectures for 1940 delievered at Harvard University*, revised edition, with an introduction by T. Baldwin, London/New York: Routledge 1995 [EV 1940].

Rutte, Heiner, *Der Erkenntnisbegriff bei Moritz Schlick. Eine kritische Untersuchung zur Allgemeinen Erkenntnislehre*, Dissertation Graz 1970.

Rutte, Heiner, „Über Neuraths Empirismus und seine Kritik am Empirismus", in: Haller (Hrsg.), *Schlick und Neurath – ein Symposion*, S. 365-384.

Rutte, Heiner, „Der Realismus, das Wahrnehmungsproblem und die Ansprüche der naturalistischen Erkenntnistheorie", in: Lütterfelds, W. (Hrsg.), *Transzendentale oder evolutionäre Erkenntnistheorie?*, Darmstadt: Wissenschaftliche Buchgesellschaft 1987, S. 148–179.

Rutte, Heiner, „Über das Ich", in: Gombocz/Rutte/Sauer (Hrsg.), *Traditionen und Perspektiven der analytischen Philosophie*, S. 322-342.

Rutte, Heiner, „Physikalistische und mentalistische Tendenzen im Wiener Kreis", in: Kruntorad, P. (Hrsg.), *Jour fixe der Vernunft. Der Wiener Kreis und die Folgen* (= *Veröffentlichungen des Instituts Wiener Kreis* Bd. 1), Wien: Hölder-Pichler-Tempsky 1991, S. 179-216.

Rutte, Heiner, „Über die Einheit des Bewußtseins", in: *Conceptus* XXVI, 1992/93, S. 125-147.

Rutte, Heiner, „Moritz Schlick und Otto Neurath – die intellektuelle Spannweite des Wiener Kreises", in: Acham (Hrsg.), *Geschichte der österreichischen Humanwissenschaft*, Bd. 6.1, S. 335-383.

Ryle, Gilbert, *The Concept of Mind*, London: Hutchinson 1949.

Rynin, David, „Schlick, Moritz", in: Sills, D. (Hrsg.), *International Encyclopedia of the Social Sciences*, Bd. 14, New York: Macmillan 1968, S. 52-56.

Sauer, Werner, „Carnap 1928-1932", in: Gombocz/Rutte/Sauer (Hrsg.), *Traditionen und Perspektiven der analytischen Philosophie*, S. 173-186.

Schmit, Roger, „Moritz Schlick und Edmund Husserl. Zur Phänomenologiekritik in der frühen Philosophie Schlicks", in: Haller, R. (Hrsg.), *Skizzen zur österreichischen Philosophie*, Amsterdam/ Atlanta: Rodopi 2000 (= *Grazer Philosophische Studien* 58/59), S. 223-244.

Schramm, Alfred, „Viktor Kraft: Konstruktiver Realismus", in: Speck, J. (Hrsg.), *Grundprobleme der großen Philosophen. Philosophie der Neuzeit VI*, Göttingen: Vandenhoeck & Ruprecht 1992 (UTB), S. 110-137.

Schulte, Joachim, „Bedeutung und Verifikation: Schlick, Waismann und Wittgenstein", in: Haller (Hrsg.), *Schlick und Neurath – ein Symposion*, S. 241-253.

Schurz, Gerhard, „Wissenschafts- und Erkenntnistheorie, Logik und Sprache: der österreichische Positivismus und Neopositivismus und deren Umfeld", in: Acham (Hrsg.), *Geschichte der österreichischen Humanwissenschaft*, Bd. 6.1, S. 227-298.

Seck, Carsten, *Theorien und Tatsachen. Eine Untersuchung zur wissenschaftstheoriegeschichtlichen Charakteristik der theoretischen Philosophie des frühen Moritz Schlick*, Paderborn: Mentis 2008.

Shelton, Jim, „Schlick's Theory of Knowledge", in: *Synthese* 79, 1989, S. 305-317.

Shoemaker, Sidney, „The Inverted Spectrum", in: Block/Flanagan/ Güzeldere (Hrsg.), *The Nature of Consciousness*, S. 643-662.

Simons, Peter, „Wittgenstein, Schlick und das Apriori", in: Dahms (Hrsg.), *Philosophie, Wissenschaft, Aufklärung*, S. 67-80.

Stadler, Friedrich, *Studien zum Wiener Kreis. Ursprung, Entwicklung und Wirkung des Logischen Empirismus im Kontext*, Frankfurt a. M.: Suhrkamp 1997.

Stadler, Friedrich (Hrsg.), *The Vienna Circle and Logical Empiricism. Re-Evaluation and Future Perspectives* (= *Vienna Circle Institute Yearbook* 10), Dordrecht u. a.: Kluwer 2002.

Stadler, Friedrich / Wendel, Hans Jürgen (Hrsg.), *Stationen. Dem Philosophen und Physiker Moritz Schlick zum 125. Geburtstag* (= *Schlick-Studien* Bd. 1), Wien/New York: Springer 2009.

Stebbing, Susan, „Logical Positivism and Analysis", in: *Proceedings of the British Academy* 19, 1933, S. 53-87.

Stegmüller, Wolfgang, *Hauptströmungen der Gegenwartsphilosophie. Eine kritische Einführung*, dritte, wesentlich erweiterte Auflage, Stuttgart: Kröner 1965.

Stegmüller, Wolfgang, *Metaphysik, Skepsis, Wissenschaft*, zweite, verbesserte Auflage, Berlin u. a.: Springer 1969.

Stegmüller, Wolfgang, „Der Phänomenalismus und seine Schwierigkeiten", in: derselbe, *Der Phänomenalismus und seine Schwierigkeiten / Sprache und Logik*, Darmstadt: Wissenschaftliche Buchgesellschaft 1969, S. 1-65.

Stegmüller, Wolfgang, *Probleme und Resultate der Wissenschaftstheorie und Analytischen Philosophie*, Band IV, Studienausgabe, Teil A, Berlin/Heidelberg/New York: Springer 1973.

Stubenberg, Leopold, „Schlick versus Husserl: Über Schlicks Unfähigkeit, das Wesen der phänomenologischen Wesensschau zu erfassen", in: Gombocz/Rutte/Sauer (Hrsg.), *Traditionen und Perspektiven der analytischen Philosophie*, S. 157-172.

Turner, Joia Lewis, „Conceptual Knowledge and Intuitive Experience: Schlick's Dilemma", in: Giere/Richardson (Hrsg.), *Origins of Logical Empiricism*, S. 292-308.

Uebel, Thomas E., *Overcoming Logical Positivism from within. The Emergence of Neurath's Naturalism in the Vienna Circle's Protocol Sentence Debate* (= *Studien zur österreichischen Philosophie* Bd. XVII), Amsterdam/Atlanta: Rodopi 1992.

Uebel, Thomas E., *Vernunftkritik und Wissenschaft: Otto Neurath und der erste Wiener Kreis* (= *Veröffentlichungen des Instituts Wiener Kreis* Bd. 9), Wien/New York: Springer 2000.

Velde-Schlick, Barbara Franziska Blanche van de, „Moritz Schlick, my father", in: Engler/Iven (Hrsg.), *Moritz Schlick. Leben, Werk und Wirkung*, S. 19-30.

Verein Ernst Mach (Hrsg.), *Wissenschaftliche Weltauffassung. Der Wiener Kreis*, Wien: Wolf 1929.

Vogel, Thilo, „Bemerkungen zur Aussagentheorie des radikalen Physikalismus", in: *Erkenntnis* 4, 1934, S. 160-164.

Waismann, Friedrich, „Vorwort", in: Schlick, *Gesammelte Aufsätze 1926–1936*, S. VII-XXXI.

Waismann, Friedrich, *Logik, Sprache, Philosophie*, mit einer Vorrede von M. Schlick herausgegeben von G. P. Baker und B. McGuinness, Stuttgart: Reclam 1976.

Waismann, Friedrich, „Thesen", in: Wittgenstein, *Wittgenstein und der Wiener Kreis*, S. 233-261.

Weinberg, Julius Rudolph, *An Examination of Logical Positivism*, London: Kegan Paul, Trench, Trubner & Co. / New York: Harcourt, Brace and Company 1936.

Weyl, Hermann, „[Rezension von:] Moritz Schlick, *Allgemeine Erkenntnislehre*", in: *Jahrbuch über die Fortschritte der Mathematik* 46, 1923, S. 59-62.

Whitehead, Alfred North / Russell, Bertrand, *Principia Mathematica*, 3 vols., Cambridge u. a.: Cambridge University Press 1910-1913.

Wittgenstein, Ludwig, *Werkausgabe*, 8 Bde., Frankfurt a. M.: Suhrkamp 1984.

Wittgenstein, Ludwig, „Aufzeichnungen über Logik", in: *Werkausgabe* Bd. 1, S. 188-208.

Wittgenstein, Ludwig, *Tractatus logico-philosophicus*, in: *Werkausgabe* Bd. 1 [EV 1921].

Wittgenstein, Ludwig, *Philosophische Untersuchungen*, in: *Werkausgabe* Bd. 1.

Wittgenstein, Ludwig, *Philosophische Bemerkungen*, herausgegeben von R. Rhees (= *Werkausgabe* Bd. 2).

Wittgenstein, Ludwig, *Wittgenstein und der Wiener Kreis. Gespräche, aufgezeichnet von Friedrich Waismann*, herausgegeben von B. McGuinness (= *Werkausgabe* Bd. 3).

Wittgenstein, Ludwig, *Philosophische Grammatik*, herausgegeben von R. Rhees (= *Werkausgabe* Bd. 4).

Wittgenstein, Ludwig, *Das Blaue Buch*, übersetzt von P. von Morstein, in: *Werkausgabe* Bd. 5, herausgegeben von R. Rhees, S. 15-116.

Wittgenstein, Ludwig, *Philosophische Betrachtungen*, in: derselbe, *Philosophische Betrachtungen / Philosophische Bemerkungen*, herausgegeben von M. Nedo (= *Wiener Ausgabe* Bd. 2), Wien/New York: Springer 1994.

Wolenski, Jan / Köhler, Eckehart (Hrsg.), *Alfred Tarski and the Vienna Circle. Austro-Polish Connections in Logical Empiricism* (= *Vienna Circle Yearbook* 6), Dordrecht u. a.: Kluwer 1999.

Wright, Georg Henrik von, „The Wittgenstein Papers", in: derselbe, *Wittgenstein*, Oxford: Blackwell 1982, S. 35-62.

Ziegenfuß, Werner / Jung, Gertrud, *Philosophen-Lexikon. Handwörterbuch der Philosophie nach Personen*, 2 Bde., Berlin: de Gruyter 1949/1950.

Zilsel, Edgar, „Bemerkungen zur Wissenschaftslogik", in: *Erkenntnis* 3, 1932/33, S. 143-161.

Personenregister

Aldrich, Virgil C. 274
Alston, William 200, 203, 213
Ambrus, Gergely 212
Avenarius, Richard 33
Ayer, Alfred Jules 74, 83, 105,
    127, 142, 148, 164, 191 f.,
    195, 206, 208, 220, 270,
    274, 276, 282 f.

Bartels, Andreas 109
Bavink, Bernhard 169
Beaney, Michael 248
Belke, Felicitas 26
Benetka, Gerhard 15
Bergson, Henri 31
Bertram, Georg W. 57, 136
Bieri, Peter 148
Blumberg, Albert E. 42, 175, 251
Boltzmann, Ludwig 15
BonJour, Laurence 241
Born, Max 22
Bridgman, Percy W. 75

Carnap, Rudolf 13 f., 16–18, 20,
    26 f., 46 f., 50, 52, 58,
    60–63, 65, 68, 70 f., 74, 77,
    80, 82–84, 90 f., 99,
    101–105, 108 f., 112, 119,
    130–133, 135, 137, 139 f.,

145 f., 148 f., 157, 164–166,
    169, 171, 173–175, 177,
    179, 185, 202, 206 f., 230 f.,
    239, 243, 246, 249, 267,
    269, 276, 282
Cassirer, Ernst 43 f., 53, 77,
    108 f.
Chalmers, David 193, 195
Chisholm, Roderick 153, 193,
    203, 208, 221, 275
Church, Alonzo 105
Cirera, Ramon 18, 53, 173
Coffa, Alberto 69
Creath, Richard 13

Dahms, Hans-Joachim 26
Davidson, Donald 185
Delius, Harald 124
Demopoulos, William 131
Descartes, René 255
Dewey, John 226
Duhem, Pierre 229
Duncker, Karl 174

Eddington, Arthur Stanley 66,
    236
Einstein, Albert 17, 22, 44, 53,
    77 f., 236, 239
Engler, Fynn Ole 14

Turner, Joia Lewis 129, 134

Uebel, Thomas 173, 177

Velde-Schlick, Barbara Franziska
    Blanche van de 52
Vogel, Thilo 174

Waismann, Friedrich 47, 52–54,
    64, 78, 80, 116, 120 f., 166,
    175, 269, 283
Weinberg, Julius Rudolph 247
Weinberg, Siegfried 17, 64
Wendel, Hans Jürgen 14
Weyl, Hermann 26, 31, 108
Wittgenstein, Ludwig 13, 16–19,
    27, 43–45, 47, 52–55, 64,
    76–81, 83, 95 f., 99–102,
    109–111, 116 f., 125–127,
    129–131, 162–166, 175,
    177 f., 195, 204, 207,
    209–214, 226, 252, 256 f.,
    259, 263, 267, 275, 281, 283
Wolenski, Jan 174
Wright, Georg Henrik von 54

Ziegenfuß, Werner 20
Zilsel, Edgar 109, 132, 164, 171,
    174

Sachregister